战略性新兴领域“十四五”高等教育系列教材

人工神经网络设计

乔俊飞　蒙　西　编著

机械工业出版社

本书系统地介绍了人工神经网络的基础知识、工作原理及应用实例，旨在帮助读者深入掌握人工神经网络的设计及应用方法。全书共 10 章，涵盖从基础理论到典型神经网络设计的各个方面。前两章详细讲解了人工神经网络的基本概念、结构及工作原理，为后续的神经网络设计奠定理论基础。随后的章节重点介绍了不同类型的典型神经网络，包括结构设计方法、学习算法以及在实际场景中的应用。本书通过理论与实践相结合的方式，激发读者研究神经网络的兴趣，并为其进行创新设计提供指导。

本书不仅适合作为高等学校自动化类、电子信息类、计算机类高年级本科生或研究生的神经网络课程教材，还可为有志于学习和研究人工神经网络的技术人员和工程师提供参考。

本书配有教学课件、教学大纲、程序代码和习题答案等教学资源，选用本书作教材的教师，可登录 www. cmpedu. com 注册后下载，或发邮件至 jinacmp@163. com 索取。

图书在版编目（CIP）数据

人工神经网络设计 / 乔俊飞，蒙西编著. -- 北京 ：机械工业出版社，2024. 12. -- (战略性新兴领域“十四五”高等教育系列教材). -- ISBN 978-7-111-77653-6

Ⅰ. TP183

中国国家版本馆 CIP 数据核字第 202490YZ78 号

机械工业出版社（北京市百万庄大街22号　邮政编码100037）

策划编辑：吉　玲　　　　责任编辑：吉　玲

责任校对：薄萌钰　牟丽英　　封面设计：张　静

责任印制：任维东

河北宝昌佳彩印刷有限公司印刷

2024年12月第1版第1次印刷

184mm × 260mm・10.75印张・264千字

标准书号：ISBN 978-7-111-77653-6

定价：45.00 元

电话服务　　　　　　　　网络服务

客服电话：010-88361066　　机　工　官　网：www.cmpbook.com

010-88379833　　机　工　官　博：weibo.com/cmp1952

010-68326294　　金　书　网：www.golden-book.com

封底无防伪标均为盗版　　机工教育服务网：www.cmpedu.com

前 言
PREFACE

大脑是人类智慧和行为的源泉，也是人类区别于其他生物的智能器官。自 19 世纪以来，人们一直在探索人脑的工作原理和思维的本质，并尝试构建具有人类思维模式的人工智能系统，由此催生了人工神经网络。

人工神经元是对生物神经元的结构和功能进行模拟后建立的抽象数学模型，人工神经元通过相互连接组成了人工神经网络。自从 1943 年 Warren McCulloch 和 Walter Pitts 提出第一个人工神经网络模型（MP 模型）以来，众多学者投身于神经网络的研究，不同类型的神经网络和学习算法层出不穷，这些成果极大地推动了人工智能的发展，使神经网络成为新一轮科技革命和产业变革的重要推动力。

本书是作者在多年从事人工神经网络设计研究和教学工作基础上进行的系统总结。通过深入调研大量国内外相关文献，提炼出最核心的理论与技术成果，力求清晰地阐述人工神经网络的设计理论和方法，并展示其广泛的应用效果。本书旨在为人工神经网络的初学者提供一个全面、实用的学习参考，为他们在这一领域的探索奠定坚实基础。

全书共 10 章，第 1 章和第 2 章着重介绍人工神经网络的基础内容，为神经网络的设计以及应用奠定基础。第 1 章作为本书绪论，简要概述人工神经网络的基本功能和作用，回顾其发展历程，并展望未来前景。第 2 章则深入探讨神经元的结构与功能，帮助读者理解神经元如何通过学习实现特定功能。在此基础上，简要介绍神经网络的基础结构和学习算法，并分析影响神经网络性能的关键因素。

第 3 章和第 4 章重点介绍典型前馈神经网络的设计与技术应用。第 3 章详细论述单层和多层感知器网络的拓扑结构及其算法原理，着重介绍网络参数和结构的学习算法。通过非线性函数逼近和鸢尾花分类问题的实例，读者可以学会利用 MATLAB 神经网络工具箱进行网络设计。第 4 章介绍径向基函数神经网络的工作原理，深入分析其特性，并通过多个实例展示网络设计的方法。书中采用非线性函数逼近和房价预测问题作为实践案例，阐述如何使用径向基函数神经网络解决实际问题。

第 5~7 章主要关注三种代表性的递归神经网络。第 5 章探讨 Hopfield 神经网络的工作原理及使用方法，详细介绍离散型 Hopfield 神经网络和连续型 Hopfield 神经网络，并通过应用实例说明如何使用 Hopfield 神经网络解决实际问题。第 6 章介绍长短期记忆网络，分析网络超参数对网络性能的影响，并以电力负荷预测问题为例，展示如何设计长短期记忆网络解决实际问题。第 7 章讨论回声状态网络，包括其工作原理、学习算法以及结构设计，结合三种时间序列问题，介绍回声状态网络的设计方法。

第 8~9 章介绍两种典型的深度神经网络。第 8 章首先介绍卷积神经网络（CNN）的基本概念，并进一步阐述其网络结构和学习算法。通过手写数字识别问题的实例，帮助读者理解卷积神经网络的设计与应用。第 9 章则基于玻尔兹曼机，介绍深度信念网络（DBN）的算法原理，重点讨论网络的设计方法，同样以手写数字识别问题为例，展示深度信念网络的实际应用。

第 10 章重点介绍如何通过人工神经网络赋能解决国家重大需求问题。基于作者在环保自动化和智能化领域多年的研究成果，本章详细阐述如何应用人工神经网络实现污水处理过程和城市固废焚烧过程的智能检测与智能控制。通过理论与实践相结合的方式，加深读者对神经网络知识的理解。

在本书的编写过程中，作者特别注重神经网络基础知识和工作原理的介绍，旨在帮助读者快速理解神经网络的设计方法和实际应用，避免因烦琐的数学推导影响学习兴趣。此外，本书注重采用简单易懂的实例，激发读者使用神经网络解决实际问题的兴趣。在内容选择上，书中侧重介绍那些广泛应用且具有代表性的神经网络类型；在结构编排上，特别注意初学者对新概念的接受能力和思维的逻辑性，力求做到深入浅出、自然流畅。

在编写本书过程中，作者参考了大量文献，在此向这些文献的作者致以诚挚的感谢。如书中存在参考资料未注明出处的情况，或对某些资料经过加工修改后引用的情况，在此郑重声明：其著作权仍归原作者所有。

书中难免有不足或不妥之处，恳请广大读者批评指正。

作　者

目录

CONTENTS

第1章 绪论

导读

人工神经网络是一种模拟生物神经系统结构和功能的信息处理系统，是人工智能的重要组成部分，对科学技术和经济社会的发展产生了深远的影响。本章将介绍人工神经网络的基本概念、发展历程以及未来前景，旨在帮助读者建立对人工神经网络的初步认识，激发读者探索人工神经网络领域的兴趣，为后续章节的学习奠定基础。

本章知识点

- 什么是人工神经网络
- 人工神经网络的发展历程
- 人工神经网络的未来前景

1.1 人工神经网络

人脑是人类神经系统的主要组成部分，负责控制和调节各种生理和心理活动，是智慧和行为的源泉。人脑约由 $10^{11}\sim10^{12}$ 个神经元相互连接组成，这些神经元通过突触相互连接，形成了规模庞大、错综复杂的生物神经网络。生物神经网络以神经元为基本信息处理单元，对信息进行分布式存储与加工，实现感知、记忆、推理和决策等各种思维活动，展现出人类的智能。

从模拟人脑生物神经网络的结构特征和信息处理机制着手，设计具有学习、推理等功能的信息处理系统，是实现人工智能的重要途径之一。1943 年，美国伊利诺伊大学神经生理学家 Warren McCulloch 和芝加哥大学数理逻辑学家 Walter Pitts 模拟生物神经元工作原理，提出了第一个人工神经元模型，并称之为 MP 模型。MP 模型实现了生物神经元复杂工作机制的抽象化数学描述，人工神经网络应运而生。经过几十年的发展，人工神经网络的研究取得了长足的进步，成为解决复杂问题的重要智能工具，被广泛应用于信号处理、智能控制、图像识别和自然语言处理等领域。

1.1.1 人工神经网络的特点

人工神经网络简称神经网络，是由多个人工神经元组成的并行分布式存储和信息处理系统，旨在模拟人脑结构特征和功能特性。人工神经元是神经网络的基本处理单元，尽管单个神经元结构和功能较为简单，但组合而成的神经网络具有并行分布处理、非线性、容错性、自学习和自组织等特点，展现出强大的信息处理能力。

1. 并行分布处理

在神经网络中，神经元通过相互连接形成了并行分布式结构，这种结构使得整个网络在存储和处理信息上均是并行分布的。每个神经元的连接权值存储信息的一部分，分布在各神经元的连接间。每个神经元作为独立计算单元，能够并行处理输入信号。

2. 非线性

神经元通过激活函数对输入信号进行处理，常用的激活函数多为非线性函数，多个神经元的广泛连接必然使网络呈现出高度的非线性特性。

3. 容错性

神经网络特有的结构使其对信息采用分布式存储，在某一神经元或者连接权值出现问题时，不会影响整个网络的性能，从而使神经网络具有较高的容错性和鲁棒性。

4. 自学习

当信息发生改变后，神经网络能够基于新的信息对网络进行训练，即通过调整自身结构和参数学习新信息，使得网络输出接近期望输出。

5. 自组织

自组织是神经网络最重要的特点，是指神经网络能够通过自生长、自删减、自学习、自复制、自修复和自更新等过程来适应外界环境的变化。这一特性使得神经网络具备解决各种复杂和不确定性问题的能力。

1.1.2 人工神经网络的功能

神经网络旨在通过模拟生物神经网络结构特征和功能特性，构建具有一定智能的信息处理系统，其主要功能如下：

1. 联想记忆

由于神经网络具有分布存储和并行处理信息的特点，因此可以通过预先存储信息和学习机制，从不完备信息和噪声干扰中恢复原始的完整信息，具备联想记忆能力。神经网络的联想记忆可分为自联想记忆和异联想记忆两种形式。

1）自联想记忆：网络预先存储多种模式信息，当输入某个模式的部分信息或带有噪声干扰的信息时，网络能够回忆该模式的全部信息。

2）异联想记忆：网络中预先存储多个信息模式对，每一对模式均由两部分信息组成，当输入某个模式对的一部分信息时，即使输入信息残缺或叠加了噪声，网络也能回忆起与其对应的另一部分信息。

神经网络的联想记忆能力在图像处理、语音识别和文本处理等多个领域展现出广阔的应用前景和重要的研究价值。例如，医学影像(如 X 射线、CT 扫描、MRI)常常受到噪声影响，导致医生难以准确诊断。借助神经网络的联想记忆功能，可以去除影像中的噪声，帮助医生进行更准确的诊断。

2. 非线性映射

神经网络的非线性映射功能是指其能够通过信息处理能力和学习机制，建立输入和输出之间的非线性映射关系。通过设计合理的网络结构对输入输出样本进行学习，神经网络可以以任意精度逼近任意复杂的非线性映射。这一能力使得神经网络成为强大的非线性函数逼近器，能够有效处理复杂的建模和预测问题。

3. 分类与识别

神经网络具有较好的分类与识别能力。通过学习输入和输出样本的特征，神经网络可以在样本空间中根据分类要求将空间分割成各个区域，每个区域对应一个类别。在训练阶段，神经网络通过大量带有标签的样本学习如何将输入映射到相应的类别。训练完成后，网络能够根据新的输入特征，准确识别其所属的类别。

4. 特征提取

神经网络的特征提取功能使其在处理复杂任务时具有显著优势，即能够自动从输入数据中提取与待处理任务相关的特征。这个过程主要是通过神经网络的层级结构逐步实现的。神经网络输入层接收原始数据，然后经由隐含层逐步提取出更抽象、更高层次的特征表示。

5. 数据生成

神经网络的数据生成功能是指利用神经网络生成新的数据样本的能力，其核心在于神经网络通过学习已有数据的分布模式，进而根据学习到的数据模式生成与已有数据相似或符合特定规则的新数据。

神经网络的数据生成功能在自然语言等领域中发挥着重要作用。例如，基于神经网络开发出的智能聊天机器人（如 ChatGPT），通过学习海量对话数据中的模式和上下文关系，生成与用户提问相关且连贯的回答，并能进行自然的对话互动。

1.2 人工神经网络的产生和发展

1.2.1 人工神经网络的产生

人工神经网络的基础性工作最早可追溯至19世纪中后期。1850年，德国物理学家和生理学家 Hermann von Helmholtz 证明神经冲动的传导是可以被测量和研究的，这一研究为神经信号传导的定量研究奠定了基础。1890年，美国心理学家 William James 出版著作《心理学原理》（*The Principles of Psychology*），探讨了人类心理的结构、功能和意识的各种现象，为人工智能的研究提供了理论基础。1899年，西班牙神经学家 Santiago Ramón y Cajal 出版著作《人类与脊椎动物神经系统的组织学》（*Histology of the Nervous System of Man and Vertebrates*），指出神经系统是由独立的神经元组成的，这一理论为理解神经系统的功能和信息传递机制奠定了基础，并启发了后来的神经网络的设计。

1943年，Warren McCulloch 和 Walter Pitts 提出的第一个人工神经元模型——MP 模型。通过将神经元的活动表现为兴奋或抑制的二值变化，并通过逻辑门模拟神经元的信息处理方式，展示了神经元状态变化及信息传递的机制。McCulloch 和 Pitts 证明了 MP 模型可以解决任何算术或逻辑运算问题，从而奠定了神经网络作为一种通用计算模型的理论基础。

1949年，加拿大心理学家 Donald Hebb 对20余年的研究工作进行总结，出版了著作《行为的组织》（*The Organization of Behavior: A Neuropsychological Theory*），提出了著名的 Hebb 学

习假说，这也是最早的神经网络学习规则之一。自提出至今，Hebb 学习规则一直被用于训练人工神经网络。

1.2.2 人工神经网络的发展

人工神经网络从产生到步入萌芽期，经历低潮期，再进入复兴期，并在 21 世纪随着深度学习的兴起而蓬勃发展，其发展道路曲折但意义深远。下面按照时间顺序介绍神经网络研究不同时期的标志性事件和关键突破，图 1-1 为人工神经网络发展历程简图。

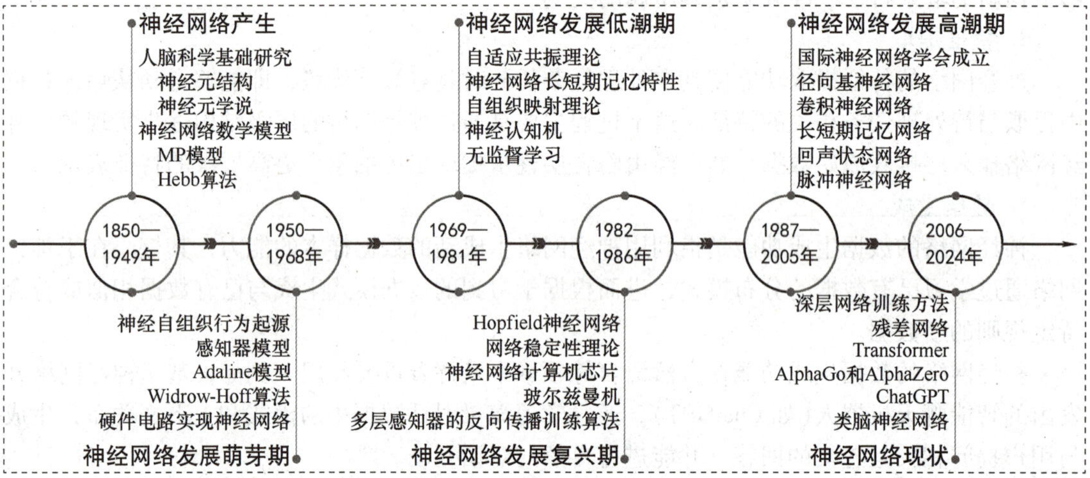

图 1-1 人工神经网络发展历程

1. 萌芽期

1952 年，英国神经科学家 William Ross Ashby 在其著作《脑的设计：自适应行为的起源》(*Design for a Brain*: *The Origin of Adaptive Behavior*)中提出了“自组织”(Self-Organizing)这一概念，指出大脑中的神经元通过相互连接和自我调整来适应环境的变化，并认为这一自适应行为是通过后天学习获得的。1957 年，美国计算机科学家 Frank Rosenblatt 和他的同事提出了感知器网络以及相应的学习算法，并展示了该网络解决分类问题的能力。感知器网络的出现具有跨时代里程碑意义，掀起了人工神经网络研究的第一波高潮。1960 年，美国电机工程师 Bernard Widrow 和他的学生 Marcian Hoff 发明了自适应线性单元，即 ADALINE 网络。ADALINE 网络与感知器网络非常相似，区别在于采用了线性激活函数而非硬限值函数。此外，Widrow 和 Hoff 还提出了 Widrow-Hoff 学习规则用于训练 ADALINE 网络，该算法也称为最小均方误差(LMS)算法。

2. 低潮期

1969 年，Marvin Minsky 和 Seymour Papert 出版了《感知器》(*Perceptrons*)一书，指出单层感知器无法解决线性不可分问题。尽管多层感知器理论上能够解决非线性问题，但当时缺乏有效的学习算法，因此认为多层感知器的实用价值有限。由于 Minsky 和 Papert 在人工智能领域的地位和影响，他们的观点导致许多学者放弃了神经网络相关研究，使得神经网络在接下来的 10 年间进入了低潮期，神经网络的研究和应用一度停滞不前。

尽管如此，仍有一些学者坚持在神经网络领域进行研究，并取得了一些重要突破。1976 年，美国波士顿大学 Stephen Grossberg 和 Gail A. Carpenter 提出了著名的自适应共振理论(Adaptive Resonance Theory, ART)。1981 年，芬兰计算机科学家 Teuvo Kohonen 模拟大脑神经系统自组织映射的功能，提出了自组织映射(Self-Organizing Map, SOM)网络，被广泛应用于模式识别、语音识别和分类等领域。1980 年，日本学者 Kunihiko Fukushima 提出了神经认知机(Neocognitron)，能够正确识别手写的 0~9 这十个数字。

3. 复兴期

进入 20 世纪 80 年代，两个新概念的提出对神经网络研究的复苏起到了重要的推动作用。1982 年，美国加州理工学院物理学家 John J. Hopfield 提出了一种具有联想记忆功能的新型神经网络模型——离散 Hopfield 网络，并借用 Lyapunov 能量函数的原理，给出了网络的稳定性判据。1984 年，Hopfield 又扩展了网络模型，提出了连续 Hopfield 网络。1985 年，借助物理学的概念和方法，加拿大多伦多大学的 Geoffrey E. Hinton 和美国计算神经科学家 Terrence J. Sejnowski 提出了玻尔兹曼机(Boltzmann Machine)，有效克服了 Hopfield 网络存在的能量局部极小问题。1986 年，美国贝尔实验室利用 Hopfield 网络理论在硅片上制成了神经网络计算机网络，标志着神经网络研究在硬件实现上的重要进展。毫无疑问，Hopfield 网络的出现再次掀起了不同学科学者关注和研究神经网络的热潮。

与此同时，美国认知神经科学家 David E. Rumelhart 和 James L. McClelland 及其领导的研究小组出版了《并行分布式处理》(*Parallel Distributed Processing*)一书，提出了用于多层感知器训练的误差反向传播(Back Propagation, BP)算法。这一算法通过将误差信号反馈至网络的中间隐含层，并调整隐含节点的连接权值，实现了对网络权值的有效更新，从而解决了 Marvin Minsky 等人认为无法解决的多层感知器的学习问题。该算法迅速成为神经网络学习中最核心和最广泛使用的方法之一，为神经网络的广泛应用奠定了基础。

4. 高潮期

1987 年 6 月，首届国际神经网络学术会议在美国加州圣地亚哥成功召开，推动了国际神经网络学会的成立，标志着神经网络研究正式成为一个国际性的学术领域。同年，全球首份神经网络期刊 *Neural Networks* 创刊。神经网络研究正式进入了高潮期，各种新模型和新算法层出不穷。

1988 年，英国数学家 David S. Broomhead 和加拿大计算机科学家 David Lowe 使用径向基函数(Radial Basis Function, RBF)设计多层前馈网络，提出了 RBF 神经网络。1990 年，美国麻省理工学院 Tomaso Poggio 和 Federico Girosi 利用正则化理论进一步完善了 RBF 神经网络的理论基础，证明了 RBF 神经网络能够以最佳方式逼近连续函数。1991 年，“人工智能三教父”之一 Yann LeCun 提出了卷积神经网络(Convolutional Neural Network, CNN), CNN 通过卷积层和池化层提取和处理图像中的特征，在图像处理和计算机视觉任务中取得了显著效果。1997 年，针对长序列建模难题，德国科学家 Sepp Hochreiter 和 Jürgen Schmidhuber 提出了长短期记忆(Long Short-Term Memory, LSTM)网络，该网络在处理序列数据时能够有效捕捉长期依赖关系，成为自然语言处理等领域的重要工具。同年，奥地利计算机科学家 Wolfgang Maass 提出了脉冲神经网络(Spiking Neural Network, SNN)，被视为类脑神经网络的基础。2001 年，德国科学家 Herbert Jaeger 提出了回声状态网络(Echo State Network, ESN)，通过引入储备池设计显著提高了网络的非线性处理能力和计算效率。

随着大数据时代的来临，浅层神经网络在实际应用中难以满足需求，深度神经网络开始逐渐受到关注。2006年，“人工神经网络之父”Geoffrey Hinton提出了深度信念网络(Deep Belief Network，DBN)，通过预训练和微调的方式训练深层神经网络，为深度学习的发展开辟了新的方向。2012年，加拿大计算机科学家Alex Krizhevsky等人设计了深度卷积神经网络(AlexNet)，并在ImageNet图像识别竞赛中获得了显著的优势，神经网络在计算机视觉领域取得了重大突破。2014年3月，Facebook的Deep Face项目同样基于深度学习，使得人脸识别的准确率达到了97.25%，几乎与人类媲美。同年，美国计算机科学家Ian J. Goodfellow等人提出了生成对抗网络(Generative Adversarial Network，GAN)，通过对抗训练生成逼真的样本，在图像生成、图像编辑和生成式模型等领域取得了令人瞩目的成就。2015年，中国科学家何恺明(He Kaiming)提出了残差网络(Residual Network，ResNet)，解决了深层神经网络训练中的梯度消失问题。2016年和2017年，DeepMind公司通过将深度学习与强化学习相结合，分别开发出了AlphaGo和AlphaZero这两个人工智能机器人，它们在围棋和国际象棋等复杂游戏中击败了世界冠军，展现了神经网络在策略问题上的强大能力。2017年，美国计算机科学家Ashish Vaswani等人在论文“Attention is All You Need”中提出了自注意力机制(Transformer)，在机器翻译任务中取得了突破性成果。2022年，美国OpenAI团队推出了一种先进的自然语言处理模型Chat Generative Pre-trained Transformer，即ChatGPT。ChatGPT通过模拟人类语言的逻辑和语法结构，生成流畅的对话和文本，进行语言翻译，并具备上下文理解和连续对话的能力。

1.3 人工神经网络的未来前景

历经数十年的发展，神经网络的理论研究取得了显著进展，并在众多领域得到了广泛应用，成为学术界和产业界共同关注的焦点。展望未来，神经网络的理论探索和实际应用将更加引人注目，它必将成为全球科技创新与产业变革的重要推动力。

在理论方面，网络结构和学习算法的探索依然是神经网络研究的主要方向。随着神经生理学研究的深入，受到类脑计算的启发，未来有望催生出更加接近生物神经网络的神经网络模型，不仅在结构上模拟大脑，还将在训练方法上更贴近人类的学习机制，展现出更高的智能和更强的信息处理能力。尽管有关神经网络结构设计的工作层出不穷，如生长法、剪枝法等，但形成完善的结构设计理论体系仍是研究者们亟待攻克的难题。此外，如何开发出更高效的学习算法，以加速神经网络的训练过程，也是未来研究的重要方向之一。随着人工智能伦理日益受到关注，神经网络的可解释研究将成为未来的重点领域。

在应用方面，神经网络已在多个领域取得了显著突破。在交通领域，特斯拉通过神经网络处理来自摄像头、激光雷达的数据，实现目标检测和识别，其Autopilot系统利用神经网络实现自适应巡航控制和自动变道，推动了自动驾驶技术的发展。在航空航天领域，神经网络的应用不断扩大，涵盖了飞行器设计与控制、故障诊断与数据分析等多个方面，助力航天技术自主创新。在医疗领域，神经网络不仅广泛用于医学影像的自动诊断，还在疾病预测、药物开发等方面崭露头角，推动了个性化医疗和精准治疗的发展。在制造领域，神经网络被用于生产过程建模、控制和优化等方面，成为推动我国从制造大国迈向制造强国的重要技术支撑。在环保领域，神经网络被用于污染物智能检测和污染治理过程动态调控，助力美丽中国建设。

习题

1-1 试分析人工智能与人工神经网络的关系。

1-2 在人工神经网络发展历程中，有哪些重要的里程碑事件？

1-3 人工神经网络为什么具有记忆功能？

1-4 如果人工神经网络中个别神经元受损或失效，人工神经网络能否保持正常的功能？为什么？

1-5 试分析人工神经网络未来可能的发展方向。

1-6 简述人工神经网络是如何推动人工智能发展的？你觉得人工神经网络在未来能否达到或超越人脑处理信息和决策的能力？

1-7 举例说明人工神经网络的应用实例有哪些？

第2章　人工神经网络构成

导读

本章将探讨人工神经网络的构成，从基本组成单元到学习规则，揭示其工作原理。首先，将介绍人工神经元模型如何模拟生物神经元结构及功能。接下来，将讨论神经元学习规则，了解神经元是如何通过学习实现特定功能的。然后，会进一步介绍神经网络结构，包括前馈神经网络、递归神经网络等，了解神经网络的主要学习算法。最后，将分析影响神经网络性能的主要因素，为设计以及应用神经网络奠定基础。通过本章的学习，读者将初步了解神经网络的基本构成及工作原理。

本章知识点

- 神经元模型
- 神经元学习规则
- 神经网络结构
- 神经网络学习算法
- 神经网络性能

2.1　神经元模型

2.1.1　生物神经元

人脑约由 $10^{11}\sim10^{12}$ 个神经元组成，每个神经元约与 $10^{4}\sim10^{5}$ 个神经元通过突触连接，形成错综复杂而又灵活多变的生物神经网络，呈现出丰富的信息处理能力，支持人类的复杂行为和认知功能。生物神经元主要由树突、细胞体、轴突和突触四部分组成(如图2-1所示)，各部分具体功能如下：

树突：树突是从神经元细胞体上延伸出来的分支结构，用于接收来自其他神经元的信号并传递给细胞体。每个神经元可以有一个或多个树突。

细胞体：细胞体是神经元的主要部分，包括细胞核和其他细胞器，负责整合和处理来自树突的信号，并产生动作电位(电信号)，将其传递到轴突。

轴突：轴突是从细胞体延伸出来的长而细的结构，负责将细胞体产生的电信号传递至其他神经元。每个神经元仅有一个轴突。

突触：突触是一个神经元的轴突和另一个神经元树突的结合点，负责传递信息。通过释放和接收神经递质，突触实现了信号在神经元间的传递。

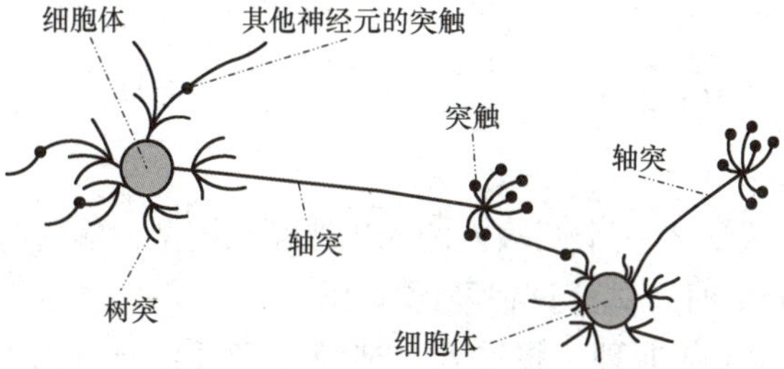

图 2-1　生物神经元结构

图 2-1 彩图

2.1.2　MP 模型

1943 年，美国神经生理学家 Warren McCulloch 和数理逻辑学家 Walter Pitts 模拟生物神经元工作原理，提出了第一个人工神经元模型，并称之为 MP 模型。MP 模型实现了生物神经元复杂工作机制的抽象化数学描述，为神经网络的研究和发展奠定了基础。

如图 2-2 所示，MP 神经元模型是一个多输入/单输出的非线性信息处理单元。

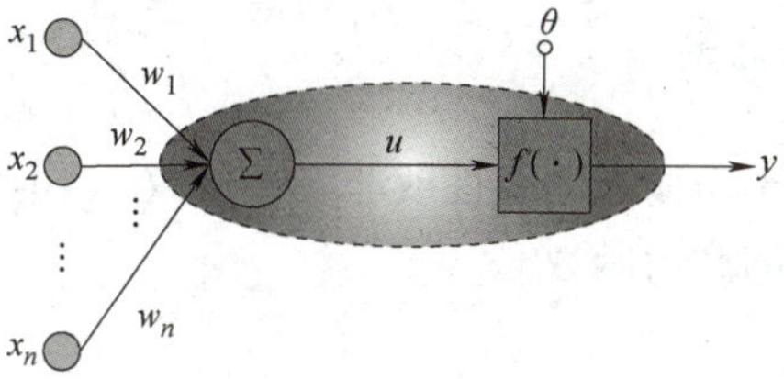

图 2-2　MP 神经元模型

图 2-2 彩图

图中，x_1，x_2，…，x_n 代表神经元的 n 个输入，对应生物神经元树突接收的信号。w_1，w_2，…，w_n 代表神经元的连接权值，对应生物神经元突触的连接强度。

生物神经元中的细胞体则可由累加器和激活函数表达，其实质是将输入信号的加权和与阈值进行比较，然后通过激活函数处理得到神经元输出 y：

$$y=f\left(\sum_{j=1}^{n} w_j x_j-\theta\right) \tag{2-1}$$

式中，θ 为神经元的阈值；$\sum_{j=1}^{n} w_j x_j-\theta$ 为神经元的净输入；$f(\cdot)$ 代表神经元的激活函数，是关于净输入的线性或者非线性函数。

在 MP 神经元模型中，激活函数为单位阶跃函数，或称硬极限函数，如图 2-3 所示。单位阶跃函数的表达式为

$$f(x)=\begin{cases}1, & x\geqslant 0\\ 0, & x<0\end{cases} \tag{2-2}$$

当神经元输入信号加权和大于或者等于阈值时，神经元输出为“1”，即神经元处于“兴奋”状态；反之，当神经元输入信号加权和小于阈值时，神经元输出为“0”，处于“抑制”状态。

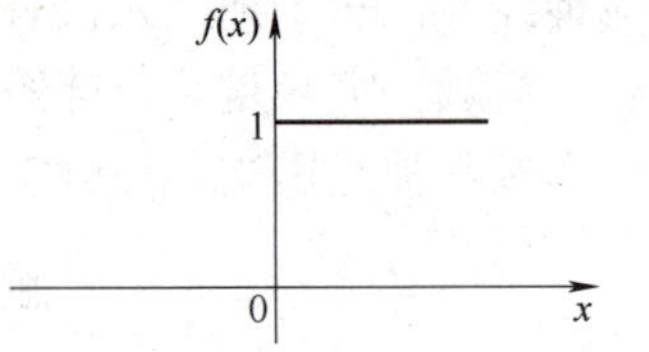

图 2-3 单位阶跃函数

神经元的阈值可以看作一个输入值是常数-1 的连接权值，则式(2-1)可写为

$$y=f\left(\sum_{j=0}^{n} w_j x_j\right) \tag{2-3}$$

式中，$w_0=\theta$；$x_0=-1$。

例 2-1 如图 2-4 所示，有一个两输入的 MP 神经元模型，输入为 $x_1=2$，$x_2=3$，权值为 $w_1=-1$，$w_2=1$，阈值 $\theta=2$ 时，试计算神经元输出。

解： 根据 MP 神经元工作原理，将输入、神经元权值和阈值代入式(2-1)中，神经元输出计算如下

$$\begin{aligned} y&=f((2\times(-1)+3\times1)-2)\\ &=f(-1)\end{aligned}$$

又由于激活函数 $f(\cdot)$ 为单位阶跃函数，可得神经元输出为

$$y=f(-1)=0$$

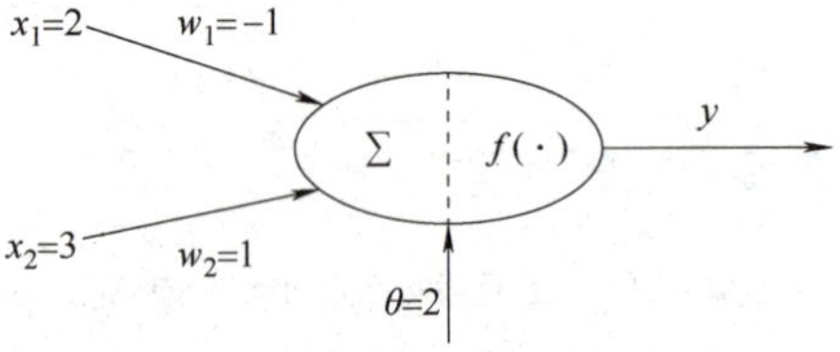

图 2-4 两输入 MP 神经元模型

Warren McCulloch 和 Walter Pitts 在其发表的论文中指出，MP 神经元模型可以计算任何算术或逻辑函数。

2.1.3 激活函数的类型和作用

神经元的激活函数是关于净输入的线性或非线性函数，不同的激活函数具有不同的信息处理特性，以下是几种常用的激活函数。

(1) 对称型阶跃函数

阶跃函数是最简单的非线性函数之一，它能够将非线性特性引入到神经网络中，使得网络能够学习和模拟非线性关系。处理离散信号的神经元常常采用阶跃函数作为激活函数。此外，由于阶跃函数的输出只有两种可能的值，这使得它在某些分类任务中，尤其是简单的二分类问题中，表现得十分直观和有效。

除图 2-3 和式(2-2)所示的单位阶跃函数外，还有对称型阶跃函数，也称之为符号函数或对称硬极限函数，可以表示为

$$y=f(x)=\begin{cases}1, & x\geqslant 0\\ -1, & x<0\end{cases} \tag{2-4}$$

图 2-5 所示为对称型阶跃函数的输入输出特性。采用阶跃激活函数的神经元模型，称为阈值逻辑单元。

(2) 线性函数

如图 2-6 所示，线性函数的输出等于输入，即

$$y=f(x)=x \tag{2-5}$$

当激活函数为线性函数时，神经元计算效率较高，但由于线性函数无法引入非线性特性，在一定程度上会限制神经网络处理复杂和非线性问题的能力。

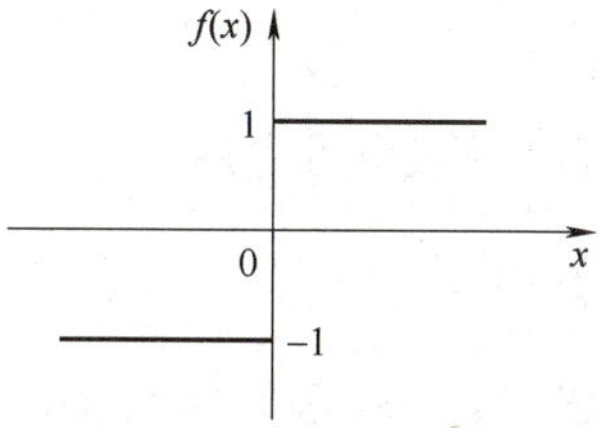

图 2-5　对称型阶跃函数

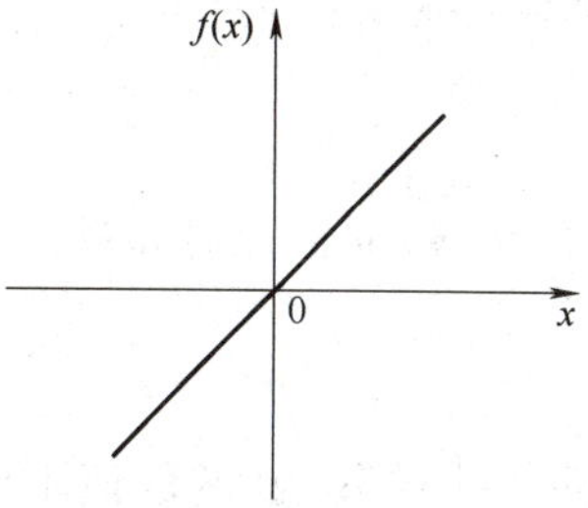

图 2-6　线性函数

（3）饱和线性函数

饱和线性函数在特定的输入范围内表现出线性关系，而在超出这个范围时则趋于饱和，即输出达到某固定的极限值，不再随输入的变化而变化。这种特性使得饱和线性函数能够有效控制输出范围。饱和线性函数可表示为

$$y=f(x)=\begin{cases}0, & x<0\\ x, & 0\leqslant x\leqslant 1\\ 1, & x>1\end{cases} \tag{2-6}$$

饱和线性函数特性如图 2-7 所示。当输入 $x\in[0,1]$时，函数的输出与输入相同；当 $x<0$ 时，函数恒等于 0；当 $x>1$ 时，函数恒等于 1。

（4）对称饱和线性函数

对称饱和线性函数特性与饱和线性函数特性相似，但在正负方向上具有对称性，可表示为

$$y=f(x)=\begin{cases}-1, & x<-1\\ x, & -1\leqslant x\leqslant 1\\ 1, & x>1\end{cases} \tag{2-7}$$

对称饱和线性函数特性如图 2-8 所示。当输入 $x\in[-1,1]$时，函数的输出与输入相同；当 $x<-1$ 时，函数恒等于-1；当 $x>1$ 时，函数恒等于 1。

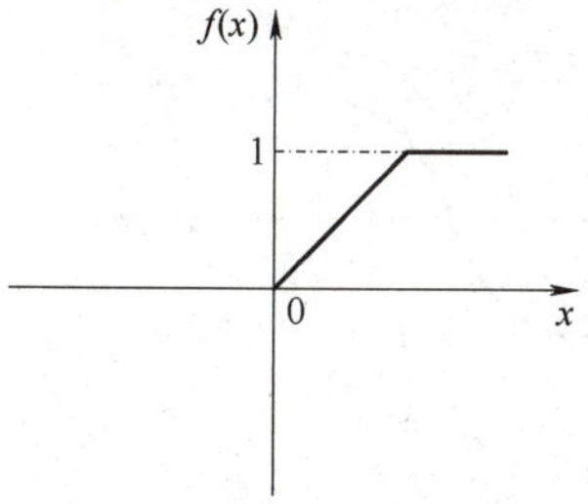

图 2-7　饱和线性函数

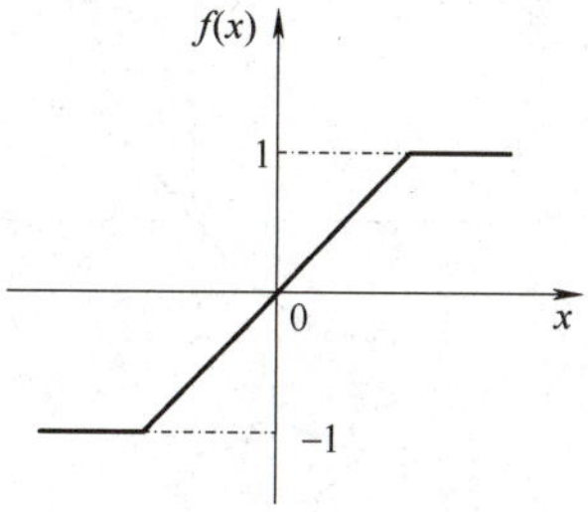

图 2-8　对称饱和线性函数

（5）Sigmoid 函数

Sigmoid 函数，也称对数 S 型函数，可以将输入(输入值可以是正无穷到负无穷之间的任意值)压缩到 0 和 1 之间。Sigmoid 函数被广泛用做神经元激活函数，是由于函数本身及其导数在定义域内都是连续可导的，引入非线性的同时计算相对简单。

Sigmoid 函数可以表示为

$$y=f(x)=\frac{1}{1+e^{-x}} \tag{2-8}$$

图 2-9a 所示为 Sigmoid 函数特性。非对称型 Sigmoid 函数也可表达为

$$y=f(x)=\frac{1}{1+e^{-\beta x}},\quad \beta>0 \tag{2-9}$$

式中，β 控制曲线的斜率，β 的取值不同会产生不同的 Sigmoid 函数曲线特性。当 $\beta=2$ 时，其函数特性如图 2-9b 所示。

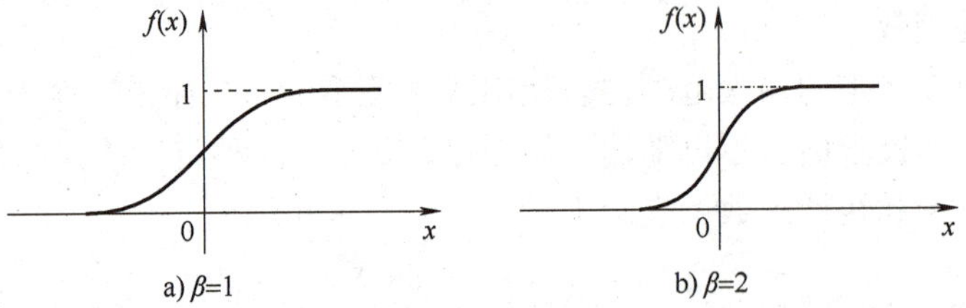

图 2-9　Sigmoid 函数

（6）双曲正切函数

双曲正切函数，也称对称型 S 函数，可以将输入压缩到−1 和 1 之间。与 Sigmoid 函数相比，由于其输出范围更宽，双曲正切函数能够在一定程度上缓解梯度消失问题。双曲正切函数可以表示为

$$y=f(x)=\frac{1-e^{-x}}{1+e^{-x}} \tag{2-10}$$

图 2-10a 所示为双曲正切函数的特性。有时为了需要，双曲正切函数也可表达为

$$y=f(x)=\frac{1-e^{-\beta x}}{1+e^{-\beta x}},\quad \beta>0 \tag{2-11}$$

式中，β 的取值决定了函数非饱和段的斜率。当 $\beta=2$ 时，其函数特性如图 2-10b 所示。

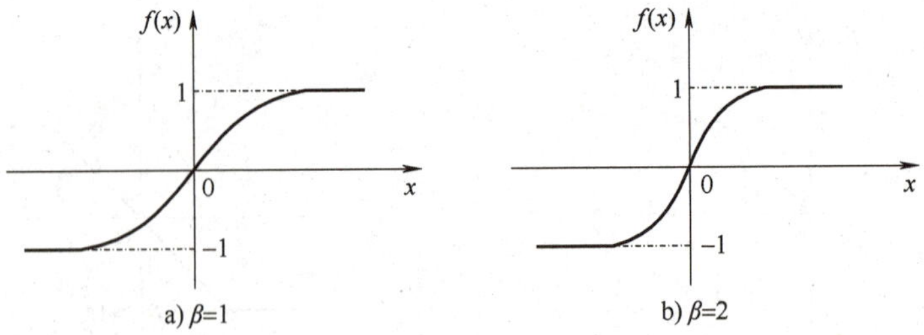

图 2-10　双曲正切函数

（7）径向基函数

径向基函数是一种沿径向对称的标量函数，具有对称性和平滑性，可以表示为

$$y=f(x)=e^{-\frac{(x-c)^2}{s^2}} \tag{2-12}$$

式中，c 为函数的中心；s 为函数的宽度，可以控制函数的径向作用范围。图 2-11 所示为径向基函数的特性。

（8）ReLU 函数

ReLU(Rectified Linear Unit)函数，也称为整流线性单元函数或斜坡函数，是神经网络中常用的激活函数。相较于 Sigmoid 函数、双曲正切函数，ReLU 函数不仅计算相对简单，还具有更强的仿生物学原理和稀疏激活特性，能在一定程度避免梯度爆炸和梯度消失问题。

ReLU 函数可表示为

$$y=f(x)=\max(0,x) \tag{2-13}$$

ReLU 函数的特性如图 2-12 所示，当输入 $x>0$ 时，函数的输出与输入相同；当输入 $x\leqslant 0$ 时，函数的输出为 0。

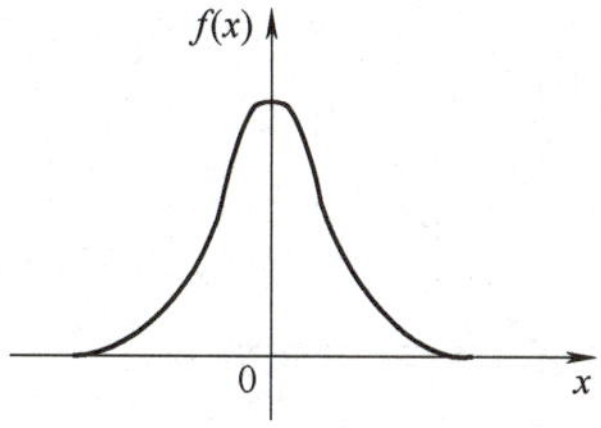

图 2-11　径向基函数

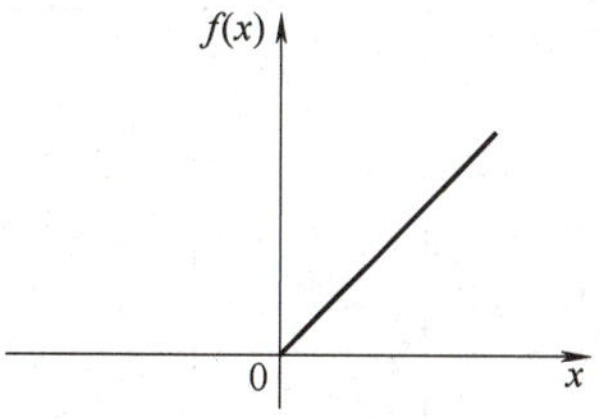

图 2-12　ReLU 函数

常用的神经元激活函数见表 2-1。

表 2-1　神经元激活函数

激活函数	输入输出关系	图像	MATLAB 函数
阶跃函数	$y=f(x)=\begin{cases}1, & x\geqslant 0\\ 0, & x<0\end{cases}$	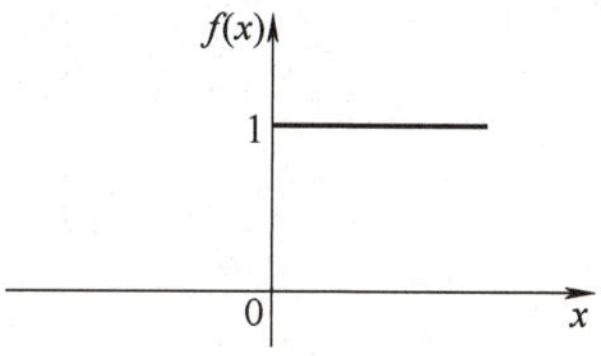	hardlim
对称型阶跃函数	$y=f(x)=\begin{cases}1, & x\geqslant 0\\ -1, & x<0\end{cases}$	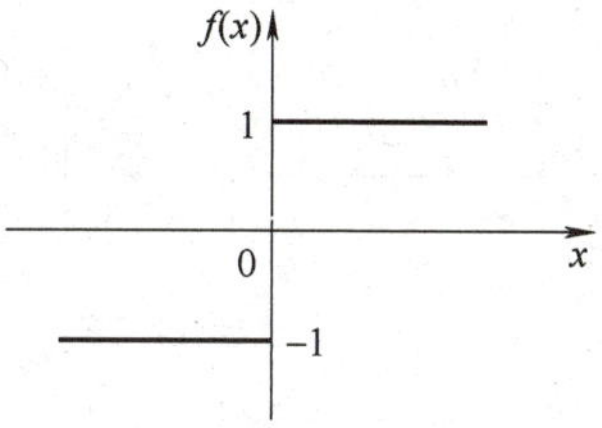	hardlims
线性函数	$y=f(x)=x$	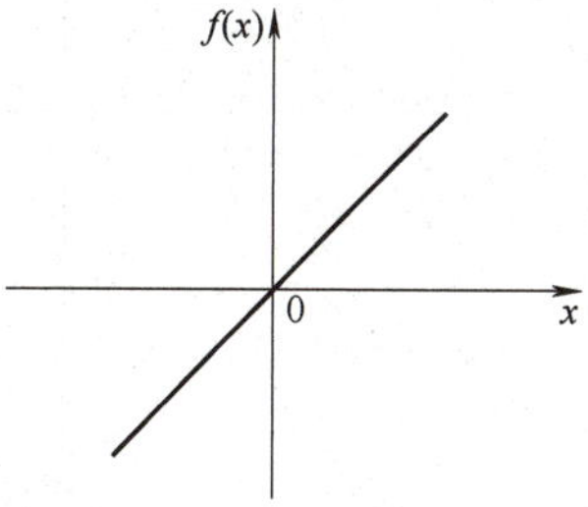	purelin

（续）

激活函数	输入输出关系	图像	MATLAB 函数
饱和线性函数	$y=f(x)=\begin{cases}0, & x<0\\x, & 0\leqslant x\leqslant 1\\1, & x>1\end{cases}$	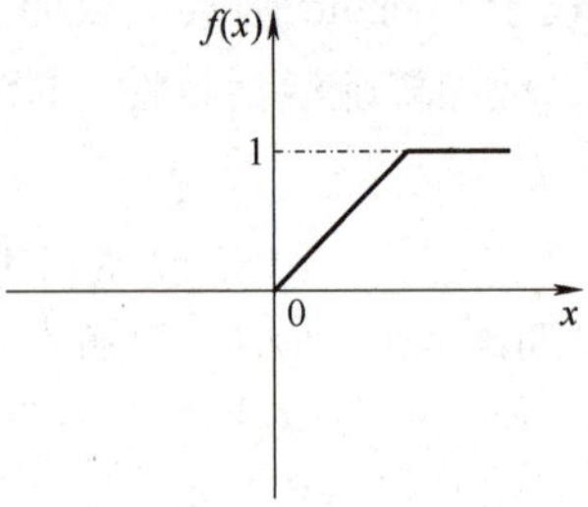	satlin
对称饱和线性函数	$y=f(x)=\begin{cases}-1, & x<-1\\x, & -1\leqslant x\leqslant 1\\1, & x>1\end{cases}$	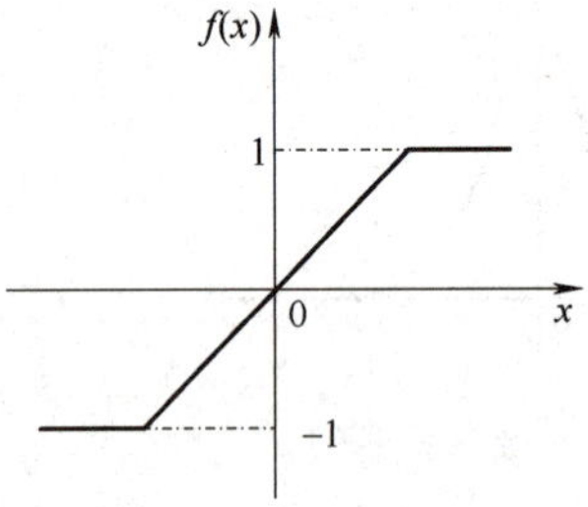	satlins
Sigmoid 函数	$y=f(x)=\dfrac{1}{1+e^{-x}}$	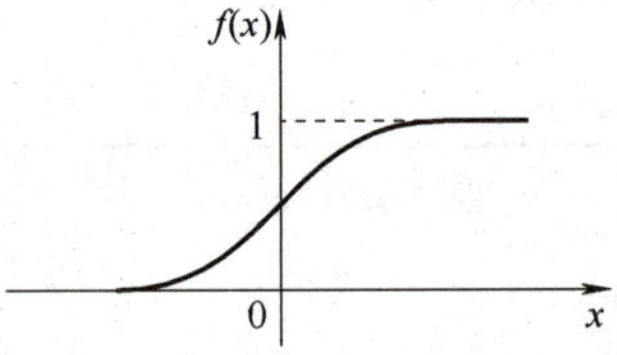	logsig
双曲正切函数	$y=f(x)=\dfrac{1-e^{-x}}{1+e^{-x}}$	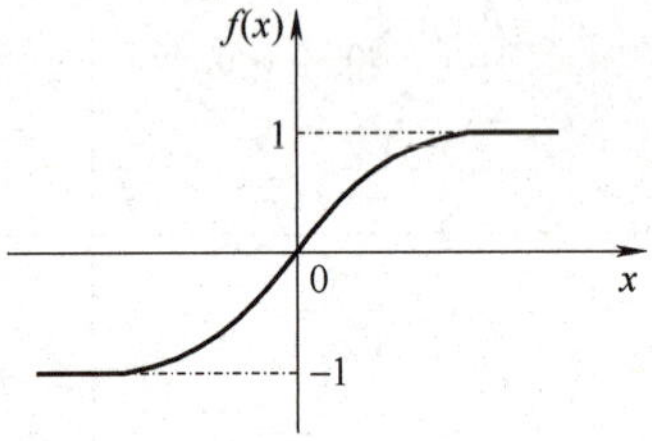	tansig
径向基函数	$y=f(x)=e^{-\frac{(x-c)^2}{s^2}}$	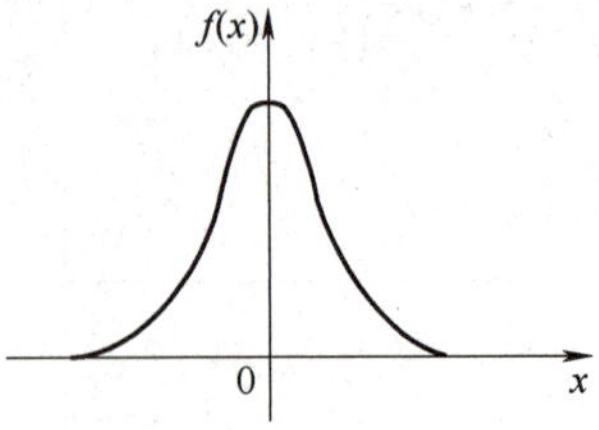	radbas
ReLU 函数	$y=f(x)=\max(0,x)$	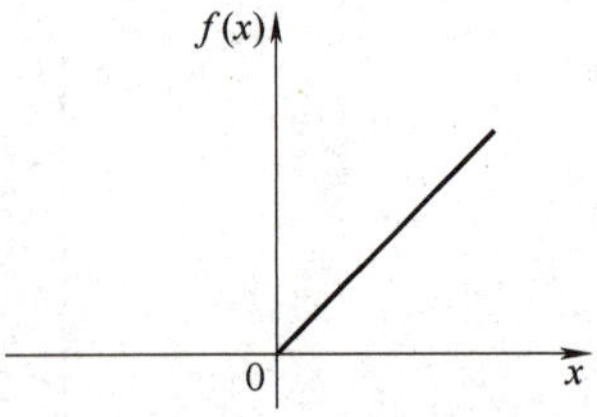	relu

2.2　神经元学习规则

神经元学习规则，也称训练算法，其目的是通过调整神经元权值和阈值来完成某项特定任务。具有代表性的神经元学习规则包括 Hebb 学习规则、Widrow-Hoff 学习规则等。

2.2.1　Hebb 学习规则

1949 年，Donald Hebb 提出“Hebb 假说”：当神经元的突触前膜电位与后膜电位同时为正时，突触连接的强度会增强；当前膜电位与后膜电位极性相反时，突触连接的强度会减弱。换言之，当突触两侧的两个神经元同时被激活，那么两者间的连接强度会增强。因此，如果一个正输入能够产生一个正输出，那么输入与输出之间的连接权值就应该增加，权值调整公式可表达为

$$\Delta \boldsymbol{w}=\eta f(\boldsymbol{w}^{\mathrm{T}}\boldsymbol{x})\boldsymbol{x} \tag{2-14}$$

式中，η 为被称为学习率的正常数；$f(\boldsymbol{w}^{\mathrm{T}}\boldsymbol{x})$ 为神经元输出；$\boldsymbol{x}$ 为神经元输入。可以看出，权值的变化与输入输出的乘积成正比。

式(2-14)定义的 Hebb 规则是一种无监督的学习规则，即权值调整不依赖于期望输出或教师信号的任何信息。

需要注意的是，当采用 Hebb 学习规则调整权值时，应预先设置权值饱和值，以防止输入和输出始终正负一致的情况下出现权值无约束增长。此外，在学习开始前，需要对权值进行初始化处理，通常是赋予接近零的随机数。

自 1949 年提出以来，Hebb 学习规则一直被用于训练人工神经元或者神经网络。下面通过一个具体实例来介绍 Hebb 学习规则的应用。

例 2-2　假设有一个 3 输入单输出的神经元模型，激活函数为线性函数，阈值 $\theta=0$，学习率 $\eta=1$。当 3 个输入样本和初始权值向量分别为 $\boldsymbol{x}^1=[1,1,2]^{\mathrm{T}}$，$\boldsymbol{x}^2=[0,3,1]^{\mathrm{T}}$，$\boldsymbol{x}^3=[2,1,0]^{\mathrm{T}}$，$\boldsymbol{w}(0)=[-1,1,0]^{\mathrm{T}}$ 时，试采用 Hebb 学习规则更新神经元权值。

解： 神经元权值调整步骤如下

1）输入第一个样本 $\boldsymbol{x}^1=[1,1,2]^{\mathrm{T}}$，计算神经元净输入，并调整权值 $\boldsymbol{w}(1)$

$$u^1=\boldsymbol{w}^{\mathrm{T}}(0)\boldsymbol{x}^1=[-1,1,0][1,1,2]^{\mathrm{T}}=0$$

$$\begin{aligned}\boldsymbol{w}(1)&=\boldsymbol{w}(0)+\eta f(u^1)\boldsymbol{x}^1\\&=[-1,1,0]^{\mathrm{T}}+[0,0,0]^{\mathrm{T}}\\&=[-1,1,0]^{\mathrm{T}}\end{aligned}$$

2）输入第二个样本 $\boldsymbol{x}^2=[0,3,1]^{\mathrm{T}}$，计算神经元净输入，并调整权值 $\boldsymbol{w}(2)$

$$u^2=\boldsymbol{w}^{\mathrm{T}}(1)\boldsymbol{x}^2=[-1,1,0][0,3,1]^{\mathrm{T}}=3$$

$$\begin{aligned}\boldsymbol{w}(2)&=\boldsymbol{w}(1)+\eta f(u^2)\boldsymbol{x}^2\\&=[-1,1,0]^{\mathrm{T}}+[0,9,3]^{\mathrm{T}}\\&=[-1,10,3]^{\mathrm{T}}\end{aligned}$$

3）输入第三个样本 $\boldsymbol{x}^3=[2,1,0]^{\mathrm{T}}$，计算神经元净输入，并调整权值 $\boldsymbol{w}(3)$

$$u^3=\boldsymbol{w}^{\mathrm{T}}(2)\boldsymbol{x}^3=[-1,10,3][2,1,0]^{\mathrm{T}}=8$$

$$\begin{aligned}\boldsymbol{w}(3)&=\boldsymbol{w}(2)+\eta f(u^3)\boldsymbol{x}^3\\&=[-1,10,3]^{\mathrm{T}}+[16,8,0]^{\mathrm{T}}\\&=[15,18,3]^{\mathrm{T}}\end{aligned}$$

2.2.2 Widrow-Hoff 学习规则

1960 年，Bernard Widrow 和 Marcian Hoff 提出了自适应线性单元(ADALINE)，并设计了相应的 Widrow-Hoff 学习规则。Widrow-Hoff 学习规则通过调整神经元的权值和阈值来最小化均方误差，因此也被称为最小均方(Least Mean Square，LMS)学习算法。该算法是一个以均方误差为性能指标的近似最速下降算法，属于有监督学习范畴，依赖于期望输出进行训练。

均方误差定义如下

$$E=\frac{1}{2}(d-\boldsymbol{w}^{\mathrm{T}}\boldsymbol{x})^2 \tag{2-15}$$

式中，d 为神经元的期望输出。

神经元的调整与均方误差的梯度有关：

$$\begin{aligned}\Delta \boldsymbol{w} &= \eta\frac{\partial E}{\partial \boldsymbol{w}} \\ &= \eta(d-\boldsymbol{w}^{\mathrm{T}}\boldsymbol{x})\boldsymbol{x}\end{aligned} \tag{2-16}$$

式中，η 为学习率。

下面以一个简单的实例介绍 Widrow-Hoff 学习规则的应用。

例 2-3 设有一个 3 输入单输出的神经元模型，激活函数为线性函数，阈值 $\theta=1$，学习率 $\eta=0.1$，3 个输入向量和初始权值分别为 $\boldsymbol{x}^1=[2,1,1]^{\mathrm{T}}$，$\boldsymbol{x}^2=[1,0,2]^{\mathrm{T}}$，$\boldsymbol{x}^3=[1,1,-1]^{\mathrm{T}}$，$\boldsymbol{w}(0)=[0.5,-2,1]^{\mathrm{T}}$，期望输出为 $d^1=-1$，$d^2=0.5$，$d^3=-0.5$，试使用 Widrow-Hoff 学习规则更新神经元权值和阈值。

解： 为了简化计算，可将阈值看作权值的一部分，则有 $w_0=\theta$，$x_0=-1$，输入向量和初始权值为 $\boldsymbol{x}^1=[-1,2,1,1]^{\mathrm{T}}$，$\boldsymbol{x}^2=[-1,1,0,2]^{\mathrm{T}}$，$\boldsymbol{x}^3=[-1,1,1,-1]^{\mathrm{T}}$，$\boldsymbol{w}(0)=[1,0.5,-2,1]^{\mathrm{T}}$。

权值调整步骤如下

1）输入第一个样本 $\boldsymbol{x}^1=[-1,2,1,1]^{\mathrm{T}}$，计算神经元净输入，并调整权值 $\boldsymbol{w}(1)$

$$u^1=\boldsymbol{w}^{\mathrm{T}}(0)\boldsymbol{x}^1=[1,0.5,-2,1][-1,2,1,1]^{\mathrm{T}}=-1$$

$$\begin{aligned}\boldsymbol{w}(1) &= \boldsymbol{w}(0)+\eta(d^1-u^1)\boldsymbol{x}^1 \\ &= [1,0.5,-2,1]^{\mathrm{T}}+[0,0,0,0]^{\mathrm{T}} \\ &= [1,0.5,-2,1]^{\mathrm{T}}\end{aligned}$$

2）输入第二个样本 $\boldsymbol{x}^2=[-1,1,0,2]^{\mathrm{T}}$，计算神经元净输入，并调整权值 $\boldsymbol{w}(2)$

$$u^2=\boldsymbol{w}^{\mathrm{T}}(1)\boldsymbol{x}^2=[1,0.5,-2,1][-1,1,0,2]^{\mathrm{T}}=1.5$$

$$\begin{aligned}\boldsymbol{w}(2) &= \boldsymbol{w}(1)+\eta(d^2-u^2)\boldsymbol{x}^2 \\ &= [1,0.5,-2,1]^{\mathrm{T}}+[0.1,-0.1,0,-0.2]^{\mathrm{T}} \\ &= [1.1,0.4,-2,0.8]^{\mathrm{T}}\end{aligned}$$

3）输入第三个样本 $\boldsymbol{x}^3=[-1,1,1,-1]^{\mathrm{T}}$，计算神经元净输入，并调整权值 $\boldsymbol{w}(3)$

$$u^3=\boldsymbol{w}^{\mathrm{T}}(2)\boldsymbol{x}^3=[1.1,0.4,-2,0.8][-1,1,1,-1]^{\mathrm{T}}=-3.5$$

$$\begin{aligned}\boldsymbol{w}(3) &= \boldsymbol{w}(2)+\eta(d^3-u^3)\boldsymbol{x}^3 \\ &= [1.1,0.4,-2,0.8]^{\mathrm{T}}+[-0.3,0.3,0.3,-0.3]^{\mathrm{T}} \\ &= [0.8,0.7,-1.7,0.5]^{\mathrm{T}}\end{aligned}$$

2.3　神经网络结构

神经元按照一定的规律相互连接，形成神经网络，通常包括输入层、隐含层和输出层。不同结构的神经网络呈现出不同的功能特性，结构是影响神经网络功能的重要因素。根据神经网络内部信息传递的方向，神经网络可以分为前馈神经网络和递归神经网络两大类。前馈神经网络的信息传递是单向的，从输入层经过隐含层到输出层，而递归神经网络则允许信息在网络内部循环反馈。

2.3.1　前馈神经网络

前馈神经网络(Feedforward Neural Network，FNN)是一种由多个神经元层次组成的网络结构，其中信息从输入层逐层传递到各隐含层，最终到达输出层。该网络的处理过程具有明确的方向性，在这种结构中，除输出层外，每一层的输出都会作为下一层的输入。

图 2-13a 所示的是一个多输入多输出的三层前馈神经网络，包括一个输入层、一个隐含层和一个输出层；图 2-13b 所示的是一个多输入单输出的四层前馈神经网络，包括一个输入层、两个隐含层和一个输出层。

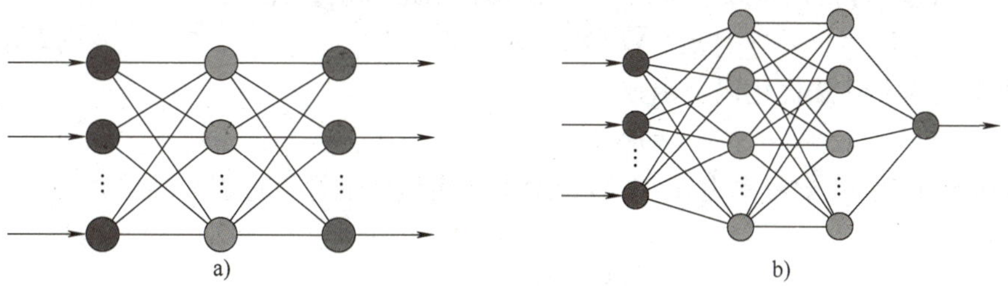

图 2-13 彩图

图 2-13　前馈神经网络

2.3.2　递归神经网络

递归神经网络(Recurrent Neural Networks，RNN)，也称反馈神经网络或循环神经网络。与前馈神经网络不同，递归神经网络中至少存在一个反馈环路。代表性的递归神经网络包括 Hopfield 神经网络、回声状态网络和长短期记忆网络等。图 2-14 所示为 Hopfield 神经网络。

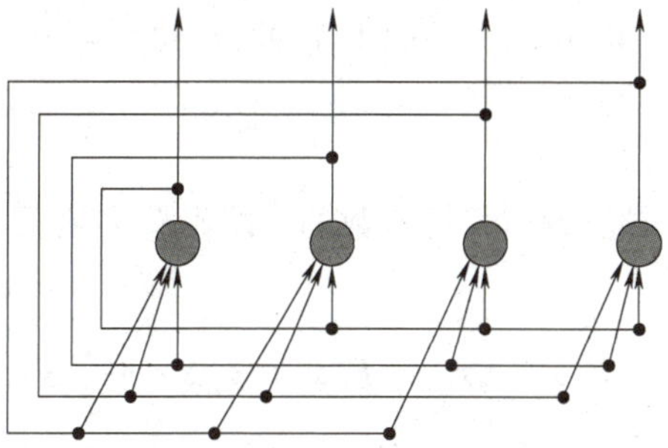

图 2-14 彩图

图 2-14　递归神经网络

2.4 神经网络学习算法

神经网络通过对数据样本的学习，不断改变神经元的连接权值、阈值和网络结构，使得网络能够完成某些特定任务，即网络的实际输出逐渐接近期望输出。这个过程被称为神经网络的学习或者训练。神经网络的学习算法有多种，可以归纳为无监督学习、有监督学习和增强学习三类。

神经网络的学习或训练过程本质上是一个优化问题，其目标是通过调整参数以达到网络"性能"最优。为此，最速下降法、牛顿法等梯度类优化算法常被用作神经网络学习算法。下面将对最速下降法和牛顿法进行简要介绍。

2.4.1 最速下降法

最速下降法，又称梯度下降法，是求解无约束优化问题中最常用的一阶优化算法之一。该算法通过沿着目标函数或者损失函数梯度的反方向更新参数，逐步减小函数值，可表示如下

$$\boldsymbol{x}_{k+1}=\boldsymbol{x}_k-\alpha_k\boldsymbol{g}_k \tag{2-17}$$

式中，α_k 表示学习率，$\boldsymbol{g}_k$ 为目标函数 $F(\boldsymbol{x})$ 在第 k 次迭代时的梯度，计算如下

$$\boldsymbol{g}_k=\boldsymbol{\nabla}F(\boldsymbol{x})|_{\boldsymbol{x}=\boldsymbol{x}_k} \tag{2-18}$$

例 2-4 试使用最速下降法优化以下函数

$$F(\boldsymbol{x})=2x_1^2+9x_2^2$$

令初始值为 $\boldsymbol{x}_0=[0.5,0.5]^{\mathrm{T}}$，学习率为 $\alpha=0.01$，给出两次迭代的计算过程与结果。

解： 计算梯度为

$$\boldsymbol{\nabla}F(\boldsymbol{x})=\left[\frac{\partial F(\boldsymbol{x})}{\partial x_1},\frac{\partial F(\boldsymbol{x})}{\partial x_2}\right]^{\mathrm{T}}=[4x_1,18x_2]^{\mathrm{T}}$$

可以得到 $F(\boldsymbol{x})$ 在 $\boldsymbol{x}_0$ 处的梯度 $\boldsymbol{g}_0$ 为

$$\boldsymbol{g}_0=\boldsymbol{\nabla}F(\boldsymbol{x})|_{\boldsymbol{x}=\boldsymbol{x}_0}=[2,9]^{\mathrm{T}}$$

应用最速下降法的第一次迭代为

$$\boldsymbol{x}_1=\boldsymbol{x}_0-\alpha\boldsymbol{g}_0=[0.5,0.5]^{\mathrm{T}}-0.01[2,9]^{\mathrm{T}}=[0.48,0.41]^{\mathrm{T}}$$

可以得到 $F(\boldsymbol{x})$ 在 $\boldsymbol{x}_1$ 处的梯度 $\boldsymbol{g}_1$ 为

$$\boldsymbol{g}_1=\boldsymbol{\nabla}F(\boldsymbol{x})|_{\boldsymbol{x}=\boldsymbol{x}_1}=[1.92,7.38]^{\mathrm{T}}$$

第二次迭代为

$$\boldsymbol{x}_2=\boldsymbol{x}_1-\alpha\boldsymbol{g}_1=[0.48,0.41]^{\mathrm{T}}-0.01[1.92,7.38]^{\mathrm{T}}=[0.4608,0.3362]^{\mathrm{T}}$$

2.4.2 牛顿法

区别于最速下降法，牛顿法通过目标函数的二阶泰勒多项式，在极小点附近对目标函数进行近似。

$$F(\boldsymbol{x}_{k+1})=F(\boldsymbol{x}_k+\boldsymbol{\Delta x}_k)\approx F(\boldsymbol{x}_k)+\boldsymbol{g}_k^{\mathrm{T}}\boldsymbol{\Delta x}_k+\frac{1}{2}\boldsymbol{\Delta x}_k^{\mathrm{T}}\boldsymbol{A}_k\boldsymbol{\Delta x}_k \tag{2-19}$$

式中，$\boldsymbol{g}_k$ 为 $F(\boldsymbol{x})$ 在 $\boldsymbol{x}_k$ 处的梯度向量；$\boldsymbol{A}_k$ 为 $F(\boldsymbol{x})$ 在 $\boldsymbol{x}_k$ 处的 Hessian 矩阵，即 $\boldsymbol{\nabla}^2F(\boldsymbol{x})|_{\boldsymbol{x}=\boldsymbol{x}_k}$；

k 表示第 k 次迭代。为求 $F(\boldsymbol{x})$ 的极小点，令二次近似对的梯度为 0，则有

$$\boldsymbol{g}_k+\boldsymbol{A}_k\boldsymbol{\Delta x}_k=0 \tag{2-20}$$

若 $\boldsymbol{A}_k$ 可逆，则可得牛顿法的迭代公式如下

$$\boldsymbol{x}_{k+1}=\boldsymbol{x}_k-\boldsymbol{A}_k^{-1}\boldsymbol{g}_k \tag{2-21}$$

式中，$\boldsymbol{A}_k^{-1}$ 为 $\boldsymbol{A}_k$ 的逆矩阵。

例 2-5　试使用牛顿法优化以下函数

$$F(\boldsymbol{x})=2x_1^2+9x_2^2$$

令初始值为 $\boldsymbol{x}_0=[0.5,0.5]^{\mathrm{T}}$。

解：计算梯度为

$$\nabla F(\boldsymbol{x})=\left[\frac{\partial F(\boldsymbol{x})}{\partial x_1},\frac{\partial F(\boldsymbol{x})}{\partial x_2}\right]^{\mathrm{T}}=[4x_1,18x_2]^{\mathrm{T}}$$

计算 Hessian 矩阵为

$$\nabla^2 F(\boldsymbol{x})=\begin{bmatrix}\dfrac{\partial^2 F(\boldsymbol{x})}{\partial x_1^2} & \dfrac{\partial^2 F(\boldsymbol{x})}{\partial x_1\partial x_2}\\ \dfrac{\partial^2 F(\boldsymbol{x})}{\partial x_2\partial x_1} & \dfrac{\partial^2 F(\boldsymbol{x})}{\partial x_2^2}\end{bmatrix}=\begin{bmatrix}4 & 0\\0 & 18\end{bmatrix}$$

可以得到 $F(\boldsymbol{x})$ 在 $\boldsymbol{x}_0$ 处的梯度向量 $\boldsymbol{g}_0$ 和 Hessian 矩阵 $\boldsymbol{A}_0$ 为

$$\boldsymbol{g}_0=\nabla F(\boldsymbol{x})|_{\boldsymbol{x}=\boldsymbol{x}_0}=[2,9]^{\mathrm{T}},\quad \boldsymbol{A}_0=\nabla^2 F(\boldsymbol{x})|_{\boldsymbol{x}=\boldsymbol{x}_0}=\begin{bmatrix}4 & 0\\0 & 18\end{bmatrix}$$

应用牛顿法的第一次迭代为

$$\boldsymbol{x}_1=\boldsymbol{x}_0-\boldsymbol{A}_0^{-1}\boldsymbol{g}_0=\begin{bmatrix}0.5\\0.5\end{bmatrix}-\begin{bmatrix}4 & 0\\0 & 18\end{bmatrix}^{-1}\begin{bmatrix}2\\9\end{bmatrix}=\begin{bmatrix}0.5\\0.5\end{bmatrix}-\begin{bmatrix}0.5\\0.5\end{bmatrix}=\begin{bmatrix}0\\0\end{bmatrix}$$

可以看到，应用牛顿法只需一次迭代就能找到二次函数的极小点，这是因为牛顿法用一个二次函数来近似原函数，然后求该二次近似的驻点。换言之，如果目标函数本身是一个具有强极小点的二次函数，那么牛顿法能够在一次迭代中直接达到极小点。

虽然牛顿法通常比最速下降法收敛更快，但由于需要计算和存储 Hessian 矩阵及其逆矩阵，这使得牛顿法计算过程更加复杂，尤其是在高维度问题中。

2.5　神经网络性能分析

神经网络的性能是设计和应用过程中最需关注的核心内容，决定了神经网络是否能成功完成指定任务。只有经过充分学习的神经网络才能具备完成任务的能力，才能够对未知样本做出正确反应。因此，本章将主要介绍神经网络的学习能力和泛化性能，以及影响这些性能的关键因素。

2.5.1　学习能力

神经网络的学习能力是指其能够从任务样本数据中提取有用信息的能力，即神经网络能够通过调整自身结构和参数使得网络输出接近或者达到期望输出。

通常，学习能力可以通过学习精度和学习速度这两个指标来衡量。学习精度指的是神经网络在训练过程中所达到的准确率或者误差水平，准确率可以通过输出正确结果的比率来度量；误差水平则可以使用均方误差、均方根误差等指标评价。学习速度则指神经网络在训练过程中达到稳定状态所需的时间或者迭代次数。

2.5.2 泛化性能

神经网络设计及应用的主要挑战在于确保网络不仅能在训练集上表现良好，还能在未见过的数据集上表现良好。这种在新数据集上表现良好的能力被称为泛化(Generalization)性能。

泛化性能是神经网络最重要的性能，主要通过网络在测试集上的误差来进行度量。给定有限数据的情况下，在训练过程中保留一个特定的子集作为测试集。在网络训练完成后，计算训练好的网络在测试集上的误差，即可得到泛化误差。这一误差反映了网络在未见过的数据上能否有效地做出正确反应，是评估神经网络泛化性能的度量指标。

2.5.3 欠拟合和过拟合

欠拟合(Underfitting)和过拟合(Overfitting)是神经网络研究中的两种常见问题。欠拟合是指神经网络无法充分捕捉训练数据中的规律和特征，即无法获得足够低的训练误差；过拟合发生于神经网络在训练集上表现良好，但在测试集上表现不佳，即训练误差和测试误差之间的差距较大。

导致神经网络出现欠拟合和过拟合的因素有很多，其中神经网络结构，尤其是神经元数量的选择，是影响训练误差和测试误差的关键因素之一。如图 2-15 所示，当神经元数量较少时，神经网络由于能力不足难以拟合训练集，从而导致欠拟合；当神经元数量过多时，则可能因为记住了不适用于测试集的训练集性质导致出现了过拟合。因此，如何设计一个在训练集和测试集上都表现良好的神经网络，成为研究中的热点和极具挑战性的难题。

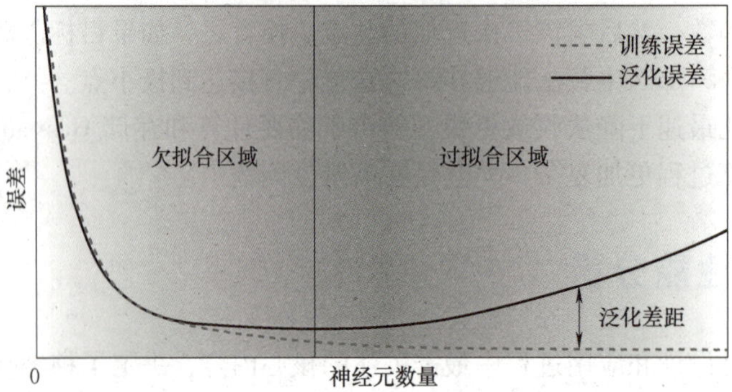

图 2-15 彩图

图 2-15 神经网络结构与误差间的关系

习题

2-1 你知道的神经元模型的激活函数有哪些？是否任意的非线性函数都可以用作神经元的激活函数？使用不同函数作为神经元的激活函数时，其特点是什么？

2-2　若神经元的权值只能在 -1 和 1 之间变化，对神经元的学习有何影响？试举例说明。

2-3　设计一个神经元模型，具有两个输入和一个输出。使用阶跃函数作为激活函数。给定权值 $w_1=0.5$，$w_2=-0.3$，阈值 $\theta=0.2$。计算给定输入 $x_1=0.8$，$x_2=-0.5$ 时的模型输出。

2-4　某神经元的激活函数为对称性阶跃函数 $f(u)=\mathrm{sgn}(u)$，学习率 $\eta=1$，初始权值向量 $\boldsymbol{w}(0)=[0,1,0]^{\mathrm{T}}$，两对样本为 $\boldsymbol{x}^1=[2,1,-1]^{\mathrm{T}}$，$d^1=-1$；$\boldsymbol{x}^2=[0,-1,-1]^{\mathrm{T}}$，$d^2=1$。试用 Hebb 学习规则对神经元进行训练。

2-5　某神经元的激活函数采用双极性 Sigmoid 函数，学习率 $\eta=0.25$，初始权值向量 $\boldsymbol{w}(0)=[1,0,1]^{\mathrm{T}}$，两对样本为 $\boldsymbol{x}^1=[2,0,-1]^{\mathrm{T}}$，$d^1=-1$；$\boldsymbol{x}^2=[1,-2,-1]^{\mathrm{T}}$，$d^2=1$。试用 Widrow-Hoff 学习规则进行训练，并写出前两步训练结果。

2-6　请使用神经元模型实现对平面坐标系中给定坐标点的二类模式分类问题求解，给定的 6 个坐标点见表 2-2。

表 2-2　坐标点分类问题

序号	坐标 (x,y)	标签
1	(-2,6)	0
2	(-4,0)	0
3	(3,1)	1
4	(6,9)	1
5	(2,5)	1
6	(2,9)	0

2-7　给定以下三层前馈神经网络，其中使用 Sigmoid 函数作为激活函数。请画出神经网络拓扑结构并计算给定输入的神经网络输出。

输入：$x_1=0.6$，$x_2=-0.2$。

权值：$w_{11}=0.4$，$w_{12}=-0.3$，$w_{21}=0.2$，$w_{22}=0.1$。

阈值：$b_1=-0.1$，$b_2=0.2$。

参考文献

[1]　MCCULLOCH W S，PITTS W. A logical calculus of the ideas immanent in nervous activity[J]. The Bulletin of Mathematical Biophysics，1943，5(4)：115-133.

[2]　DONALD O H. The organization of behavior：a neuropsychological theory[M]. New York：John Wiley，Chapman & Hall，1949.

[3]　HAGAN M T，DEMUTH H B，BEALE M H. 神经网络设计[M]. 北京：机械工业出版社，2002.

[4]　WIDROW B，HOFF M E. Adaptive switching circuits[C]//IRE WESCON Convention Record. Los Angeles：The Institute of Radio Engineers，1960，96-104.

[5]　顾凡及，梁培基. 神经信息处理[M]. 北京：北京工业大学出版社，2007.

[6] 焦李成. 神经网络系统理论[M]. 西安：西安电子科技大学出版社，1990.
[7] 周品. MATLAB 神经网络设计与应用[M]. 北京：清华大学出版社，2013.
[8] KOHONEN T. Self-organization and associative memory[M]. Berlin：Springer，1989.
[9] UNNIKRISHNAN K P，HOPFIELD J J，TANK D W. Connected-digit speaker-dependent speech recognition using a neural network with time-delayed connections[J]. IEEE Transactions on Signal Processing，1991，39(3)：698-713.
[10] 朱大奇，史慧. 人工神经网络原理及应用[M]. 北京：科学出版社，2006.

第 3 章　感知器

导读

本章将深入探讨感知器的结构、工作原理和学习算法。首先，将介绍单层感知器的结构和工作原理。接下来，将讨论单层感知器的学习规则，了解单层感知器是如何通过学习解决线性可分问题的。随后，将探讨多层感知器的结构与工作原理，重点介绍反向传播算法，了解多层感知器是如何通过学习实现特定功能的。最后，将讨论多层感知器的结构设计，包括基于经验公式的设计方法和修剪型多层感知器的设计策略，为感知器在实际问题中的应用奠定基础。通过本章的学习，读者将全面了解感知器的结构、工作原理、学习算法以及其在实际问题中的应用。

本章知识点

- 感知器结构和工作原理
- 感知器的学习算法
- 感知器设计与应用

3.1　单层感知器

3.1.1　单层感知器结构和工作原理

1. 单神经元感知器

单神经元感知器结构与 MP 神经元结构十分相似，如图 3-1 所示。

单神经元感知器的净输入 u 及输出 y 为

$$u=w_1x_1+w_2x_2+\cdots+w_ix_i+\cdots+w_nx_n-\theta \qquad (3\text{-}1)$$
$$y=f(u)$$

令 $\boldsymbol{w}=[w_1,w_2,\cdots,w_i,\cdots,w_n]$，则

$$y=f(\boldsymbol{wx}-\theta) \qquad (3\text{-}2)$$

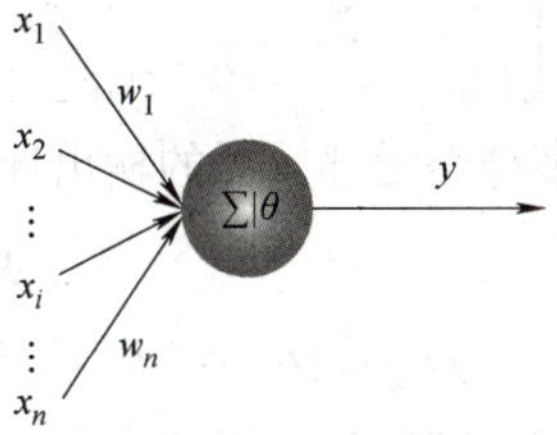

图 3-1　单神经元感知器结构

式中，y 和 θ 分别表示感知器神经元的输出和阈值；$\boldsymbol{w}=[w_1,w_2,\cdots,w_i,\cdots,w_n]$是输入向量与神经元之间的连接权值向

量；$\boldsymbol{x}=[x_1,x_2,\cdots,x_i,\cdots,x_n]^{\mathrm{T}}$ 是感知器的输入向量；$f(\cdot)$ 为感知器神经元的激活函数，这里取单位阶跃函数

$$f(u)=\begin{cases}1, & u\geqslant 0\\0, & u<0\end{cases} \tag{3-3}$$

由于单神经元感知器的激活函数是单位阶跃函数，其输出只能是 0 或 1。可见，单神经元感知器可以将输入向量分为两类，类别边界为

$$w_1x_1+w_2x_2+\cdots+w_ix_i+\cdots+w_nx_n-\theta=0 \tag{3-4}$$

为了便于分析，以两输入单神经元感知器为例说明感知器的分类性能。此时，类别边界为

$$w_1x_1+w_2x_2-\theta=0 \tag{3-5}$$

若将 w_1、w_2 和 θ 看作确定的参数，那么式(3-5)实质上在输入向量空间(x_1，x_2)中定义了一条直线。该直线将输入向量分成了两类，即直线一侧的输入向量对应的网络输出为 0，而直线另一侧的输入向量对应的网络输出则为 1，如图 3-2 所示。

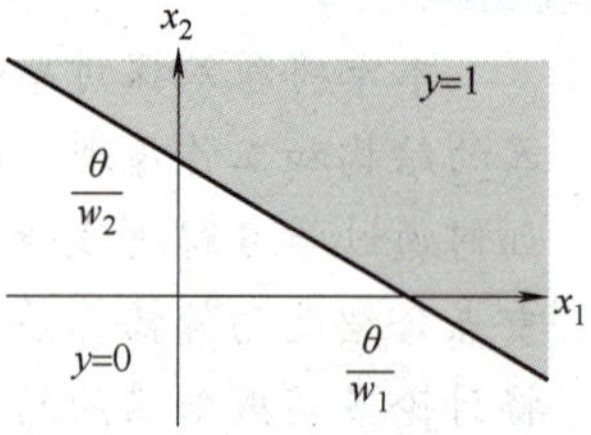

图 3-2　两输入单神经元感知器对二维样本的分类

对于三输入单神经元感知器，其类别边界为

$$w_1x_1+w_2x_2+w_3x_3-\theta=0 \tag{3-6}$$

若将 w_1、w_2、w_3 和 θ 看作为确定的参数，那么式(3-6)相当于在三维空间(x_1,x_2,x_3)中定义了一个平面，该平面将输入向量分为两类，即平面一侧的输入向量对应的输出为 0，而平面另一侧的输入向量对应的输出则为 1。

当单神经元感知器的输入为 $n(n>3)$ 时，其类别边界为式(3-4)。对于在 n 维向量空间上的线性可分问题，通过一个 n 输入的单神经元感知器一定可以找到一个超平面，将输入向量分为两类。

2. 多神经元感知器

由于单神经元感知器的输出为 0 或 1 两种状态，因此只能解决二分类问题。而事实上输入向量的类别可能有许多种，因此，可以建立由多个神经元组成的感知器来将它们有效地分开，其结构如图 3-3 所示。

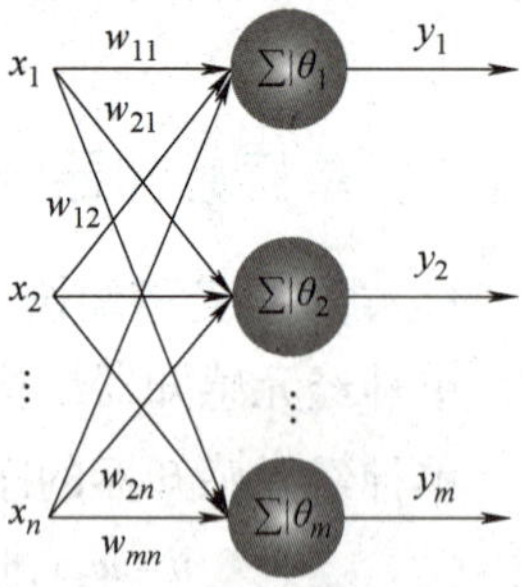

图 3-3　单层多神经元感知器结构

图 3-3 所示单层多神经元感知器有 m 个神经元，输入向量为 $\boldsymbol{x}=[x_1,x_2,\cdots,x_n]^{\mathrm{T}}$，输入向量与各神经元之间的连接权值矩阵为 $\boldsymbol{W}=\begin{bmatrix}w_{11} & w_{12} & \cdots & w_{1n}\\w_{21} & w_{22} & \cdots & w_{2n}\\\vdots & \vdots & & \vdots\\w_{m1} & w_{m2} & \cdots & w_{mn}\end{bmatrix}$，输出向量为 $\boldsymbol{y}=[y_1,y_2,\cdots,y_m]^{\mathrm{T}}$，该单层多神经元感知器的输出计算如下

$$\boldsymbol{y}=f(\boldsymbol{Wx}-\boldsymbol{\theta}) \tag{3-7}$$

式中，$\boldsymbol{\theta}=[\theta_1,\theta_2,\cdots,\theta_m]^{\mathrm{T}}$ 为感知器的阈值向量；$f(\cdot)$ 为感知器神经网络中的激活函数，由式(3-3)确定。

对于单层多神经元感知器而言，每个神经元把输入空间分成了两个区域，每个神经元都

对应有一个类别边界。那么第 i 个神经元的类别边界为

$$\boldsymbol{w}_i\boldsymbol{x}-\theta_i=0 \tag{3-8}$$

式中，$\boldsymbol{w}_i=[w_{i1},w_{i2},\cdots,w_{in}]$ 为输入向量与第 i 个神经元间的连接权值向量；θ_i 为第 i 个神经元的阈值。第 i 个神经元的类别边界可以将输入空间分成两个部分，若 $\boldsymbol{w}_i\boldsymbol{x}-\theta_i>0$，则该神经元的输出为 $y_i=1$；若 $\boldsymbol{w}_i\boldsymbol{x}-\theta_i\leqslant 0$，则该神经元的输出为 $y_i=0$。对于线性可分问题，多神经元感知器能够将输入空间划分为不同的区域，实现对输入向量的分类，每一类由多层感知器的输出向量来表示。第 i 个神经元的输出可以表示为

$$y_i=f(\boldsymbol{w}_i\boldsymbol{x}-\theta_i) \tag{3-9}$$

根据每个神经元的输出，可以得到一个输出向量 $\boldsymbol{y}=[y_1,y_2,\cdots,y_m]^{\mathrm{T}}$，该输出向量表示一个类别。以一个两输入两神经元单层感知器为例，每个神经元的类别边界是一条直线，这些直线将二维平面划分为不同的区域，两个神经元的类别边界为

$$w_{11}x_1+w_{12}x_2-\theta_1=0 \tag{3-10}$$

$$w_{21}x_1+w_{22}x_2-\theta_2=0 \tag{3-11}$$

这两条直线将平面划分为 4 个区域，将输入向量分成了 4 类，如图 3-4 所示。

图 3-4 中每一类可以用不同的输出向量来表示，第 1 类对应的输出向量为 $\boldsymbol{y}=[0,0]^{\mathrm{T}}$，第 2 类对应的输出向量为 $\boldsymbol{y}=[0,1]^{\mathrm{T}}$，第 3 类对应的输出向量为 $\boldsymbol{y}=[1,0]^{\mathrm{T}}$，第 4 类对应的输出向量为 $\boldsymbol{y}=[1,1]^{\mathrm{T}}$。

对于一个由 m 个神经元构成的单层感知器，最多可以区分出 2^m 种类别。

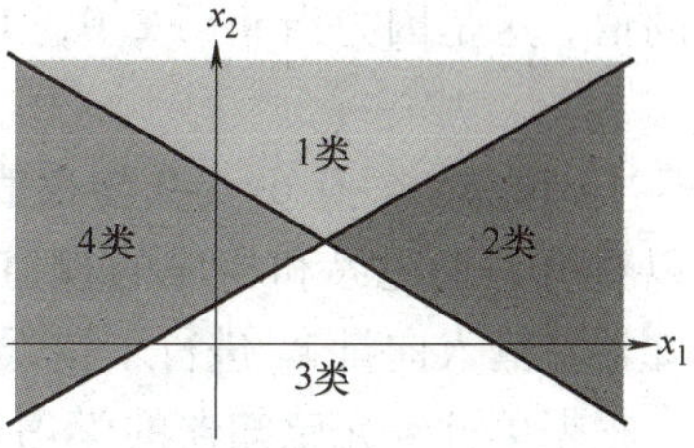

图 3-4 两输入两神经元感知器对二维样本的分类

3.1.2 单层感知器的学习算法

从上述分析可知，单层感知器可以用于模式分类。单层感知器学习的本质是通过调整输入向量与神经元间的连接权值或神经元阈值，使感知器具有能够正确区分目标数据的能力。美国学者 Frank Rosenblatt 等人提出了一种学习规则来调整感知器的连接权值和阈值，从而使得感知器能够实现对输入变量的正确分类。

1. 单神经元感知器的学习规则

感知器的学习规则是根据感知器实际输出与期望输出之间的误差来调整连接权值和神经元阈值，从而使感知器的实际输出尽可能靠近期望输出。定义感知器误差 e 为

$$e=t-y \tag{3-12}$$

式中，t 为期望输出；y 为感知器实际输出。

单神经元感知器连接权值的学习规则为

$$\begin{aligned}&\text{if}\quad e=1,\quad \text{then } \boldsymbol{w}_{\text{new}}=\boldsymbol{w}_{\text{old}}+\eta\boldsymbol{x}^{\mathrm{T}}\\&\text{if}\quad e=-1,\quad \text{then } \boldsymbol{w}_{\text{new}}=\boldsymbol{w}_{\text{old}}-\eta\boldsymbol{x}^{\mathrm{T}}\\&\text{if}\quad e=0,\quad \text{then } \boldsymbol{w}_{\text{new}}=\boldsymbol{w}_{\text{old}}\end{aligned} \tag{3-13}$$

式中，η 为学习率，通常是一个较小的正数，用于控制每次调整的步长。式(3-13)也可以用一个统一的形式表达出来，即

$$\boldsymbol{w}_{new}=\boldsymbol{w}_{old}+e\boldsymbol{x}^T=\boldsymbol{w}_{old}+\eta(t-y)\boldsymbol{x}^T \tag{3-14}$$

单神经元感知器连接权值的学习规则也可扩展到神经元阈值的学习过程中，如下

$$\theta_{new}=\theta_{old}+\eta e \tag{3-15}$$

例 3-1 设有样本数据对为

$$\left\{\boldsymbol{x}_1=\begin{bmatrix}2\\4\end{bmatrix},t_1=1\right\},\ \left\{\boldsymbol{x}_2=\begin{bmatrix}-2\\4\end{bmatrix},t_2=0\right\},\ \left\{\boldsymbol{x}_3=\begin{bmatrix}0\\-3\end{bmatrix},t_3=0\right\}$$

学习率 $\eta=1$，阈值为 0，初始的连接权值向量为 $\boldsymbol{w}=[2.0,-1.2]$。基于上述单神经元感知器的学习规则调整连接权值，使得该感知器能够实现对样本数据的正确分类。

解： 首先，将样本数据输入给感知器。将 $\boldsymbol{x}_1$ 送入

$$\begin{aligned}y_1&=f(\boldsymbol{w},\boldsymbol{x}_1)=f\left([2.0,-1.2]\quad\begin{bmatrix}2\\4\end{bmatrix}\right)\\&=f(-0.8)=0\end{aligned} \tag{3-16}$$

即感知器的实际输出 $y_1=0$，而样本输入向量 $\boldsymbol{x}_1$ 的期望输出值 $t_1=1$，说明感知器没有给出正确的值。这是因为当 $\boldsymbol{w}=[2.0,-1.2]$时，类别边界直线为

$$x_1-0.6x_2=0 \tag{3-17}$$

类别边界 $x_1-0.6x_2=0$ 与权值向量 $\boldsymbol{w}=[2.0,-1.2]$在平面坐标系上的位置如图 3-5 所示，可以看出类别边界和相应的权值向量 $\boldsymbol{w}$ 是垂直的。当连接权值向量为 $\boldsymbol{w}=[2.0,-1.2]$时，感知器对输入向量 $\boldsymbol{x}_1$ 进行了错误的划分。

根据单神经元感知器的学习规则对连接权值进行调整。已知该感知器的神经元没有阈值，那么，需要调整的参数只有权值向量。此时 $e_1=t_1-y_1=1$，则

$$\boldsymbol{w}_{new}=\boldsymbol{w}_{old}+\boldsymbol{x}_1^T=[2.0,-1.2]+[2.0,4.0]=[4.0,2.8] \tag{3-18}$$

调整后感知器的输出为

$$\begin{aligned}y_1&=f(\boldsymbol{w},\boldsymbol{x}_1)=f\left([4.0,2.8]\quad\begin{bmatrix}2\\4\end{bmatrix}\right)\\&=f(19.2)=1\end{aligned} \tag{3-19}$$

此时输入向量 $\boldsymbol{x}_1$ 得到正确的划分。权值向量 $\boldsymbol{w}$ 的调整过程如图 3-6 所示。

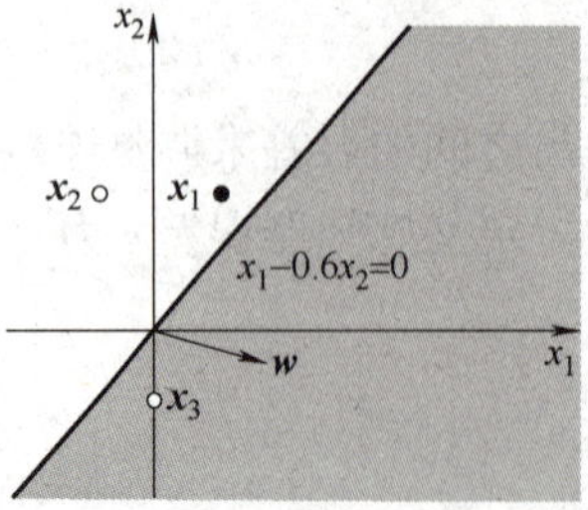

图 3-5 类别边界与权值向量的位置

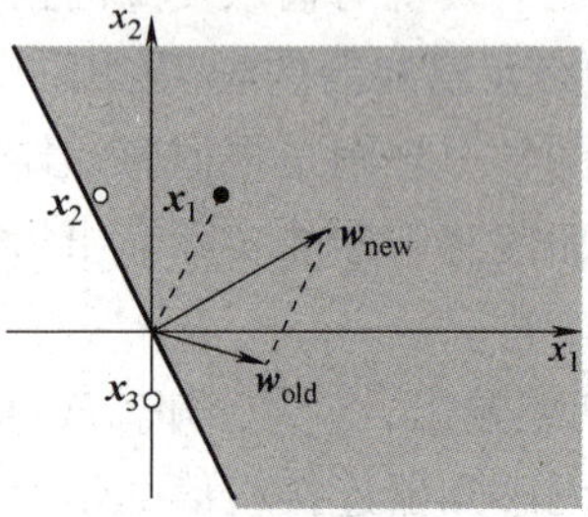

图 3-6 权值向量的变化 1

将输入向量 $\boldsymbol{x}_2$ 送入感知器，其输出为

$$\begin{aligned}y_2&=f(\boldsymbol{w},\boldsymbol{x}_2)=f\left([4.0,2.8]\quad\begin{bmatrix}-2\\4\end{bmatrix}\right)\\&=f(3.2)=1\end{aligned} \tag{3-20}$$

由样本数据可知，$\boldsymbol{x}_2$ 的期望输出 $t_2=0$，而感知器实际输出 $y_2=1$。显然，属于0类的输入向量 $\boldsymbol{x}_2$ 被错误地划分到1类了。现在要做的工作是根据单神经元感知器的学习规则来对连接权值进行调整。此时 $e_2=t_2-y_2=-1$，则

$$\boldsymbol{w}_{\text{new}}=\boldsymbol{w}_{\text{old}}-\boldsymbol{x}_2^{\text{T}}=[4.0,2.8]-[-2,4]=[6.0,-1.2] \tag{3-21}$$

权值调整后，感知器的输出为

$$\begin{aligned}y_2&=f(\boldsymbol{w},\boldsymbol{x}_2)=f\left([6.0,-1.2]\begin{bmatrix}-2\\4\end{bmatrix}\right)\\&=f(-16.8)=0\end{aligned} \tag{3-22}$$

此时输入向量 $\boldsymbol{x}_2$ 得到正确的划分。权值向量 $\boldsymbol{w}$ 的调整过程如图3-7所示。

将输入向量 $\boldsymbol{x}_3$ 送入感知器网络，有

$$\begin{aligned}y_3&=f(\boldsymbol{w},\boldsymbol{x}_3)=f\left([6.0,-1.2]\begin{bmatrix}0\\-3\end{bmatrix}\right)\\&=f(3.6)=1\end{aligned} \tag{3-23}$$

而 $\boldsymbol{x}_3$ 对应的期望输出 $t_3=0$，说明感知器对 $\boldsymbol{x}_3$ 的分类是错误的。按照学习规则调整 $\boldsymbol{w}$

$$\boldsymbol{w}_{\text{new}}=\boldsymbol{w}_{\text{old}}-\boldsymbol{x}_3^{\text{T}}=[6.0,-1.2]-[0,-3]=[6.0,1.8] \tag{3-24}$$

权值调整后，感知器的输出为

$$\begin{aligned}y_3&=f(\boldsymbol{w},\boldsymbol{x}_3)=f\left([6.0,1.8]\begin{bmatrix}0\\-3\end{bmatrix}\right)\\&=f(-5.4)=0\end{aligned} \tag{3-25}$$

说明输入向量 $\boldsymbol{x}_3$ 得到正确的划分。权值向量 $\boldsymbol{w}$ 的调整过程如图3-8所示。

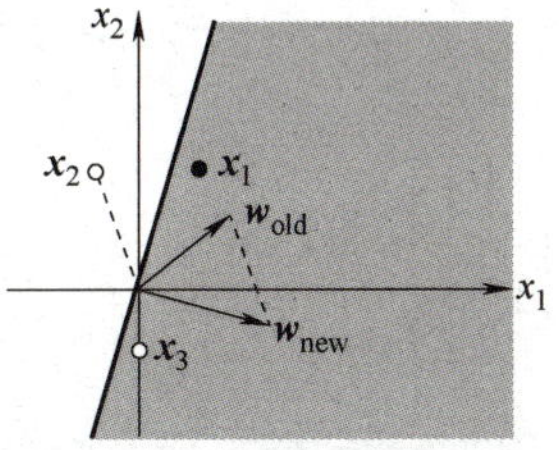

图3-7 权值向量的变化2

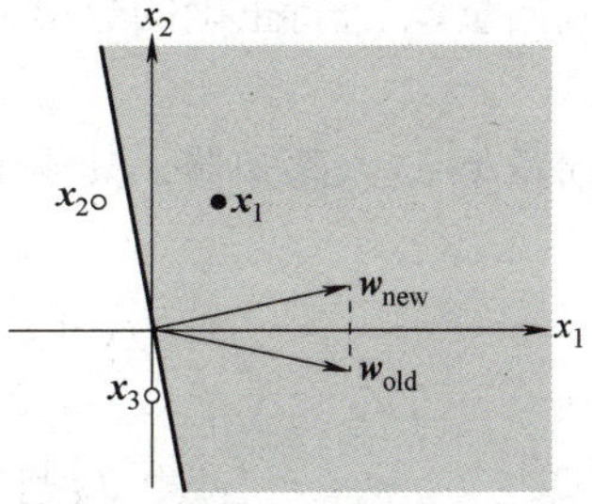

图3-8 权值向量的变化3

权值向量经过三次调整后，感知器能够对上述三个输入向量实现正确的分类。

2. 多神经元感知器的学习规则

多神经元感知器的学习与上述单神经元感知器的学习类似。假设权值矩阵的第 i 行用 $\boldsymbol{w}_i$ 表示，$\boldsymbol{w}_i=[w_{i1},w_{i2},\cdots,w_{in}]$，则有

$$\boldsymbol{w}_{\text{new}_i}=\boldsymbol{w}_{\text{old}_i}+\eta e_i\boldsymbol{x}^{\text{T}}=\boldsymbol{w}_{\text{old}_i}+\eta(t_i-y_i)\boldsymbol{x}^{\text{T}} \tag{3-26}$$

式中，$\boldsymbol{x}=[x_1,x_2,\cdots,x_n]^{\text{T}}$；$\eta$ 为学习率。

而阈值向量中第 i 个元素的学习规则为

$$\theta_{\text{new}_i}=\theta_{\text{old}_i}+\eta e_i=\theta_{\text{old}_i}+\eta(t_i-y_i) \tag{3-27}$$

于是，可以得到多神经元感知器的学习规则为

$$\boldsymbol{W}_{\text{new}}=\boldsymbol{W}_{\text{old}}+\eta\boldsymbol{e}\boldsymbol{x}^{\text{T}} \tag{3-28}$$

$$\boldsymbol{\theta}_{\text{new}}=\boldsymbol{\theta}_{\text{old}}+\eta\boldsymbol{e} \tag{3-29}$$

$$\boldsymbol{e}=\boldsymbol{t}-\boldsymbol{y} \tag{3-30}$$

式中，$\boldsymbol{W}=\begin{bmatrix} w_{11} & w_{12} & \cdots & w_{1n} \\ w_{21} & w_{22} & \cdots & w_{2n} \\ \vdots & \vdots & & \vdots \\ w_{m1} & w_{m2} & \cdots & w_{mn} \end{bmatrix}$；$\boldsymbol{e}=[e_1,e_2,\cdots,e_m]^{\mathrm{T}}$；$\boldsymbol{\theta}=[\theta_1,\theta_2,\cdots,\theta_m]^{\mathrm{T}}$。

例 3-2 设有样本数据对为

$$\left\{\boldsymbol{x}_1=\begin{bmatrix}1\\0\\1\end{bmatrix},\boldsymbol{t}_1=\begin{bmatrix}1\\0\end{bmatrix}\right\},\left\{\boldsymbol{x}_2=\begin{bmatrix}0\\1\\1\end{bmatrix},\boldsymbol{t}_2=\begin{bmatrix}0\\1\end{bmatrix}\right\},\left\{\boldsymbol{x}_3=\begin{bmatrix}1\\1\\0\end{bmatrix},\boldsymbol{t}_3=\begin{bmatrix}1\\0\end{bmatrix}\right\}$$

学习率 $\eta=1$，阈值为0，初始的连接权值矩阵为 $\boldsymbol{W}=\begin{bmatrix}1 & 0 & 1\\-1 & 0 & 1\end{bmatrix}$。基于上述多神经元感知器的学习规则调整连接权值，使得该感知器能够实现对样本数据的正确分类。

解： 首先，将样本数据输入给感知器。将 $\boldsymbol{x}_1$ 送入

$$\begin{aligned}\boldsymbol{y}_1=f(\boldsymbol{W},\boldsymbol{x}_1)&=f\left(\begin{bmatrix}1 & 0 & 1\\-1 & 0 & 1\end{bmatrix}\begin{bmatrix}1\\0\\1\end{bmatrix}\right)\\&=f\left(\begin{bmatrix}2\\0\end{bmatrix}\right)=\begin{bmatrix}1\\0\end{bmatrix}\end{aligned} \tag{3-31}$$

即感知器的实际输出 $\boldsymbol{y}_1=[1,0]^{\mathrm{T}}$，而样本输入向量 $\boldsymbol{x}_1$ 的期望输出值 $\boldsymbol{t}_1=[1,0]^{\mathrm{T}}$，说明感知器能对输入向量 $\boldsymbol{x}_1$ 进行正确的分类，根据多神经元感知器的学习规则，不需要调整连接权值向量。

将输入向量 $\boldsymbol{x}_2$ 送入感知器，其输出为

$$\begin{aligned}\boldsymbol{y}_2=f(\boldsymbol{W},\boldsymbol{x}_2)&=f\left(\begin{bmatrix}1 & 0 & 1\\-1 & 0 & 1\end{bmatrix}\begin{bmatrix}0\\1\\1\end{bmatrix}\right)\\&=f\left(\begin{bmatrix}1\\1\end{bmatrix}\right)=\begin{bmatrix}1\\1\end{bmatrix}\end{aligned} \tag{3-32}$$

即感知器的实际输出 $\boldsymbol{y}_2=[1,1]^{\mathrm{T}}$，而样本输入向量 $\boldsymbol{x}_2$ 的期望输出值 $\boldsymbol{t}_2=[0,1]^{\mathrm{T}}$，说明感知器对输入向量的分类是错误的，需要根据多神经元感知器的学习规则调整连接权值向量：

$$\begin{aligned}\boldsymbol{W}_{\text{new}}&=\boldsymbol{W}_{\text{old}}+\boldsymbol{e}\boldsymbol{x}_2^{\mathrm{T}}\\&=\begin{bmatrix}1 & 0 & 1\\-1 & 0 & 1\end{bmatrix}+\begin{bmatrix}-1\\0\end{bmatrix}[0,1,1]=\begin{bmatrix}1 & -1 & 0\\-1 & 0 & 1\end{bmatrix}\end{aligned} \tag{3-33}$$

权值调整后，感知器的输出为

$$\begin{aligned}\boldsymbol{y}_2=f(\boldsymbol{W},\boldsymbol{x}_2)&=f\left(\begin{bmatrix}1 & -1 & 0\\-1 & 0 & 1\end{bmatrix}\begin{bmatrix}0\\1\\1\end{bmatrix}\right)\\&=f\left(\begin{bmatrix}-1\\1\end{bmatrix}\right)=\begin{bmatrix}0\\1\end{bmatrix}\end{aligned} \tag{3-34}$$

此时输入向量 $\boldsymbol{x}_2$ 得到正确的划分。将输入向量 $\boldsymbol{x}_3$ 送入感知器，其输出为

$$\boldsymbol{y}_3=f(\boldsymbol{W},\boldsymbol{x}_3)=f\left(\begin{bmatrix}1&-1&0\\-1&0&1\end{bmatrix}\begin{bmatrix}1\\1\\0\end{bmatrix}\right)$$

$$=f\left(\begin{bmatrix}0\\-1\end{bmatrix}\right)=\begin{bmatrix}0\\0\end{bmatrix} \tag{3-35}$$

即感知器的实际输出 $\boldsymbol{y}_3=[0,0]^{\mathrm{T}}$，而样本输入向量 $\boldsymbol{x}_3$ 的期望输出值 $\boldsymbol{t}_3=[1,0]^{\mathrm{T}}$，说明感知器对输入向量的分类是错误的，需要根据多神经元感知器的学习规则调整连接权值向量

$$\boldsymbol{W}_{\text{new}}=\boldsymbol{W}_{\text{old}}+\boldsymbol{e}\boldsymbol{x}_3^{\mathrm{T}}$$

$$=\begin{bmatrix}1&-1&0\\-1&0&1\end{bmatrix}+\begin{bmatrix}1\\0\end{bmatrix}[1,1,0]=\begin{bmatrix}2&0&0\\-1&0&1\end{bmatrix} \tag{3-36}$$

权值调整后，感知器的输出为

$$\boldsymbol{y}_3=f(\boldsymbol{W},\boldsymbol{x}_3)=f\left(\begin{bmatrix}2&0&0\\-1&0&1\end{bmatrix}\begin{bmatrix}1\\1\\0\end{bmatrix}\right)$$

$$=f\left(\begin{bmatrix}2\\-1\end{bmatrix}\right)=\begin{bmatrix}1\\0\end{bmatrix} \tag{3-37}$$

此时感知器能够对输入向量 $\boldsymbol{x}_3$ 进行正确的分类。在经过对权值向量的三次调整后，多神经元感知器能够对上述三个输入向量实现正确的分类。

3.1.3 单层感知器的局限性

虽然单层感知器的学习规则简单，但是对于线性可分的模式分类问题却非常有效。只要问题的解存在，那么单层感知器的学习规则就一定能够在有限步数内收敛到问题的一个解上。

这又带来了一个重要的问题：单层感知器能够求解哪些问题？凡是具有线性边界的两类模式分类问题均可用单层感知器解决。

然而，许多问题并非是线性可分的。一个典型的例子就是异或门，异或门的输入/输出对是

$$\left\{\boldsymbol{x}_1=\begin{bmatrix}0\\0\end{bmatrix},t_1=0\right\},\ \left\{\boldsymbol{x}_2=\begin{bmatrix}0\\1\end{bmatrix},t_2=1\right\},\ \left\{\boldsymbol{x}_3=\begin{bmatrix}1\\0\end{bmatrix},t_3=1\right\},\ \left\{\boldsymbol{x}_4=\begin{bmatrix}1\\1\end{bmatrix},t_4=0\right\}$$

该问题可以用图 3-9 来表示，可以发现任何直线也不可能把两类样本分开。

由此可知，单层感知器的局限是无法解决线性不可分的问题。在某种程度上，这一缺陷导致了 20 世纪 70 年代人们对神经网络研究兴趣的减退。下节将介绍能够求解任意分类问题的多层感知器，以及能用于训练多层感知器的反向传播算法。

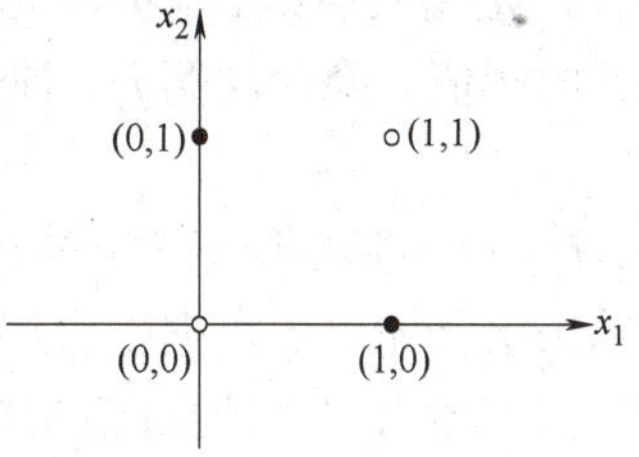

图 3-9 “异或”问题的线性不可分

3.2 多层感知器

前面分析得知，单层感知器固有的局限性在于它只能解决线性可分的分类问题。对于线性不可分的问题，单层感知器无法提供有效的解决方案。1974 年 Paul J. Werbos 提出了一种训练多层神经网络的反向传播算法，由于该算法是在一般网络中描述的，它只是将神经网络作为一个特例。因此，在神经网络研究领域内没有得到广泛传播。直到 20 世纪 80 年代中期，反向传播（Back Propagation，BP）算法才被重新发现并广泛宣扬。特别是 David E. Rumelhart 和 James L McClelland 等学者在 *Parallel Distributed Processing* 一书中详细介绍了训练多层感知器的 BP 学习算法，为解决多层感知器的学习提供了保障。该书的出版也引发了国际上新一轮的神经网络研究热潮。

3.2.1 多层感知器结构和工作原理

区别于单层感知器，多层感知器由输入层、一层或多层隐含层、输出层组成。为了便于理解，以一个含有一层隐含层的多层感知器为例，输入层有 n 个神经元，隐含层有 l 个神经元，输出层有 1 个神经元，结构如图 3-10 所示。该网络数学描述如下

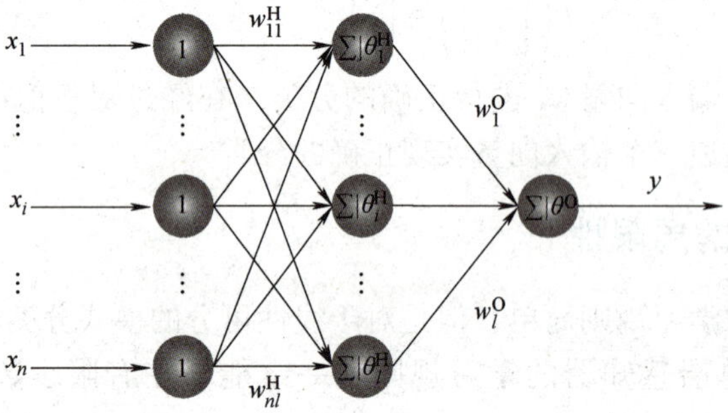

图 3-10 含有一层隐含层的多层感知器结构

输入层：输入层用于接收输入数据，对于第 i 个神经元，其输出为

$$y_i^{\mathrm{I}}=x_i \tag{3-38}$$

隐含层：隐含层通过引入激活函数，对输入数据进行处理，第 j 个神经元的输入为

$$x_j^{\mathrm{H}}=\sum_{i=1}^{n} w_{ij}^{\mathrm{H}} y_i^{\mathrm{I}}+\theta_j^{\mathrm{H}} \tag{3-39}$$

式中，w_{ij}^{H} 是输入层第 i 个神经元和隐含层第 j 个神经元之间的连接权值；θ_j^{H} 是隐含层第 j 个神经元的阈值。隐含层第 j 个神经元的输出为

$$y_j^{\mathrm{H}}=f_j^{\mathrm{H}}(x_j^{\mathrm{H}}) \tag{3-40}$$

式中，$f_j^{\mathrm{H}}(\cdot)$ 为隐含层第 j 个神经元的激活函数。

输出层：输出层根据隐含层的输出进行进一步处理，得到最终的预测输出。隐含层第 j 个神经元的输出 y_j^{H} 将通过连接权值 w_j^{O} 向前传播到输出层，输出层的输入为：

$$x^{\mathrm{O}}=\sum_{j=1}^{l} w_j^{\mathrm{O}} y_j^{\mathrm{H}}+\theta^{\mathrm{O}} \tag{3-41}$$

式中，θ^{O} 为输出层神经元的阈值。

输出层的输出，即网络输出为

$$y=f(x^{O}) \tag{3-42}$$

式中，$f(\cdot)$为输出层神经元的激活函数。

例 3-3 采用图 3-10 所示的含有一层隐含层感知器解决“异或”问题

$$\left\{\boldsymbol{x}_1=\begin{bmatrix}0\\0\end{bmatrix},t_1=0\right\},\ \left\{\boldsymbol{x}_2=\begin{bmatrix}0\\1\end{bmatrix},t_2=1\right\},\ \left\{\boldsymbol{x}_3=\begin{bmatrix}1\\0\end{bmatrix},t_3=1\right\},\ \left\{\boldsymbol{x}_4=\begin{bmatrix}1\\1\end{bmatrix},t_4=0\right\}$$

该感知器隐含层有 2 个神经元，隐含层和输出层的激活函数为单位阶跃函数。

解： 感知器隐含层中的 2 个神经元可以确定 2 个类别边界，如图 3-11a 和图 3-11b 所示。对于隐含层第 1 个神经元来说，通过调整输入层与隐含层之间的连接权值，可以将 $\boldsymbol{x}_2$ 与其他输入区分开，类别边界上方的样本的输出为 $y_1^{H}=1$，而类别边界下方的样本的输出为 $y_1^{H}=0$；对于隐含层第 2 个神经元来说，通过调整输入层与隐含层之间的连接权值，可以将 $\boldsymbol{x}_3$ 与其他输入区分开，类别边界上方的样本的输出为 $y_2^{H}=0$，而类别边界下方的样本的输出为 $y_2^{H}=1$。

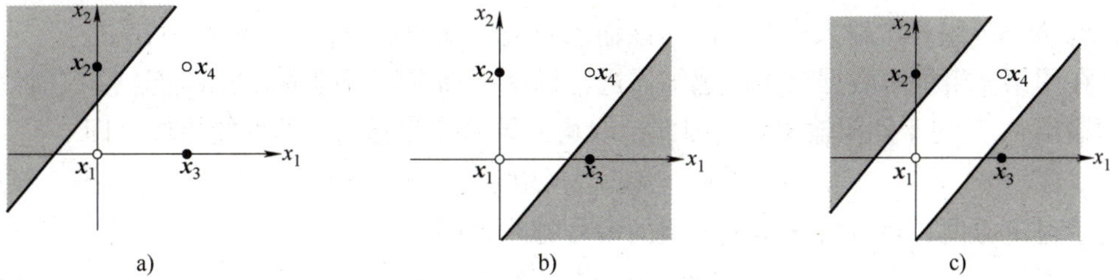

图 3-11 “异或”问题的决策边界

输出层以隐含层 2 个神经元的输出作为输入，通过调整输出层与隐含层之间的连接权值，可以实现逻辑“与”运算，将两个类别边界结合起来，从而解决“异或”问题，如图 3-11c 所示。

令隐含层与输入层之间的连接权值为 $\boldsymbol{W}^{H}=\begin{bmatrix}2 & 2\\-1 & -1\end{bmatrix}$，阈值为 $\boldsymbol{\theta}^{H}=[-1,1.5]^{T}$，隐含层与输出层之间的连接权值为 $\boldsymbol{W}^{O}=[1,1]$，阈值为 $\theta^{O}=-1.5$。将样本送入感知器，可以得到

$$y_1=f(\boldsymbol{W}^{O}(f(\boldsymbol{W}^{H}\boldsymbol{x}_1+\boldsymbol{\theta}^{H}))+\theta^{O})=f\left([1,1]\begin{bmatrix}0\\1\end{bmatrix}-1.5\right)=0 \tag{3-43}$$

$$y_2=f(\boldsymbol{W}^{O}(f(\boldsymbol{W}^{H}\boldsymbol{x}_2+\boldsymbol{\theta}^{H}))+\theta^{O})=f\left([1,1]\begin{bmatrix}1\\1\end{bmatrix}-1.5\right)=1 \tag{3-44}$$

$$y_3=f(\boldsymbol{W}^{O}(f(\boldsymbol{W}^{H}\boldsymbol{x}_3+\boldsymbol{\theta}^{H}))+\theta^{O})=f\left([1,1]\begin{bmatrix}1\\1\end{bmatrix}-1.5\right)=1 \tag{3-45}$$

$$y_4=f(\boldsymbol{W}^{O}(f(\boldsymbol{W}^{H}\boldsymbol{x}_4+\boldsymbol{\theta}^{H}))+\theta^{O})=f\left([1,1]\begin{bmatrix}1\\0\end{bmatrix}-1.5\right)=0 \tag{3-46}$$

因此，含有一层隐含层的多层感知器能够对上述样本数据进行正确的分类，即解决了“异或”问题。

3.2.2 反向传播算法和 BP 网络

基于误差反向传播学习算法的前向神经网络也称为 BP 网络。由于多层感知器的训练经常采用误差反向传播算法，因此，人们也常把多层感知器直接称为 BP 网络。BP 算法的基本思想是，学习过程由信号的正向传播与误差的反向传播两个过程组成。在正向传播过程中，输入信息从输入层经隐含层逐层处理，并传向输出层，每层神经元的状态只影响下一层神经元的状态。如果在输出层不能得到期望的输出，则转入反向传播阶段，将误差信号沿原来的通路返回，通过修改各层神经元的连接权值，使误差信号减小。通过信号正向传播与误差反向传播不断调整权值，使感知器输出逐步逼近期望输出。

对于图 3-10 所示的多层感知器网络，令网络中的各神经元的阈值为零，若多层感知器输出 y 与期望输出值 t 不一致，则将其误差信号 $e(e=t-y)$ 从输出端反向传播，并在传播过程中对网络中各神经元之间的连接权值不断修正，使多层感知器的输出 y 趋向于期望输出值 t。

（1）多层感知器的性能函数

误差反向传播学习算法属于有监督学习，设有 N 组样本数据为

$$\{\boldsymbol{x}_1,t_1\},\{\boldsymbol{x}_2,t_2\},\cdots,\{\boldsymbol{x}_q,t_q\},\cdots,\{\boldsymbol{x}_N,t_N\} \tag{3-47}$$

式中，$\boldsymbol{x}_q$ 为第 q 组样本输入向量；t_q 为该输入对应的期望输出；$q=\{1,2,\cdots,N\}$。

现在用第 q 组样本数据对多层感知器进行训练。训练的目的是通过调整连接权值使得感知器的输出 y_q 趋向于期望输出 t_q。因此，取均方误差作为感知器的性能指标，即

$$F(\boldsymbol{w})=E(e_q^2)=E((t_q-y_q)^2) \tag{3-48}$$

为了讨论方便，可以将样本数据组的编号省略，即

$$F(\boldsymbol{w})=E(e^2)=E((t-y)^2) \tag{3-49}$$

用第 k 次迭代时的误差平方 $\widetilde{F}(\boldsymbol{w})$ 近似代替均方误差的数学期望值 $F(\boldsymbol{w})$，即

$$\widetilde{F}(\boldsymbol{w})=\frac{1}{2}e(k)^2=\frac{1}{2}(t(k)-y(k))^2 \tag{3-50}$$

（2）多层感知器中连接权值的迭代

通过调整神经元的连接权值，使多层感知器的性能指标 $F(\boldsymbol{w})$ 趋于最小。首先，将权值 $\boldsymbol{w}$ 写成迭代形式

$$\boldsymbol{w}(k+1)=\boldsymbol{w}(k)+\Delta\boldsymbol{w}(k) \tag{3-51}$$

式中，k 为迭代次数。

由多元函数求极值理论可知，如果按照 $F(\boldsymbol{w})$ 的负梯度方向调整 $\boldsymbol{w}$，可以以最快的速度收敛到其极值点。采用梯度下降法调整多层感知器中各层的连接权值，并且用 $\widetilde{F}(\boldsymbol{w})$ 代替 $F(\boldsymbol{w})$。

1）输出层神经元连接权值的调整

输出层神经元连接权值的迭代公式为

$$w_j^{\mathrm{O}}(k+1)=w_j^{\mathrm{O}}(k)+\Delta w_j^{\mathrm{O}}(k) \tag{3-52}$$

式中，连接权值的调整量 $\Delta w_j^{O}(k)$ 为

$$\Delta w_j^{\mathrm{O}}(k)=-\alpha^{\mathrm{O}}\frac{\partial\widetilde{F}(\boldsymbol{w}(k))}{\partial w_j^{\mathrm{O}}(k)} \tag{3-53}$$

式中，α^{O} 为调整输出层神经元连接权值的学习率，是可供设计者选择的一个参数，$\alpha^{O}>0$。

$\dfrac{\partial\widetilde{F}(\boldsymbol{w}(k))}{\partial w_j^{O}(k)}$的计算如下

$$\frac{\partial\widetilde{F}(\boldsymbol{w}(k))}{\partial w_j^{O}(k)}=\frac{\partial\widetilde{F}(\boldsymbol{w}(k))}{\partial x^{O}(k)}\frac{\partial x^{O}(k)}{\partial w_j^{O}(k)} \tag{3-54}$$

定义输出层神经元误差反向传播系数 $\delta^{O}(k)$ 为

$$\delta^{O}(k)=\frac{\partial\widetilde{F}(\boldsymbol{w}(k))}{\partial x^{O}(k)}=\frac{\partial\widetilde{F}(\boldsymbol{w}(k))}{\partial y(k)}\frac{\partial y(k)}{\partial x^{O}(k)} \tag{3-55}$$

式中，

$$\frac{\partial\widetilde{F}(\boldsymbol{w}(k))}{\partial y(k)}=\frac{\partial}{\partial y(k)}\left(\frac{1}{2}(t(k)-y(k))^{2}\right)=-(t(k)-y(k)) \tag{3-56}$$

$$\frac{\partial y(k)}{\partial x^{O}(k)}=f'(x^{O}(k)) \tag{3-57}$$

于是可以求得

$$\delta^{O}(k)=-(t(k)-y(k))f'(x^{O}(k)) \tag{3-58}$$

又因为

$$\frac{\partial x^{O}(k)}{\partial w_j^{O}(k)}=\frac{\partial}{\partial w_j^{O}(k)}\left(\sum_{j=1}^{l}w_j^{O}(k)y_j^{H}(k)\right)=y_j^{H}(k) \tag{3-59}$$

这样，可以求得输出层的神经元连接权值的调整量为

$$\Delta w_j^{O}(k)=-\alpha^{O}\frac{\partial\widetilde{F}(\boldsymbol{w}(k))}{\partial w_j^{O}(k)}=-\alpha^{O}\delta^{O}(k)y_j^{H}(k) \tag{3-60}$$

或

$$\Delta w_j^{O}(k)=\alpha^{O}(t(k)-y(k))f'(x^{O}(k))y_j^{H}(k) \tag{3-61}$$

这样就可以得到输出层与隐含层中第 j 个神经元之间的连接权值的迭代公式为

$$w_j^{O}(k+1)=w_j^{O}(k)+\alpha^{O}(t(k)-y(k))f'(x^{O}(k))y_j^{H}(k) \tag{3-62}$$

2）隐含层神经元连接权值的调整

隐含层神经元连接权值的迭代公式为

$$w_{ij}^{H}(k+1)=w_{ij}^{H}(k)+\Delta w_{ij}^{H}(k) \tag{3-63}$$

式中，连接权值的修正量 $\Delta w_{ij}^{H}(k)$ 为

$$\begin{aligned}\Delta w_{ij}^{H}(k)&=-\alpha^{H}\frac{\partial\widetilde{F}(\boldsymbol{w}(k))}{\partial w_{ij}^{H}(k)}=-\alpha^{H}\frac{\partial\widetilde{F}(\boldsymbol{w}(k))}{\partial x_j^{H}(k)}\frac{\partial x_j^{H}(k)}{\partial w_{ij}^{H}(k)}\\&=-\alpha^{H}\frac{\partial\widetilde{F}(\boldsymbol{w}(k))}{\partial x_j^{H}(k)}y_i^{I}(k)\end{aligned} \tag{3-64}$$

式中，α^{H} 为调整隐含层神经元连接权值的学习率，是可供设计者选择的一个参数，$\alpha^{H}>0$。

定义隐含层第 j 个神经元误差反向传播系数 δ_j^{H} 为

$$\delta_j^{H}(k)=\frac{\partial\widetilde{F}(\boldsymbol{w}(k))}{\partial x_j^{H}(k)}=\frac{\partial\widetilde{F}(\boldsymbol{w}(k))}{\partial y_j^{H}(k)}\frac{\partial y_j^{H}(k)}{\partial x_j^{H}(k)}=\frac{\partial\widetilde{F}(\boldsymbol{w}(k))}{\partial y_j^{H}(k)}f_j^{H'}(x_j^{H}(k)) \tag{3-65}$$

式中，$\frac{\partial \widetilde{F}(\boldsymbol{w}(k))}{\partial y_j^{\mathrm{H}}(k)}$的计算如下

$$\frac{\partial \widetilde{F}(\boldsymbol{w}(k))}{\partial y_j^{\mathrm{H}}(k)}=\frac{\partial \widetilde{F}(\boldsymbol{w}(k))}{\partial x^{\mathrm{O}}(k)}\frac{\partial x^{\mathrm{O}}(k)}{\partial y_j^{\mathrm{H}}(k)}$$

$$=\delta^{\mathrm{O}}(k)\frac{\partial}{\partial y_j^{\mathrm{H}}(k)}\left(\sum_{j=1}^{l} w_j^{\mathrm{O}}(k)y_j^{\mathrm{H}}(k)\right)=\delta^{\mathrm{O}}(k)w_j^{\mathrm{O}}(k) \tag{3-66}$$

于是可以求得

$$\delta_j^{\mathrm{H}}(k)=f_j^{\mathrm{H}'}(x_j^{\mathrm{H}}(k))\delta^{\mathrm{O}}(k)w_j^{\mathrm{O}}(k) \tag{3-67}$$

输入层与隐含层神经元之间的连接权值调整量为

$$\Delta w_{ij}^{\mathrm{H}}(k)=-\alpha^{\mathrm{H}}\delta_j^{\mathrm{H}}(k)y_i^{\mathrm{I}}(k) \tag{3-68}$$

因此，得到隐含层中第 j 个神经元与输入层中第 i 个神经元之间的连接权值迭代公式为

$$w_{ij}^{\mathrm{H}}(k+1)=w_{ij}^{\mathrm{H}}(k)-\alpha^{\mathrm{H}}\delta_j^{\mathrm{H}}(k)y_i^{\mathrm{I}}(k) \tag{3-69}$$

（3）BP 学习算法的计算过程

1）初始化

设置多层感知器的初始连接权值，一般取较小的非零随机数。

2）提供训练样本

提供训练样本，即

$$\{\boldsymbol{x}_1,t_1\},\{\boldsymbol{x}_2,t_2\},\cdots,\{\boldsymbol{x}_q,t_q\},\cdots,\{\boldsymbol{x}_N,t_N\} \tag{3-70}$$

式中，$\boldsymbol{x}_q$ 为第 q 组样本输入向量；t_q 为该输入对应的期望输出；$q=\{1,2,\cdots,N\}$。

3）计算多层感知器的输出

按式(3-38)~式(3-42)计算多层感知器中各神经元的输入、输出，求得多层感知器输出层神经元的输出，即多层感知器的输出。

4）计算均方误差函数

多层感知器输出与期望输出之间的偏差计算如下

$$\widetilde{F}(\boldsymbol{w})=\frac{1}{2}(t-y)^2 \tag{3-71}$$

并给出评价准则

$$\widetilde{F}(\boldsymbol{w})\leqslant\varepsilon \text{ 或 } k>c \tag{3-72}$$

式中，ε 为预先给定的小正数，$\varepsilon>0$；k 为迭代次数；c 为给定常数。若满足 $\widetilde{F}(\boldsymbol{w})\leqslant\varepsilon$ 或 $k>c$，多层感知器学习结束；否则，进行误差反向传播，调整神经元的连接权值。

5）反向传播计算

按照梯度下降法计算各神经元连接权值的调整量，逐层逐个调整神经元的连接权值

$$w_{ij}(k+1)=w_{ij}(k)-\alpha\frac{\partial \widetilde{F}(\boldsymbol{w})}{\partial w_{ij}} \tag{3-73}$$

式中，α 为学习率。

6）继续输入数据进行训练，直到多层感知器的输出满足要求。

3.2.3 批量学习和增量学习

批量学习和增量学习是两种不同的训练方法，它们在处理数据和更新模型参数的方式上

有所不同。

在批量学习中，模型是一次性使用整个数据集进行训练的。具体而言，算法会将整个数据集分为若干批次，然后在每个批次上计算梯度并更新模型参数。这意味着模型的参数只会在整个数据集上进行一次更新，因此训练过程是离散的、不可逆的。批量学习的训练过程简单明了，易于实现。但是当数据集较大时，计算资源需求高，训练速度慢，而且需要在整个数据集上保存参数，占用内存较多。

增量学习是指模型逐步学习新数据，不断更新自身参数的过程。在增量学习中，模型会接收到一批新数据，然后使用这些数据来更新已有的模型参数，而不是一次性使用整个数据集。增量学习可以实现在线学习，即模型能够动态地适应新数据，适用于数据流式处理场景，且不需要在内存中保存整个数据集，节省了存储空间。但是增量学习对模型的选择和更新算法要求较高，以避免模型遗忘过去的知识或出现遗忘现象。

批量学习适用于静态数据集且计算资源充足的情况，而增量学习则更适用于动态数据流和资源受限的环境。

3.2.2 小节中描述了 BP 学习算法，其计算过程采用梯度下降算法进行增量学习。接下来介绍采用梯度下降算法进行批量学习，需要在所有输入样本都被网络处理后，基于整个数据集的完整梯度来更新连接权值。假定每个样本出现的概率相同，那么使用均方误差作为性能评价指标时，可以表述为以下形式

$$\widetilde{F}(\boldsymbol{w})=\frac{1}{2N}\sum_{q=1}^{N}e_q(k)^2=\frac{1}{2N}\sum_{q=1}^{N}(t_q(k)-y_q(k))^2 \tag{3-74}$$

性能指标的总梯度为

$$\begin{aligned}\nabla\widetilde{F}(\boldsymbol{w})&=\nabla\left(\frac{1}{2N}\sum_{q=1}^{N}(t_q(k)-y_q(k))^2\right)\\&=\frac{1}{2N}\sum_{q=1}^{N}\nabla(t_q(k)-y_q(k))^2\end{aligned} \tag{3-75}$$

因此，均方误差的总梯度等于每个样本平方误差梯度的平均。所以，为了实现反向传播算法的批量学习，首先对训练集中所有的样本按式(3-38)~式(3-42)计算网络中各神经元的输入、输出，求得多层感知器输出层各神经元的输出，并计算多层感知器输出与期望输出之间的偏差，给出评价准则，接着求单个样本梯度的平均以得到总梯度。这样，批量学习梯度下降算法的更新公式就是

$$w_{ij}^{\mathrm{H}}(k+1)=w_{ij}^{\mathrm{H}}(k)-\frac{\alpha^{\mathrm{H}}}{N}\sum_{q=1}^{N}\delta_{jq}^{\mathrm{H}}(k)y_{iq}^{\mathrm{I}}(k) \tag{3-76}$$

3.3 多层感知器结构设计

多层感知器的结构设计对于模型性能有着决定性影响，合理的结构设计不仅可以提高模型的学习效率和泛化能力，还能有效减少计算资源的消耗。多层感知器的结构设计主要是解决设几个隐含层和每个隐含层设几个节点的问题。理论上已经证明，隐含层采用 Sigmoid 函数，输出层采用线性函数的三层感知器神经网络能够以任意精度逼近任何非线性函数。因此，多层感知器的结构设计主要集中在三层感知器神经网络中隐含层的结构设计上，即隐含

层设置多少个神经元。隐含层神经元的作用是从样本中提取内在的规律，隐含层神经元个数过少，感知器从样本中获取信息能力就较差，无法充分学习样本中的规律，导致模型欠拟合；隐含层神经元个数过多，可能会把样本中非规律性的内容如噪声等记牢，从而导致模型过拟合，降低了感知器的泛化能力。此外，隐含层神经元个数越多，模型的计算复杂度越高，训练所需的计算资源也越多。通过合理设计感知器隐含层的结构，不仅可以保证感知器的学习效率和泛化能力，还能有效减少计算资源的消耗。

3.3.1 基于经验公式的多层感知器结构设计

本节以图 3-10 所示的含一层隐含层的三层感知器为例，介绍基于经验公式完成感知器隐含层结构设计。首先设置较少的隐含层神经元训练感知器，然后采用试凑法确定感知器隐含层最佳神经元个数，即逐渐增加隐含层神经元，用同一样本集进行训练，确定网络误差达到要求时对应的隐含层神经元个数。可以根据以下几个确定隐含层神经元个数的经验公式得到隐含层神经元个数的初始值

$$l=\sqrt{n+m}+\alpha \tag{3-77}$$

$$l=\log_2 n \tag{3-78}$$

$$l=\sqrt{nm} \tag{3-79}$$

式中，n 为输入层神经元个数；l 为隐含层神经元个数；m 为输出层神经元个数；α 在 1~10 之间。确定感知器隐含层初始神经元个数后，根据 3.2.2 小节中描述的梯度下降算法对感知器中的参数进行调整，然后逐渐增加隐含层神经元并调整参数，直到感知器的误差达到要求。

例 3-4 考虑图 3-10 所示的含一层隐含层的三层感知器，其中隐含层采用 Sigmoid 函数，输出层采用线性函数。根据上述基于经验公式的多层感知器结构设计方法，完成感知器结构设计，实现对以下函数的逼近：

$$y=\sin x, -2\pi \leqslant x \leqslant 2\pi$$

要求该感知器的均方误差小于 0.0001。

解： 首先，根据经验公式确定隐含层初始神经元个数

$$l=\sqrt{n+m}+\alpha \tag{3-80}$$

式中，$n=1$；$m=1$；α 取 1。那么，隐含层初始神经元个数为 2。根据 3.2.2 小节中描述的梯度下降算法对感知器中的参数进行调整，根据下式计算感知器的均方误差

$$\widetilde{F}=\frac{1}{2N}\sum_{q=1}^{N}e_q^2=\frac{1}{2N}\sum_{q=1}^{N}(t_q-y_q)^2 \tag{3-81}$$

得到此时感知器的均方误差 $\widetilde{F}_2=0.2835$，当前感知器的性能还未达到要求，需要增加隐含层神经元，隐含层神经元不断增加时感知器的相应情况如图 3-12 所示。

从图 3-12 中可以看出，当感知器隐含层神经元个数为 5 时，感知器输出与函数值基本重合，逼近精度高。计算不同隐含层神经元个数感知器的均方误差 $\widetilde{F}_3=0.0386$，$\widetilde{F}_4=0.0194$，$\widetilde{F}_5=2.2301\times10^{-7}$，可以知道，当感知器隐含层神经元个数为 5 时，当前感知器的性能满足要求，具有较强的非线性函数逼近能力。因此，该感知器隐含层最佳神经元个数为 5，基于经验公式的多层感知器结构设计完成。

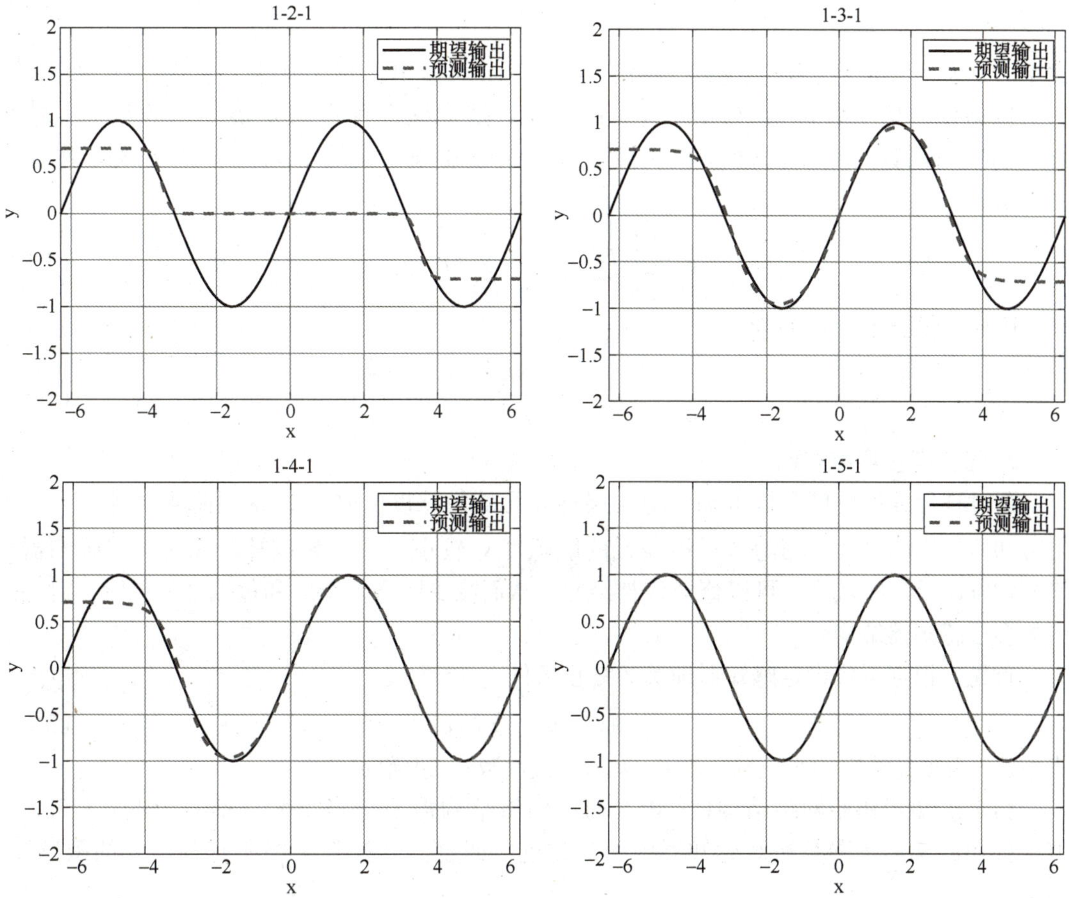

图 3-12 增加隐含层神经元个数的感知器拟合效果

3.3.2 修剪型多层感知器结构设计

在多层感知器学习过程中，计算隐含层所有神经元的敏感度，删除敏感度较小的神经元，从而减少多层感知器的复杂度，避免过拟合，同时提高多层感知器的泛化能力。以图 3-10 所示的含一层隐含层的三层感知器为例，研究修剪型多层感知器结构设计。

图 3-12 彩图

1. 神经元敏感度分析

敏感度(Sensitivity)，又称为灵敏度，是指系统参数的变化对系统状态(或输出)的影响程度。敏感度的高低反映了系统在特性或参数改变时偏离正常运行状态的程度。神经元敏感度分析是指评估神经元对于网络输出的影响程度的过程。通过分析每个神经元的输出对最终损失函数的敏感度，可以识别哪些神经元对网络的性能贡献较大，哪些贡献较小。敏感度较高的神经元在网络中扮演着更为重要的角色，而敏感度较低的神经元则可能成为修剪的目标。因此，一些学者将敏感度分析作为建立模型的一个先决条件。

定义敏感度 s_i 为

$$s_i = \left| \frac{\partial L}{\partial y_i^{\mathrm{H}}} \right| \tag{3-82}$$

式中，L 为损失函数；y_i^{H} 为隐含层第 i 个神经元的输出。损失函数，也称为代价函数，衡量网络预测值与实际值之间的不一致程度，是训练过程中需要最小化的目标。选择合适的损失函数对模型的性能和收敛速度有直接影响。通常，可选择均方误差作为损失函数。

$$\widetilde{F} = \frac{1}{2N}\sum_{q=1}^{N} e_q^2 = \frac{1}{2N}\sum_{q=1}^{N}(t_q - y_q)^2 \tag{3-83}$$

因此，敏感度 s_i 改写为

$$s_i = \left| \frac{\partial \widetilde{F}}{\partial y_i^{\mathrm{H}}} \right| \tag{3-84}$$

2. 修剪型多层感知器

通过神经元敏感度分析可知，隐含层神经元的敏感度 s_i 越大，说明隐含层神经元对多层感知器的影响越大。当隐含层神经元的敏感度 s_i 较小时，认为该神经元对多层感知器最终的均方误差影响较小，可以修剪该神经元，从而减少网络复杂度和过拟合的风险，得到简洁的多层感知器结构。

首先，根据下式设定感知器训练的终止条件

$$\widetilde{F}(k) \leqslant \varepsilon \text{ 或 } k > c \tag{3-85}$$

式中，ε 为预先给定的小正数，$\varepsilon>0$；k 为迭代次数；c 为给定常数。

给定感知器初始网络结构(感知器初始网络结构需要适当给大一些)，根据 3.2.2 小节中描述的梯度下降算法对感知器中的参数进行调整。计算隐含层所有神经元的敏感度，如果

$$s_j < \beta \tag{3-86}$$

式中，β 为设定的敏感度阈值，说明此时该神经元对多层感知器的整体影响较小，对其进行修剪，修剪后神经网络权值调整如下

$$w_j^{\mathrm{O}}(k+1) = w_j^{\mathrm{O}}(k) + \alpha^{\mathrm{O}}(t(k) - y(k)) f'(x^{\mathrm{O}}(k)) y_j^{\mathrm{H}}(k) \tag{3-87}$$

$$w_{ij}^{\mathrm{H}}(k+1) = w_{ij}^{\mathrm{H}}(k) - \alpha^{\mathrm{H}} \delta_j^{\mathrm{H}}(k) y_i^{\mathrm{I}}(k) \tag{3-88}$$

式中，w_j^{O} 为输出层与隐含层中第 j 个神经元之间的连接权值；w_{ij}^{H} 为输入层与隐含层神经元之间的连接权值；α^{O} 和 α^{H} 为学习率；y_i^{I} 为输入层第 i 个神经元的输出；δ_j^{H} 为隐含层误差反向传播系数。

根据 3.2.2 小节中描述的梯度下降算法对感知器中的参数进行调整，直到达到终止条件，完成修剪型多层感知器设计。

例 3-5 考虑图 3-10 所示的含一层隐含层的三层感知器，其中隐含层采用 Sigmoid 函数，输出层采用线性函数。根据上述修剪型多层感知器结构设计方法，完成感知器结构设计，实现对以下样本数据的逼近

$$\left\{\boldsymbol{x}_1 = \begin{bmatrix}0.1\\0.3\end{bmatrix}, y_{d1}=0\right\},\ \left\{\boldsymbol{x}_2 = \begin{bmatrix}0.4\\0.6\end{bmatrix}, y_{d2}=1\right\},\ \left\{\boldsymbol{x}_3 = \begin{bmatrix}0.7\\0.9\end{bmatrix}, y_{d3}=1\right\}$$

敏感度阈值为 0.1，要求该感知器的均方误差小于 0.0001。

解：首先，给定一个三层感知器，其中输入层有 2 个神经元，隐含层有 5 个神经元，输出层有 1 个神经元。训练后感知器的连接权值为

$$\boldsymbol{W}^{\mathrm{H}}=\begin{bmatrix}0.8972 & 0.4497 & 1.0087 & 3.2682 & -3.0989\\ 1.3754 & 1.2743 & 0.4322 & 2.8301 & -3.3287\end{bmatrix}^{\mathrm{T}} \tag{3-89}$$

$$\boldsymbol{W}^{\mathrm{O}}=[-0.2012,-0.5626,-1.7824,3.0189,-3.9706]^{\mathrm{T}}$$

对于样本 1，根据式(3-38)~(3-42)，求得

$$\begin{aligned}y_j^{\mathrm{H}}&=f\left(\begin{bmatrix}0.8972 & 0.4497 & 1.0087 & 3.2682 & -3.0989\\ 1.3754 & 1.2743 & 0.4322 & 2.8301 & -3.3287\end{bmatrix}^{\mathrm{T}}\begin{bmatrix}0.1\\ 0.3\end{bmatrix}\right)\\ &=[0.6230,0.6052,0.5574,0.7642,0.2127]^{\mathrm{T}}\end{aligned} \tag{3-90}$$

$$y=\sum_{j=1}^{K} w_j^{\mathrm{O}} y_j^{\mathrm{H}}=0.0030 \tag{3-91}$$

同理，对于样本 2，得到 $y=0.9910$；对于样本 3，得到 $y=1.0059$。计算此时的均方误差

$$\begin{aligned}\widetilde{F}(k)&=\frac{1}{3}\sum_{q=1}^{3}(y_q(k)-y_{dq}(k))^2\\ &=\frac{1}{3}((0.0030-0)^2+(0.9910-1)^2+(1.0059-1)^2)=4\times10^{-5}\end{aligned} \tag{3-92}$$

对每一个隐含层神经元输出进行敏感度分析，计算其对输出的贡献值，根据修剪条件对网络隐含层神经元进行分析，删除贡献值小于 β 的隐含层神经元，调整神经网络结构。根据式(3-84)计算每个隐含层神经元的敏感度值如下

$$S=[0.7516,0.7123,0.6555,0.9030,0.0854] \tag{3-93}$$

可以发现隐含层第 5 个神经元的敏感度值小于阈值 β，满足修剪条件，所以修剪隐含层第 5 个神经元，并对修剪型多层感知器的连接权值进行调整，调整后的连接权值为

$$\boldsymbol{W}^{\mathrm{H}}=\begin{bmatrix}0.3350 & -0.0522 & 0.0057 & 5.1080\\ 0.8701 & 0.9665 & -0.1189 & 1.4528\end{bmatrix}^{\mathrm{T}} \tag{3-94}$$

$$\boldsymbol{W}^{\mathrm{O}}=[-1.5406,-2.4214,-3.4512,5.4996]^{\mathrm{T}}$$

此时，对于样本 1，可以求得 $y=0.0021$；对于样本 2，可以求得 $y=0.9960$；对于样本 3，可以求得 $y=1.0021$。此时的均方误差为 $F=8.27\times10^{-6}$，满足要求。因此，修剪型多层感知器结构设计完成。

3.4 应用实例

多层感知器网络在各个领域取得了广泛的应用，并已成功地解决了大量实际问题。下面将介绍几个例子，通过这些案例可以更好地了解如何应用多层感知器来解决实际问题，以及其中的设计方法与技巧。

3.4.1 非线性函数逼近

这个例子中，将逼近以下 Hermite 多项式

$$H_2(x)=4x^2-2$$

（1）数据准备

为多层感知器训练准备数据集，包括输入值和对应的期望输出值。定义 Hermite 多项式和生成数据集

```
x=linspace(-2,2,100);        % 输入数据集
H2_x=4.*x.^2-2;              % 期望输出数据集,Hermite 多项式 H2(x)
```

（2）构建多层感知器

基于经验公式确定隐含层初始神经元个数 $l=\sqrt{n+m}+\alpha=\sqrt{2}+8=10$，其中，$\alpha$ 取 8。根据隐含层初始神经元个数，使用 MATLAB 的神经网络工具箱创建和配置多层感知器。

```
net=feedforwardnet(10,'traingd');  % 创建含有一层隐含层的多层感知器网络,
                                     隐含层神经元个数为 10,使用梯度下降
                                     算法训练感知器
view(net);                         % 查看网络
```

网络结构如图 3-13 所示，可以看出，网络的输入节点为 1 个，隐含层神经元个数为 10 个，输出节点为 1 个。

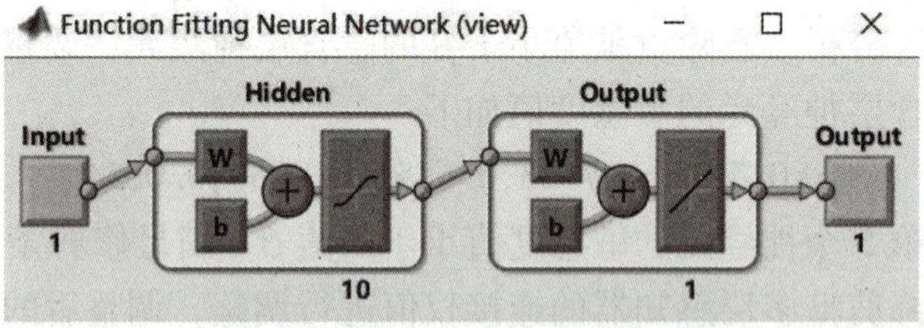

图 3-13　非线性函数逼近网络结构

（3）训练网络

配置训练参数，使用准备好的数据集训练神经网络。

```
net.divideParam.trainRatio=0.7;    % 训练集比例
net.divideParam.valRatio=0.15;     % 验证集比例
net.divideParam.testRatio=0.15;    % 测试集比例
net.trainParam.epochs=1000;        % 最大训练轮次
net.trainParam.goal=1e-6;          % 训练目标误差
[net,tr]=train(net,x,H2_x);        % 训练网络
```

如图 3-14 所示，在 Plots 看板中，单击【性能】可以观察训练过程。在这个示例中，采用的是利用验证集误差提前停止训练的方式。一般情况下，校验步数默认设置为 6。如果校验误差在连续的 6 个步骤中没有下降，则停止训练，并将此作为训练停止的标志，由图 3-15 可以看出，在训练到第 3 轮时，验证集的误差达到最小，之后又开始上升，因此权值的取值由训练到第 3 轮时确定。之所以多训练几步是为了防止校验误差可能出现波浪形的变化。单击【训练状态】可以查看具体训练参数的变化。这些功能有助于更好地了解模型在训练过程

中的表现，以便及时调整参数或停止训练。

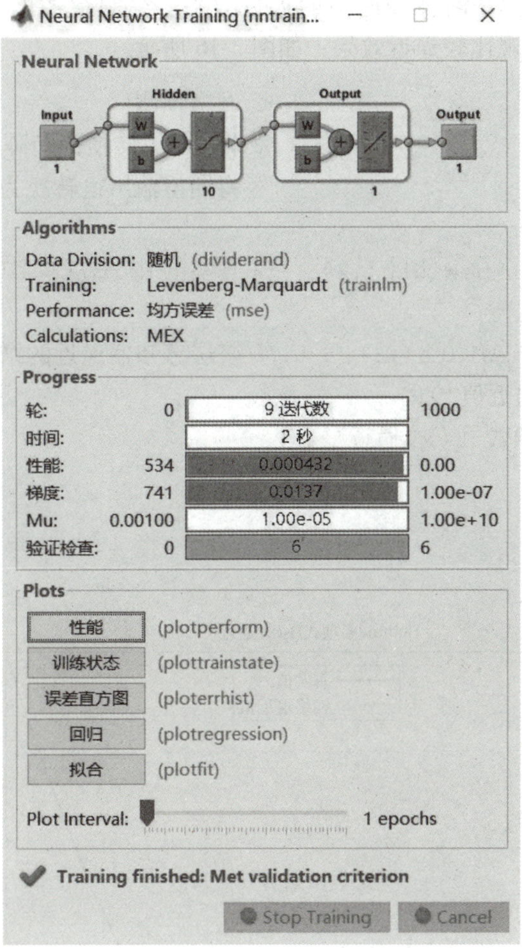

图 3-14　非线性函数逼近网络训练界面

图 3-15 彩图

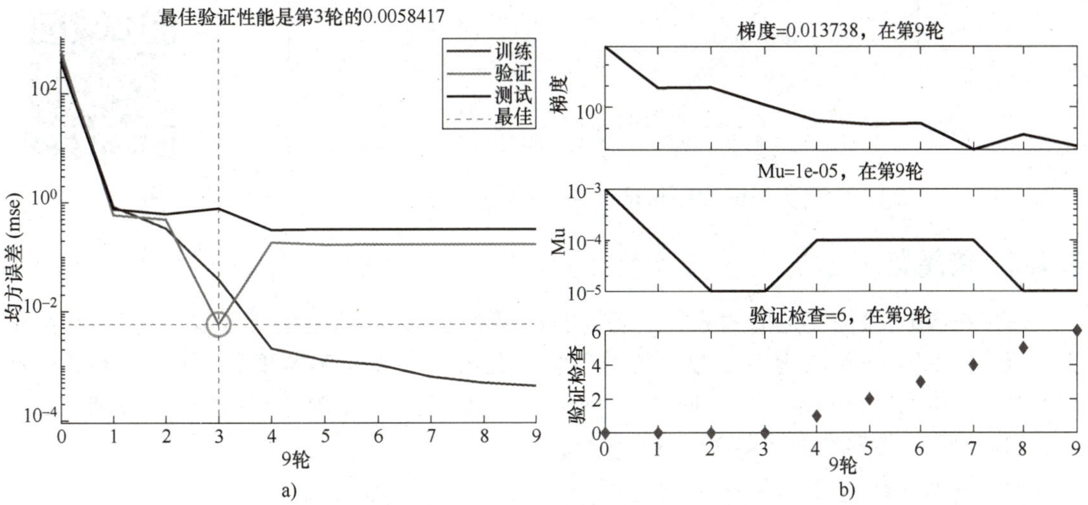

图 3-15　非线性函数逼近网络训练过程及参数变化

（4）评估模型

用测试数据评估训练好的神经网络的逼近效果。绘制神经网络逼近的结果和真实的 Hermite 多项式值，以直观比较逼近效果，如图 3-16 所示。

```
y=net(Xi);                              % 网络预测
y=cell2mat(y);                          % 将 cell 转换为矩阵
H2_x=cell2mat(Ts);                      % 将期望输出也转换为矩阵进行比较
figure;
plot(x,H2_x,'b-','LineWidth',2);        % 真实的 Hermite 多项式
hold on;
plot(x,y,'r--','LineWidth',2);          % 多层感知器逼近的结果
legend('真实值','逼近值');
title('Hermite 多项式 H_2(x)逼近');
xlabel('x');
ylabel('H_2(x)');
grid on;
```


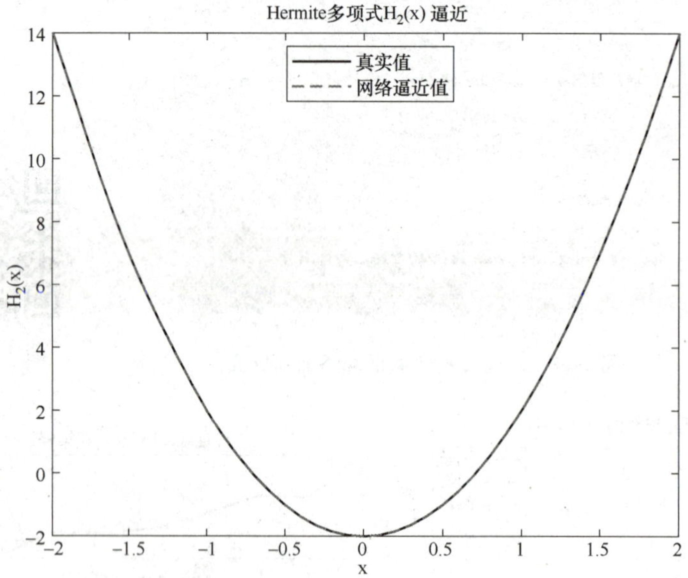

图 3-16 Hermite 多项式值逼近效果

图 3-16 彩图

3.4.2 鸢尾花分类

鸢尾花(Iris)数据集是模式分类最著名的数据集之一，包含三类鸢尾花，每类 50 个样本，每个样本四个特征(萼片长度、萼片宽度、花瓣长度和花瓣宽度)。分类任务是根据这四个特征将鸢尾花分为三类：Setosa、Versicolour 和 Virginica。基于这些特征，需要构建一个感知器模型，能够准确分类鸢尾花的种类。

（1）数据准备

首先加载 MATLAB 自带的鸢尾花数据集。

```
load fisheriris
inputs=meas';  % 特征矩阵转置,以适配 MATLAB 神经网络工具箱的输入格式
[~,~,labels]=unique(species);
targets=full(ind2vec(labels'));  % 将类别字符串转换为向量形式
```

（2）构建修剪型多层感知器

根据 3.3.2 节中修剪型多层感知器结构设计的内容，首先给定感知器初始网络结构，感知器初始网络结构需要适当给大一些，那么给定感知器隐含层初始神经元个数为 15。利用 MATLAB 的神经网络工具箱创建和配置多层感知器。

```
input_layer_size=size(X,2);                 % 输入层神经元数为特征数,即 4
initial_hidden_layer_size=15;               % 初始设定 15 个隐含层神经元
output_layer_size=3;                        % 输出层神经元数为类别数,即 3
net=feedforwardnet(initial_hidden_layer_size,'traingd');
                                            % 使用梯度下降算法训练感知器
```

（3）训练网络

配置训练参数，使用准备好的数据集训练多层感知器。

```
net.divideParam.trainRatio=70/100;
net.divideParam.valRatio=15/100;
net.divideParam.testRatio=15/100;
[net,tr]=train(net,inputs,targets);  % 训练感知器网络
```

（4）敏感度分析与神经元修剪

对隐含层每一个神经元输出进行敏感度分析，计算其对输出的贡献值，删除敏感度小于阈值的神经元，调整感知器网络结构。

```
IW=net.IW{1,1};                             % 获取网络权值和偏置
LW=net.LW{2,1};
hidden_input=IW * X';
hidden_output=logsig(hidden_input);         %计算隐含层输出
output_input=LW * hidden_output;
outputs=purelin(output_input);              %计算输出层输出
output_error=T-outputs;                     %计算输出层误差
sensitivities=abs(mean(hidden_output.*(LW' * output_error),2));
                                            % 计算隐含层每个神经元的敏感度
sensitivity_threshold=0.1;                  % 设定敏感度阈值为 0.1
low_sensitivity_neurons=find(sensitivities<sensitivity_threshold);
                                            % 查找低于敏感度阈值的神经元
if ~isempty(low_sensitivity_neurons)
  net.IW{1,1}(:,low_sensitivity_neurons)=[]; % 低于敏感度阈值的神经元
```

```
  net.LW{2,1}(low_sensitivity_neurons,:)=[];
  net.layers{1}.size=size(net.IW{1,1},2);          % 更新隐含层神经元数
end
[net,tr]=train(net,X',T);                          % 采用梯度下降法调整感知器参数
view(net);                                         % 观察网络
```

如图 3-17 所示，可以看出，网络的输入层神经元个数为 4 个，隐含层神经元个数为 10 个，输出层神经元个数为 3 个。与感知器隐含层初始神经元个数 15 相比，修剪后感知器隐含层神经元个数有所减少，感知器网络中对网络输出影响较小的神经元被修剪，降低了网络的复杂度，使得多层感知器结构更为简洁。

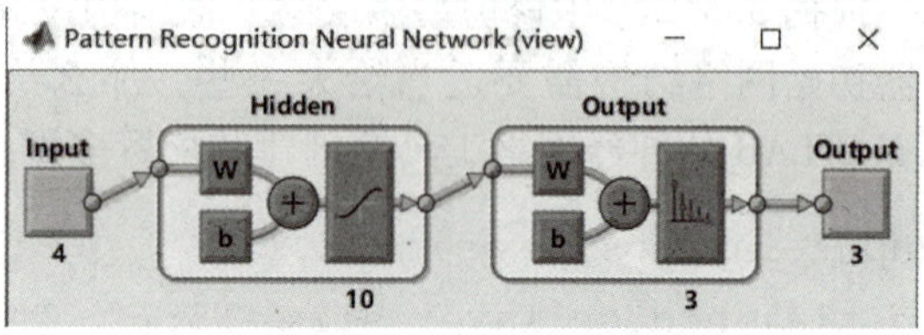

图 3-17　鸢尾花分类网络结构

如图 3-18 所示，在 Plots 看板中，单击【性能】可以观察训练过程。在这个示例中，采用的是利用验证集误差提前停止训练的方式。一般情况下，校验步数默认设置为 6。如果

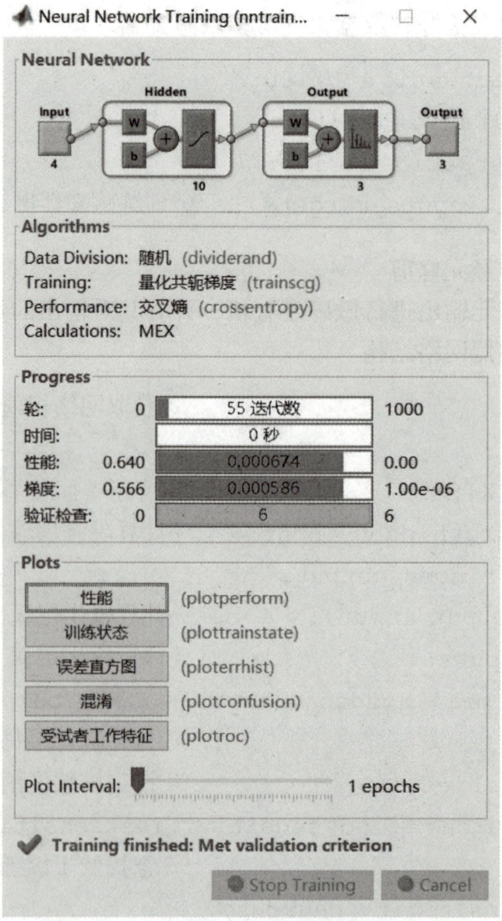

图 3-18　鸢尾花分类网络训练界面

校验误差在连续的 6 个步骤中没有下降，则停止训练，并将此作为训练停止的标志。由图 3-19 可以看出，在训练到第 49 轮时，验证集的误差达到最小，之后又开始上升，因此权值的取值由训练到第 49 轮时确定。之所以多训练几步是为了防止校验误差可能出现波浪形的变化。单击【训练状态】可以查看具体训练参数的变化。单击【误差直方图】可以看到训练集、验证集和测试集的误差分布柱形图，如图 3-20 所示。单击【混淆】，可以看到训练集、验证集、测试集以及总体数据的分类正确/错误情况，如图 3-21 所示。

图 3-19 彩图　　图 3-20 彩图

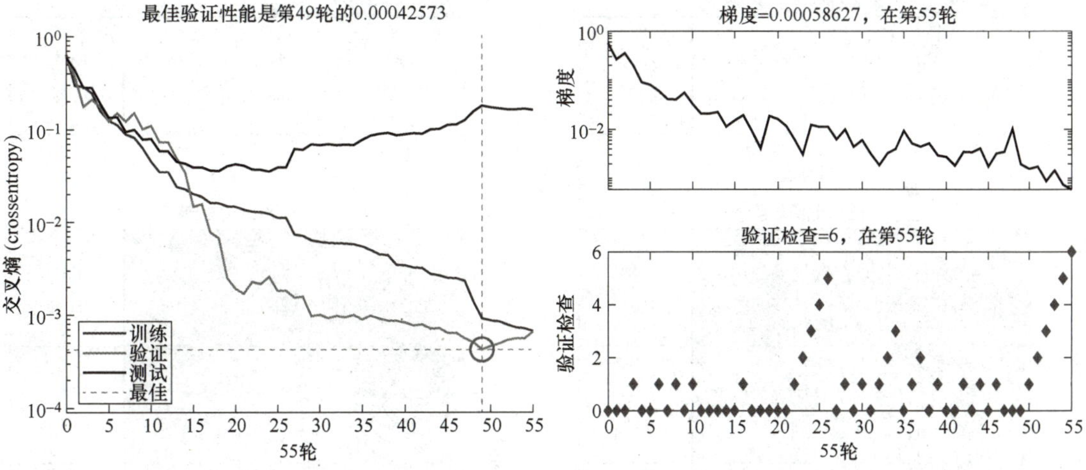

图 3-19　鸢尾花分类网络训练过程及参数变化

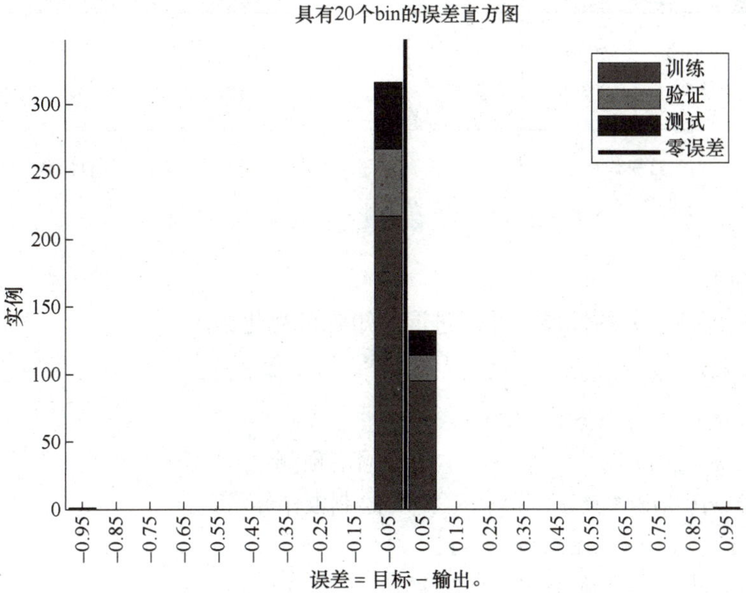

图 3-20　鸢尾花分类网络各数据集误差分布柱形图

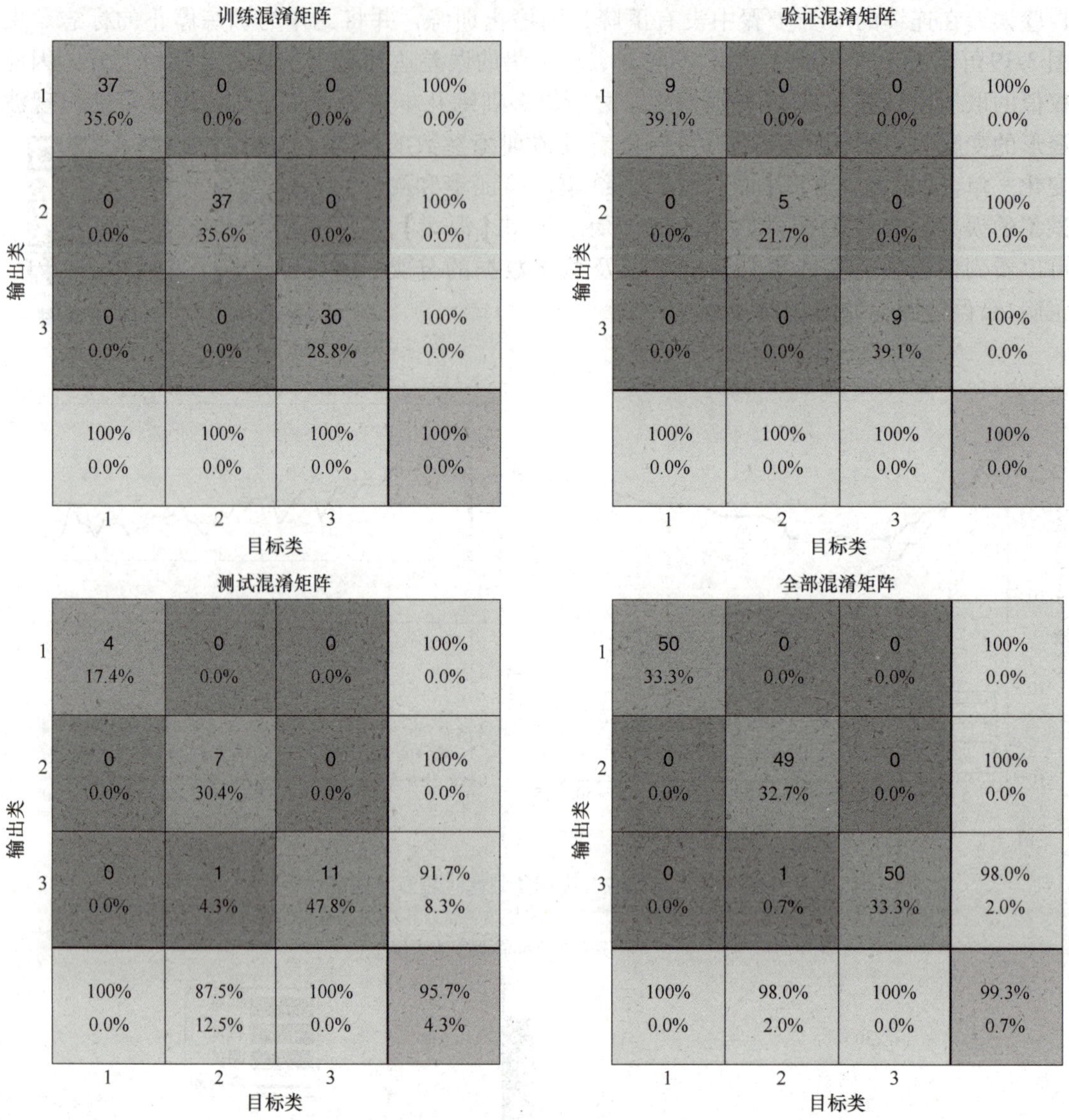

图 3-21　网络各数据集分类正确/错误情况

（5）评估模型

利用测试集评估模型的性能，并通过混淆矩阵可视化结果。

```
testX=inputs(:,tr.testInd);
testT=targets(:,tr.testInd);
testY=net(testX);                    % 网络预测
plotconfusion(testT,testY);          % 绘制混淆矩阵
[c,cm]=confusion(testT,testY);
fprintf('测试集分类准确率:%.2f%%\n',(1-c)*100);
```

测试集分类准确率为 95.65%。

习题

3-1 定义一个感知器并说明其工作原理。感知器是如何在二维空间中划分数据的？

3-2 使用感知器实现逻辑与(AND)操作。

3-3 解释感知器学习规则，并给出一个简单的例子说明如何使用这一规则更新权值。

3-4 说明为什么单个感知器无法解决异或(XOR)问题，并给出线性不可分的直观解释。

3-5 设计一个感知器，使其能够实现逻辑或(OR)操作。提供所需的权值和偏置值。

3-6 解释为什么构建多层感知器可以解决单层感知器无法解决的问题，如异或(XOR)问题。

3-7 使用下面的样本训练一个感知器网络

$$\left\{\boldsymbol{u}_1=\begin{bmatrix}1\\1\end{bmatrix},t_1=0\right\},\ \left\{\boldsymbol{u}_2=\begin{bmatrix}0\\0\end{bmatrix},t_2=0\right\},\ \left\{\boldsymbol{u}_3=\begin{bmatrix}1\\-1\end{bmatrix},t_3=1\right\}$$

初始参数为

$$\boldsymbol{w}=[0,0],\ \theta=1$$

1）画出初始的类别边界，指出每个输入向量的分类，并标出哪些输入向量能够被初始类别边界正确分类。

2）使用感知器学习规则训练感知器网络，并依次输入每个向量。

3）画出最终的类别边界，并表明哪个输入向量能够被正确分类。

3-8 使用下面的样本训练一个感知器网络

$$\left\{\boldsymbol{u}_1=\begin{bmatrix}4\\1\end{bmatrix},t_1=0\right\},\ \left\{\boldsymbol{u}_2=\begin{bmatrix}2\\-4\end{bmatrix},t_2=0\right\},\ \left\{\boldsymbol{u}_3=\begin{bmatrix}1\\3\end{bmatrix},t_3=1\right\}$$

初始参数为

$$\boldsymbol{w}=[1,0],\ \theta=2$$

1）画出初始的类别边界，指出每个输入向量的分类，并标出哪些输入向量能够被初始类别边界正确分类。

2）使用感知器学习规则训练感知器网络，并依次输入每个向量。

3）画出最终的类别边界，并表明哪个输入向量能够被正确分类。

3-9 设计一个感知器，对以下样本进行分类

1 类：$\boldsymbol{x}_1=[0.8,0.5,0]^{\mathrm{T}}$，$\boldsymbol{x}_2=[0.9,0.7,0.3]^{\mathrm{T}}$，$\boldsymbol{x}_3=[1,0.8,0.5]^{\mathrm{T}}$

2 类：$\boldsymbol{x}_4=[0.2,0,0.3]^{\mathrm{T}}$，$\boldsymbol{x}_5=[0.2,0.1,0.3]^{\mathrm{T}}$，$\boldsymbol{x}_6=[0.2,0.7,0.8]^{\mathrm{T}}$

3-10 对于 3.4.1 小节中的 Hermite 多项式

$$H_2(x)=4x^2-2$$

设计一个修剪型多层感知器对该函数进行逼近。

3-11 设计一个简单的多层感知器，用于解决异或(XOR)问题，并给出具体的权值和偏置值。

3-12 讨论学习率在 BP 算法中的重要性，并设计一个实验，比较不同学习率对训练收敛速度和模型性能的影响。

3-13 考虑一个三层感知器网络，其中隐含层神经元个数为 1，隐含层的激活函数为线

性函数，输出层的激活函数为$f(n)=n^2$。给定输入和期望输出如下

$$\left\{u=\begin{bmatrix}2\\1\end{bmatrix},t_1=0\right\}$$

初始参数为

$$w=[1,1],\quad \theta=1$$

执行一次学习率为0.1的反向传播。

3-14 设计一个三层感知器网络，隐含层神经元个数为10，选择初始权值和阈值为-1~1的随机数，使用反向传播算法训练网络来逼近函数

$$f(x)=1+2\sin(\pi x),\quad -1\leqslant x\leqslant 1$$

使用不同的学习率进行实验，并讨论学习率的变化对算法收敛性的影响。

参考文献

[1] ROSENBLATT F. The perceptron: a probabilistic model for information storage and organization in the brain [J]. Psychological Review, 1958, 65(6): 386.

[2] SHYNK J J. Performance surfaces of a single-layer perceptron[J]. IEEE Transactions on Neural Networks, 1990, 1(3): 268-274.

[3] WERBOS P J. Beyond regression: new tools for prediction and analysis in the behavioral sciences[D]. Cambridge: Harvard University, 1974.

[4] ALPAYDIN E. Introduction to machine learning[M]. Cambridge: The MIT Press, 2004.

[5] WERBOS P J. Backpropagation through time: what it does and how to do it[J]. Proceedings of the IEEE, 1990, 78(10): 1550-1560.

[6] RUMELHART D E, HINTON G E, WILLIAMS R J. Learning representations by back-propagating errors [J]. Nature, 1986, 323(6088): 533-536.

[7] RUMELHART D E, MCCLELLAND J L. Parallel distributed processing: explorations in the microstructure of cognition[M]. Cambridge: The MIT press, 1986.

[8] WIDROW B, LEHR M A. 30 years of adaptive neural networks: perceptron, Madaline, and backpropagation [J]. Proceedings of the IEEE, 1990, 78(9): 1415-1442.

[9] PARLOS A G, FERNANDEZ B, ATIYA A F, et al. An accelerated learning algorithm for multilayer perceptron networks[J]. IEEE Transactions on Neural Networks, 1994, 5(3): 493-497.

[10] GALLANT S I. Perceptron-based learning algorithms[J]. IEEE Transactions on Neural Networks, 1990, 1(2): 179-191.

[11] ALSMADI M, OMAR K B, NOAH S A. Back propagation algorithm: the best algorithm among the multilayer perceptron algorithm [J]. International Journal of Computer Science and Network Security, 2009, 9(4): 378-383.

[12] HORNIK K, STINCHCOMBE M, WHITE H. Multilayer feedforward networks are universal approximators [J]. Neural Networks, 1989, 2(5): 359-366.

第 4 章　径向基函数神经网络

导读

本章详细介绍径向基函数神经网络。首先，详细说明径向基函数神经网络的原理，并给出其网络结构。其次，介绍神经网络的参数学习算法及其具体步骤，例如线性最小二乘法、梯度下降法以及 LM 算法。然后，介绍 RBF 神经网络结构的设计方法，例如基于聚类算法的结构设计与增长型结构设计。最后，给出具体的应用实例，方便读者进一步理解与掌握 RBF 神经网络。

本章知识点

- 径向基函数神经网络工作原理
- 径向基函数神经网络学习算法
- 径向基函数神经网络结构设计

4.1　局部映射特性

4.1.1　局部映射特性的概念和意义

对于生物神经元来说，局部映射特性是指神经元对输入空间的局部区域产生响应的特性。具体来说，生物神经元的感受野(指在神经元接收到刺激时，该刺激所在的空间区域)具有近兴奋远抑制(Near Excitation Far Inhibition)的特征。它表示在神经元的感受野内，刺激的出现会引发神经元的兴奋反应，而在感受野外的区域，刺激则会被抑制。这种近兴奋远抑制的机制使得神经元能够更好地区分和响应局部特征，并提高对复杂刺激的辨别能力。

下面将以人眼接收信息为例，具体介绍生物视觉神经元的近兴奋远抑制特征。

眼睛作为人类主要的感知器官，用于接收外部信息。光线经过眼睛折射后，在视网膜上形成图像，然后通过神经冲动传递到大脑皮质的视区，从而形成视觉感知。视网膜是感光系统，能够感受到光的刺激并发出神经冲动，它包含了一级神经元(感光细胞)、二级神经元(双极细胞)和三级神经元(神经节细胞)。

感光细胞与双极细胞形成突触连接，双极细胞与神经节细胞相连，而神经节细胞的轴突组成了视神经束。来自两侧的视神经在脑下垂体前方会合成交叉，在这里组成每一根视神经的神经纤维束在进一步进入脑部之前被重新分组。从视神经交叉再发出的神经束称为视束。在重新分组时，来自两眼视网膜右侧的纤维合成一束，传向脑的右半部，来自两眼视网膜左侧的纤维合成另一束，传向脑的左半部。这两束经过改组的纤维视束继续向右脑内行进，大部分终止于丘脑的两个被分成外侧膝状体的神经核。

外侧膝状体完成输入信息处理上的第一次分离，然后传送到大脑的第一视区和第二视区(外侧膝状体属丘脑，是眼睛到视皮质的中继站)，这就是视觉通路。视网膜上的感光细胞通过光化学和光生物化学反应产生光感受器电位和神经脉冲，沿着视觉通路传播。

视神经元反应的视网膜或视野的区域称为中枢神经元的感受野。通过电生理学试验记录感受野的形状发现，当光照射到视网膜上时，如果该细胞被激活，通过该区域的电脉冲(脉冲)就会增加；相反，如果该细胞被抑制，通过该区域的电脉冲就会减少。

每个视皮质、外侧膝状体的神经元以及视网膜神经细胞在视网膜上都有特定的感受野，通常呈圆形，并具有近兴奋远抑制或远兴奋近抑制的功能。对于每一个这样的近兴奋远抑制神经元，可以用以下函数进行表示

$$\Phi(\boldsymbol{x})=G(\|\boldsymbol{x}-\boldsymbol{c}\|) \tag{4-1}$$

式中，$\boldsymbol{x}$ 为输入(光束照在视网膜上的位置)；$\boldsymbol{c}$ 为感受野的中心，对应于视网膜上使神经元最兴奋的光照位置。

感受野的近兴奋远抑制特性有助于人眼在视觉系统中对视觉信息进行选择性处理。它能够增强对视觉刺激的局部特征的响应，同时抑制对远距离或无关刺激的响应。

4.1.2 径向基函数神经网络的局部映射特性

为了解决数值分析中的多变量插值问题，Michael J. D. Powell 于 1985 年提出径向基函数。基于数学和生物学的研究成果，John Moody 和 Christian J. Darken 于 20 世纪 80 年代末提出了径向基函数神经网络(Radial Basis Function Neural Network，RBFNN)。RBF 神经网络是一种模拟了人脑中局部调整、相互覆盖接受域的前馈神经网络结构。

与多层感知器中隐含层激活函数采用 Sigmoid 函数或硬极限函数不同，RBF 神经网络最显著的特点是采用径向基函数作为隐含层激活函数。与生物神经元近兴奋远抑制特性相同，径向基函数关于 n 维空间的一个中心点具有径向对称性，神经元的输入离该中心点越远，神经元的激活程度就越低；反之，神经元的输入离该中心点越近，激活程度就越高。隐含层神经元的这一特性被称为局部特性。

径向基函数可以有多种形式，常用的径向基函数有如下几种形式

① 标准高斯(Gaussian)函数

$$\Phi(\|\boldsymbol{x}-\boldsymbol{c}\|)=\mathrm{e}^{-\frac{\|\boldsymbol{x}-\boldsymbol{c}\|^2}{2\sigma^2}} \tag{4-2}$$

② 反常 S 型(Reflected Sigmoid)函数

$$\Phi(\|\boldsymbol{x}-\boldsymbol{c}\|)=\frac{1}{1+\mathrm{e}^{\frac{\|\boldsymbol{x}-\boldsymbol{c}\|^2}{\sigma^2}}} \tag{4-3}$$

③ 逆多二次元(Invers Multiquadrie)函数

$$\Phi(\|\boldsymbol{x}-\boldsymbol{c}\|)=\frac{1}{\sqrt{1+\dfrac{\|\boldsymbol{x}-\boldsymbol{c}\|^2}{\sigma^2}}} \tag{4-4}$$

④ 柯西(Cauchy)径向基函数

$$\Phi(\|\boldsymbol{x}-\boldsymbol{c}\|)=\frac{1}{1+\dfrac{\|\boldsymbol{x}-\boldsymbol{c}\|^2}{\sigma^2}} \tag{4-5}$$

式中，x 为输入向量；$\boldsymbol{c}$ 为径向基函数中心；$\|\boldsymbol{x}-\boldsymbol{c}\|$为 $\boldsymbol{x}$ 与 $\boldsymbol{c}$ 的欧氏距离；σ 为隐含层神经元宽度。

不同径向基函数的曲线如图 4-1 所示。

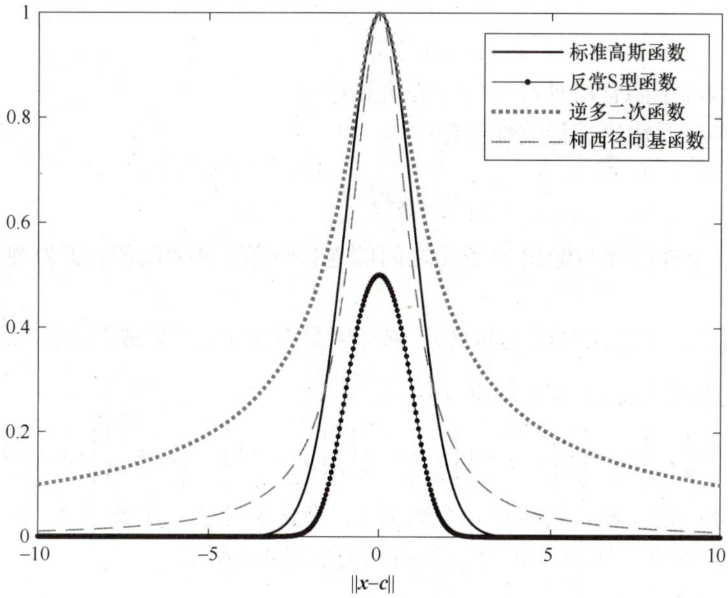

图 4-1　几种常见的径向基函数

图 4-1 彩图

可以看出，径向基函数呈现出局部响应特性：当样本 $\boldsymbol{x}$ 和中心 $\boldsymbol{c}$ 距离越近，径向基函数值就越大；当样本 $\boldsymbol{x}$ 和中心 $\boldsymbol{c}$ 距离逐渐增大时，函数值会逐渐减小。

4.2　径向基函数神经网络工作原理

4.2.1　径向基函数神经网络结构

RBF 神经网络结构如图 4-2 所示，它是由输入层、隐含层和输出层组成的前馈神经网络。

输入层接收输入信号，并将输入信号传递到隐含层。

隐含层采用径向基函数(如高斯函数)作为激活函数，对输入信号进行处理。这种处理方式可以实现输入信号离隐含层神经元的中心点越远，隐含层神经元的激活程度越低。Φ_j 表示隐含层第 j 个神经元的输出，可以描述为

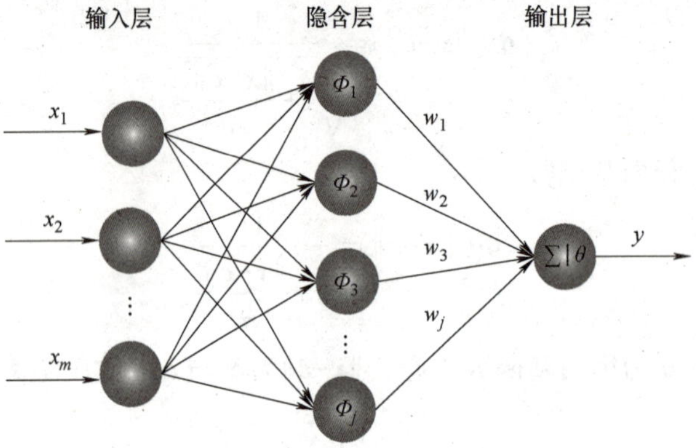

图 4-2　径向基函数神经网络结构

$$\boldsymbol{\Phi}_j(\boldsymbol{x}) = \mathrm{e}^{-\frac{\|\boldsymbol{x}-\boldsymbol{c}_j\|^2}{\sigma_j^2}} \tag{4-6}$$

式中，$\boldsymbol{c}_j$ 和 $\boldsymbol{\sigma}_j$ 分别为第 j 个隐含层神经元的中心值和宽度。

输出层对隐含层神经元输出进行线性处理

$$y = \sum_{j=1}^{J} w_j \boldsymbol{\Phi}_j(\boldsymbol{x}) - \theta \tag{4-7}$$

式中，w_j 为隐含层第 j 个神经元与输出神经元之间的连接权值；θ 为阈值；J 为神经网络隐含层神经元数。

例 4-1　试用含有 2 个隐含层神经元的 RBF 神经网络解决下述“异或”问题(如图 4-3 所示)，RBF 神经网络隐含层的激活函数为 $\boldsymbol{\Phi}(\boldsymbol{x}) = \mathrm{e}^{-\frac{\|\boldsymbol{x}-\boldsymbol{c}\|^2}{\sigma^2}}$。

$$\left\{\boldsymbol{x}_1 = \begin{bmatrix}0\\0\end{bmatrix}, y_{d1} = 0\right\},\ \left\{\boldsymbol{x}_2 = \begin{bmatrix}0\\1\end{bmatrix}, y_{d2} = 1\right\},\ \left\{\boldsymbol{x}_3 = \begin{bmatrix}1\\0\end{bmatrix}, y_{d3} = 1\right\},\ \left\{\boldsymbol{x}_4 = \begin{bmatrix}1\\1\end{bmatrix}, y_{d4} = 0\right\}$$

解： 根据问题描述，建立输入层神经元个数为 2、隐含层神经元个数为 2、输出层神经元个数为 1 的 RBF 神经网络。所建 RBF 神经网络结构如图 4-4 所示。

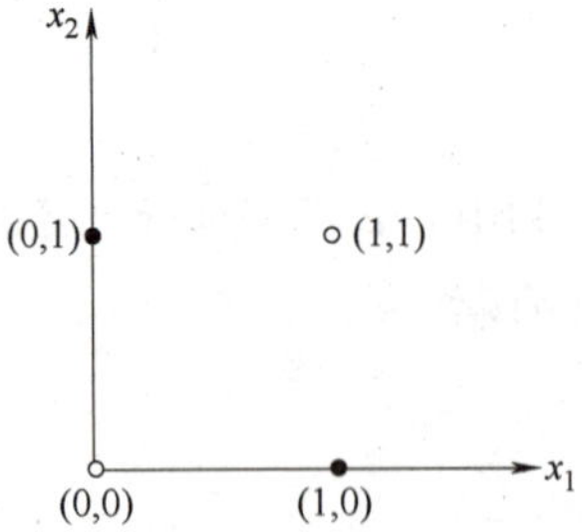

图 4-3　“异或”问题

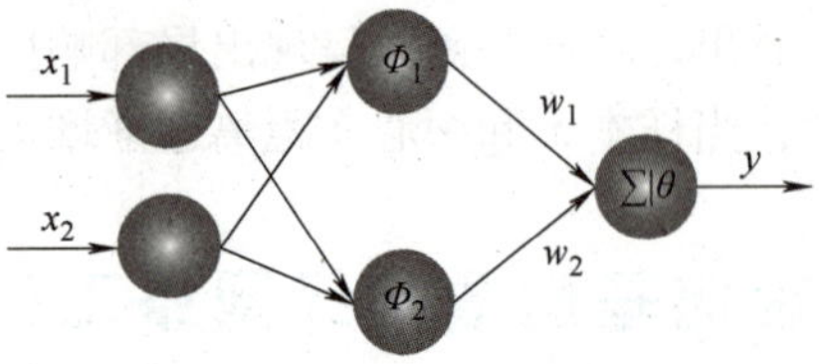

图 4-4　所建 RBF 神经网络结构

为确定 RBF 神经网络参数，将样本 $\boldsymbol{x}_1$ 与 $\boldsymbol{x}_4$ 的输入分别作为隐含层神经元的中心，同时考虑到其余样本与中心的距离，将宽度设为 1。通过调整隐含层与输出层的连接权值以实现分类样本的目的。最终，所构建 RBF 神经网络参数为

$$\begin{bmatrix}\boldsymbol{c}_1\\ \boldsymbol{c}_2\end{bmatrix} = \begin{bmatrix}0 & 0\\ 1 & 1\end{bmatrix},\ \begin{bmatrix}\sigma_1\\ \sigma_2\end{bmatrix} = \begin{bmatrix}1\\ 1\end{bmatrix},\ \begin{bmatrix}w_1\\ w_2\\ \theta\end{bmatrix} = \begin{bmatrix}-2.5018\\ -2.5018\\ -2.8404\end{bmatrix}$$

将四个样本输入分别送入所建立的 RBF 神经网络，得到四个样本的网络输出如下

$$y_1=\sum_{j=1}^{J}w_j\Phi_j(\boldsymbol{x}_1)-\theta=\begin{bmatrix}-2.5018\\-2.5018\end{bmatrix}^{\mathrm{T}}\times[\mathrm{e}^0,\mathrm{e}^{-2}]^{\mathrm{T}}+2.8404=0.000018\approx 0 \tag{4-8}$$

$$y_2=\sum_{j=1}^{J}w_j\Phi_j(\boldsymbol{x}_2)-\theta=\begin{bmatrix}-2.5018\\-2.5018\end{bmatrix}^{\mathrm{T}}\times[\mathrm{e}^{-1},\mathrm{e}^{-1}]^{\mathrm{T}}+2.8404=0.9997\approx 1 \tag{4-9}$$

$$y_3=\sum_{j=1}^{J}w_j\Phi_j(\boldsymbol{x}_3)-\theta=\begin{bmatrix}-2.5018\\-2.5018\end{bmatrix}^{\mathrm{T}}\times[\mathrm{e}^{-1},\mathrm{e}^{-1}]^{\mathrm{T}}+2.8404=0.9997\approx 1 \tag{4-10}$$

$$y_4=\sum_{j=1}^{J}w_j\Phi_j(\boldsymbol{x}_4)-\theta=\begin{bmatrix}-2.5018\\-2.5018\end{bmatrix}^{\mathrm{T}}\times[\mathrm{e}^{-2},\mathrm{e}^{0}]^{\mathrm{T}}+2.8404=0.000018\approx 0 \tag{4-11}$$

结果显示，网络输出与期望输出一致。因此，通过 RBF 神经网络能够对上述样本数据进行正确的分类，解决“异或”问题。

4.2.2　径向基函数神经网络万能逼近能力

1989 年，George Cybenko 和 Kurt Hornik 等人证明一个前馈神经网络如果具有线性输出层和至少一层具有“挤压”性质的激活函数的隐含层，只要给予网络足够数量的隐含单元，可以以任意精度逼近任意可测函数，这一定理被称为万能近似定理(Universal Approximation Theorem)。1991 年，Jooyoung Park 和 Irwin W. Sandberg 证明了 RBF 神经网络同样具有优良的逼近特性，可以在一个紧集上一致逼近任何连续函数。RBF 神经网络的逼近定理具体描述说明如下

令 G：$\mathbf{R}^{m_0}\to\mathbf{R}$ 是一个可积的有界连续函数，且满足

$$\int_{\mathbf{R}^{m_0}}G(\boldsymbol{x})\,\mathrm{d}\boldsymbol{x}\neq 0 \tag{4-12}$$

令 φ_G 表示一个 RBF 网络族，它由函数 F：$\mathbf{R}^{m_0}\to\mathbf{R}$ 组成，其中

$$F(\boldsymbol{x})=\sum_{j=1}^{J}w_jG\left(\frac{\boldsymbol{x}-\boldsymbol{c}_j}{\sigma}\right) \tag{4-13}$$

式中，$\sigma>0$；对于所有的 $j=1$，2，…，J 有 $w_j\in\mathbf{R}$ 且 $\boldsymbol{c}_j\in\mathbf{R}^{m_0}$。可以叙述 RBF 网络的通用逼近定理如下

对任何输入-输出映射函数 $f(\boldsymbol{x})$，存在一个 RBF 网络，其中心集合为 $\{\boldsymbol{c}_j\}_{j=1}^{J}$，公共宽度为 $\sigma>0$，使得由该 RBF 网络实现的输入输出映射函数 $F(x)$ 在 $L_p(p\in[1,+\infty])$ 范数下接近 $f(x)$。

RBF 网络和 BP 网络作为非线性多层前向网络，都是通用的逼近器。但由于两个网络使用的激活函数不同，逼近性能也不相同。BP 网络的隐含层神经元采用输入模式与权向量的内积作为激活函数的自变量，激活函数则采用 Sigmoid 函数，因此 BP 网络是对非线性映射的全局逼近。RBF 神经网络最显著的特点是隐含层神经元采用输入与中心向量的距离(如欧氏距离)作为函数的自变量，并使用径向基函数(如高斯函数)作为激活函数，径向基函数关于 N 维空间的一个中心点具有径向对称性，而且神经元的输入离该中心点越远，神经元的激活程度就越低，因此，RBF 神经网络是对非线性输入输出映射的局部逼近。

由于 RBF 网络能够逼近任意的非线性函数，可以处理系统内在难以解析的规律并具有较快的学习收敛速度，因此 RBF 神经网络有较为广泛的应用。目前 RBF 网络已成功地应用于非线性函数逼近、时间序列分析、数据分类、模式识别、信息处理、图像处理、系统建模、控制和故障诊断等方面。

例 4-2 试用具有 3 个隐含层神经元的 RBF 神经网络实现对以下函数的逼近，RBF 神经网络隐含层激活函数为 $\boldsymbol{\Phi}(\boldsymbol{x})=\mathrm{e}^{-\frac{\|x-c\|^2}{\sigma^2}}$。

$$y=x^2,-3\leqslant x\leqslant 3 \tag{4-14}$$

解： 根据题目要求，所构建具有 3 个隐含层神经元的 RBF 神经网络结构如图 4-5 所示。

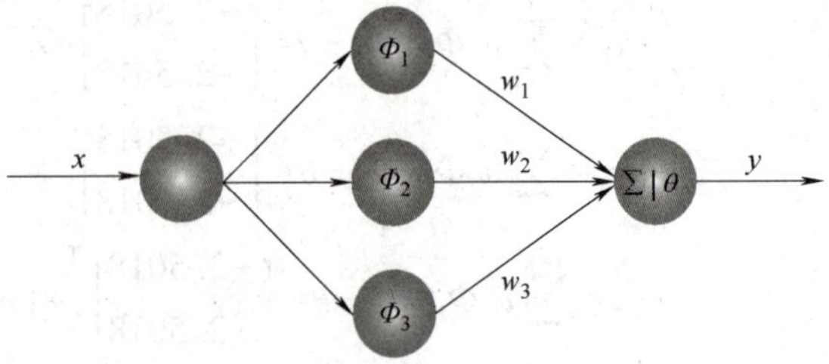

图 4-5 所构建 RBF 神经网络结构

为确定 RBF 神经网络参数，在输入范围内选择等距的三个样本输入(-2,0,2)作为隐含层神经中心，并设置中心点间距离作为宽度。同时为实现函数逼近，对连接权值进行确定。最终，所构建 RBF 神经网络参数为

$$\begin{bmatrix}c_1\\c_2\\c_3\end{bmatrix}=\begin{bmatrix}-2\\0\\2\end{bmatrix},\quad \begin{bmatrix}\sigma_1\\\sigma_2\\\sigma_3\end{bmatrix}=\begin{bmatrix}2\\2\\2\end{bmatrix},\quad \begin{bmatrix}w_1\\w_2\\w_3\\\theta\end{bmatrix}=\begin{bmatrix}-9.3688\\-10.4826\\-9.3688\\-17.4148\end{bmatrix}$$

为验证所建立神经网络的逼近性质，分别取 7 个不同的样本输入值，对比期望输出与网络输出值，具体结果见表 4-1。

表 4-1 不同样本输入值所对应的期望输出与网络输出

x	-3	-2	-1	0	1	2	3
期望输出	9	4	1	0	1	4	9
网络输出	8.9950	4.0167	0.9642	0.0354	0.9642	4.0167	8.9950

在输入范围内取多个样本输入值，计算并绘制其期望输出值与网络输出值的图像，结果如图 4-6 所示。

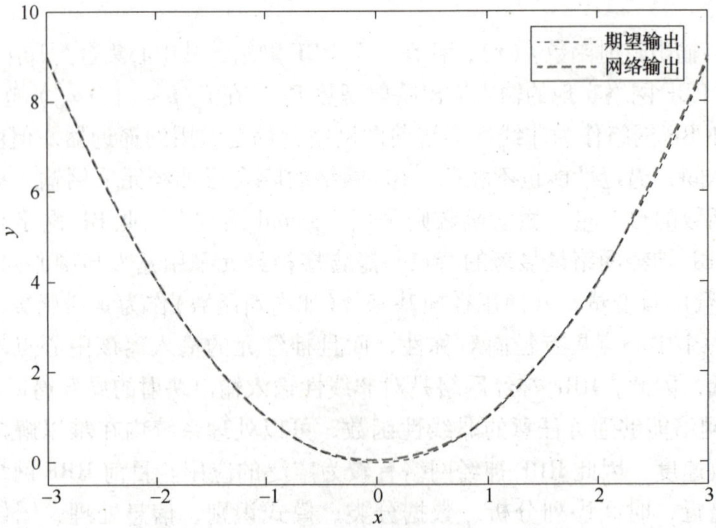

图 4-6 函数逼近

由此得出，所建立 RBF 神经网络可以实现对函数 $y=x^2$ 的逼近。因此，通过设计合理的 RBF 神经网络结构及参数可以实现对非线性函数的精确逼近。

4.3　径向基函数神经网络学习算法

RBF 神经网络设计包括结构设计和参数学习。在隐含层神经元个数确定之后，可以通过对网络参数的学习来提高网络的学习精度。RBF 神经网络的参数学习过程主要是根据样本，利用参数学习算法对隐含层神经元中心、宽度以及隐含层到输出层的连接权值进行确定。下面介绍几种最常用的学习算法。

4.3.1　线性最小二乘法

假定 RBF 神经网络的隐含层神经元中心与宽度已根据训练样本的输入确定且固定，只需考虑对隐含层与输出层连接权值进行确定，那么对连接权值的更新就等价于线性网络的训练。考虑如下训练数据点

$$\{\boldsymbol{x}_1,y_{d1}\},\{\boldsymbol{x}_2,y_{d2}\},\cdots,\{\boldsymbol{x}_p,y_{dp}\},\cdots,\{\boldsymbol{x}_P,y_{dP}\} \tag{4-15}$$

式中，$\boldsymbol{x}_p$ 为神经网络第 p 个样本的输入向量；y_{dp} 为第 p 个样本的期望输出。对于训练样本中的每一个输入 $\boldsymbol{x}_p$，所对应的隐含层输出计算为

$$\boldsymbol{\Phi}_p=\boldsymbol{\Phi}\|\boldsymbol{x}_p-\boldsymbol{c}_j\| \tag{4-16}$$

因为隐含层中的中心和宽度值不再调整，所以隐含层到输出层的训练样本变为

$$\{\boldsymbol{\Phi}_1,y_1\},\{\boldsymbol{\Phi}_2,y_2\},\cdots,\{\boldsymbol{\Phi}_P,y_P\} \tag{4-17}$$

网络输出为

$$y_p=\boldsymbol{w}\boldsymbol{\Phi}_p-\theta \tag{4-18}$$

为了确定连接权值 $\boldsymbol{w}$ 和阈值 θ，首先定义神经网络的性能评价指标（误差平方和）

$$F(\boldsymbol{w},\theta)=\sum_{p=1}^{P}(y_{dp}-y_p)^2 \tag{4-19}$$

为了简化讨论，将需要调整的所有参数（包括阈值）整合到一个向量

$$\boldsymbol{w}^*=\begin{bmatrix}\boldsymbol{w}\\-\theta\end{bmatrix} \tag{4-20}$$

类似地，将阈值的输入“1”作为输入向量的一部分

$$\boldsymbol{z}_p=\begin{bmatrix}\boldsymbol{\Phi}_p\\1\end{bmatrix} \tag{4-21}$$

通常写为如下形式的网络输出

$$y_p=\boldsymbol{w}^{\mathrm{T}}\boldsymbol{\Phi}_p-\theta \tag{4-22}$$

现在可以写为

$$y_p=\boldsymbol{w}^{*\mathrm{T}}\boldsymbol{z}_p \tag{4-23}$$

这样可以方便地写出性能评价指标（误差平方和）的表达式

$$F(\boldsymbol{w}^*)=\sum_{p=1}^{P}(e_p)^2=\sum_{p=1}^{P}(y_{dp}-y_p)^2=\sum_{p=1}^{P}(y_{dp}-\boldsymbol{w}^{*\mathrm{T}}z_p)^2 \tag{4-24}$$

为了将其以矩阵形式表示，定义如下矩阵

$$y=\begin{bmatrix} y_{d1} \\ y_{d2} \\ \vdots \\ y_{dP} \end{bmatrix},\quad U=\begin{bmatrix} z_1^{\mathrm{T}} \\ z_2^{\mathrm{T}} \\ \vdots \\ z_p^{\mathrm{T}} \end{bmatrix},\quad e=\begin{bmatrix} e_1 \\ e_2 \\ \vdots \\ e_P \end{bmatrix} \tag{4-25}$$

现在，可将误差写为

$$e=y-Uw^* \tag{4-26}$$

性能评价指标变为

$$F(w^*)=(y-Uw^*)^{\mathrm{T}}(y-Uw^*) \tag{4-27}$$

使用正则化方法防止过拟合，可以得到如下形式的性能指标

$$F(w^*)=(y-Uw^*)^{\mathrm{T}}(y-Uw^*)+\rho\sum_{i=1}^{n} w_i^{*2}=(y-Uw^*)^{\mathrm{T}}(y-Uw^*)+\rho w^{*\mathrm{T}}w^* \tag{4-28}$$

将该式展开，可得

$$\begin{aligned} F(w^*)&=(y-Uw^*)^{\mathrm{T}}(y-Uw^*)+\rho w^{*\mathrm{T}}w^*=y^{\mathrm{T}}y-2y^{\mathrm{T}}Uw^*+w^{*\mathrm{T}}U^{\mathrm{T}}Uw^*+\rho w^{*\mathrm{T}}w^* \\ &=y^{\mathrm{T}}y-2y^{\mathrm{T}}Uw^*+w^{*\mathrm{T}}(U^{\mathrm{T}}U+\rho I)w^* \end{aligned} \tag{4-29}$$

式中，I 为单位矩阵。

仔细观察式 4-29，并将它与二次函数的一般形式比较

$$F(w^*)=c+d^{\mathrm{T}}w^*+\frac{1}{2}w^{*\mathrm{T}}Hw^* \tag{4-30}$$

性能函数是一个二次函数，其中

$$c=y^{\mathrm{T}}y,\quad d=-2U^{\mathrm{T}}y,\quad H=2(U^{\mathrm{T}}U+\rho I) \tag{4-31}$$

二次函数的性质主要取决于黑塞(Hessian)矩阵 H。例如，如果 Hessian 矩阵的特征值全为正，则函数将只有一个全局极小点。

现在确定性能评价指标的驻点。可知，梯度为

$$\nabla F(w^*)=\nabla\left(c+d^{\mathrm{T}}w^*+\frac{1}{2}w^{*\mathrm{T}}Hw^*\right)=d+Hw^*=-2U^{\mathrm{T}}y+2(U^{\mathrm{T}}U+\rho I)w^* \tag{4-32}$$

可通过将梯度置为 $\mathbf{0}$ 得到 $F(x)$ 的驻点

$$-2U^{\mathrm{T}}y+2(U^{\mathrm{T}}U+\rho I)w^*=\mathbf{0}\Rightarrow(U^{\mathrm{T}}U+\rho I)w^*=U^{\mathrm{T}}y \tag{4-33}$$

因此，最优权值 w^* 可以从如下表达式求得

$$(U^{\mathrm{T}}U+\rho I)w^*=U^{\mathrm{T}}y \tag{4-34}$$

如果 Hessian 矩阵是正定的，就会有唯一为强极小点的驻点

$$w^*=(U^{\mathrm{T}}U+\rho I)^{-1}U^{\mathrm{T}}y \tag{4-35}$$

4.3.2 梯度下降法

RBF 神经网络的梯度下降方法与 BP 算法训练多层感知器神经网络的原理类似，也是通过最小化性能评价指标函数实现对各隐含层神经元的中心、宽度和连接权值的调节。这里给出基于梯度下降的 RBF 神经网络学习方法。

首先，定义网络评价函数

$$E=\frac{1}{2}\sum_{p=1}^{P} e_p^2 \tag{4-36}$$

式中，P 为样本数量。误差 e_p 定义为

$$e_p = y_{dp} - F(\boldsymbol{x}_p) = y_{dp} - \sum_{j=1}^{J} w_j \Phi_j(\boldsymbol{x}_p) \tag{4-37}$$

式中，e_p 为第 p 个样本时网络的输出误差；y_{dp} 为第 p 个输入样本的期望输出值；$F(\boldsymbol{x}_p)$ 为第 p 个样本输入时网络的实际输出值。

计算神经网络输出函数 $F(\boldsymbol{x}_p)$ 对各隐含层神经元的中心、宽度和连接权值的梯度

$$\begin{aligned}
\nabla_{\boldsymbol{c}_j} F(\boldsymbol{x}) &= \frac{2w_j}{\sigma_j^2} \Phi_j(\boldsymbol{x}_p)(\boldsymbol{x}_p - \boldsymbol{c}_j) \\
\nabla_{\sigma_j} F(\boldsymbol{x}) &= \frac{2w_j}{\sigma_j^3} \Phi_j(\boldsymbol{x}_p) \|\boldsymbol{x}_p - \boldsymbol{c}_j\|^2 \\
\nabla_{w_j} F(\boldsymbol{x}) &= \Phi_j(\boldsymbol{x}_p)
\end{aligned} \tag{4-38}$$

考虑所有训练样本的影响，各隐含层神经元的中心 $\boldsymbol{c}$、宽度 σ 和连接权值 $\boldsymbol{w}$ 的调节量为

$$\begin{aligned}
\Delta_{\boldsymbol{c}_j} &= \eta \frac{2w_j}{\sigma_j^2} \sum_{p=1}^{P} e_p \Phi_j(\boldsymbol{x}_p)(\boldsymbol{x}_p - \boldsymbol{c}_j) \\
\Delta_{\sigma_j} &= \eta \frac{2w_j}{\sigma_j^3} \sum_{p=1}^{P} e_p \Phi_j(\boldsymbol{x}_p) \|\boldsymbol{x}_p - \boldsymbol{c}_j\|^2 \\
\Delta_{w_j} &= \eta \sum_{p=1}^{P} e_p \Phi_j(\boldsymbol{x}_p)
\end{aligned} \tag{4-39}$$

式中，Φ_j 为第 j 个隐含层神经元的输出；η 为学习率。

确定每个参数的调整量，则 RBF 神经网络的参数更新规则为

$$\begin{cases}
\boldsymbol{c}_j(k+1) = \boldsymbol{c}_j(k) - \Delta \boldsymbol{c}_j(k) \\
\sigma_j(k+1) = \sigma_j(k) - \Delta \sigma_j(k) \\
w_j(k+1) = w_j(k) - \Delta w_j(k)
\end{cases} \tag{4-40}$$

式中，$\boldsymbol{c}_j(k)$、$\sigma_j(k)$、$w_j(k)$ 分别为网络第 k 次训练参数的值，$\boldsymbol{c}_j(k+1)$、$\sigma_j(k+1)$、$w_j(k+1)$ 为调整后的参数，$\Delta \boldsymbol{c}_j(k)$、$\Delta \sigma_j(k)$、$\Delta w_j(k)$ 为当前的调整量。

4.3.3　LM 算法

由于一阶学习算法收敛时间较长，因此在许多研究中二阶学习算法被用于训练 RBF 神经网络以及其他前馈型神经网络。常见的二阶梯度算法主要包括牛顿法和在其基础上改进的 Levenberg-Marquardt（LM）算法。

牛顿法通过目标函数的二阶泰勒多项式，在极小点附近对目标函数进行近似，进而得到极小点的估计值。算法描述如下。

设 $f(x)$ 是二次可导的目标函数，$x \in \mathbf{R}^n$。若 x_k 为 $f(x)$ 的极小点的一个估计，在 x_k 处对 $f(x)$ 进行二阶泰勒展开，得其近似值

$$f(x) = f(x_k) + \nabla f(x_k)^{\mathrm{T}}(x - x_k) + \frac{1}{2}(x - x_k)^{\mathrm{T}} \nabla^2 f(x_k)(x - x_k) \tag{4-41}$$

式中，$\nabla f(x_k)$ 为 $f(x)$ 在 x_k 处的梯度；$\nabla^2 f(x_k)$ 为 $f(x)$ 在 x_k 处的 Hessian 矩阵。为求极小点，令

$$\nabla f(x)=\mathbf{0}$$

则有

$$\nabla f(x_k)+\nabla^2 f(x_k)(x-x_k)=\mathbf{0} \tag{4-42}$$

若矩阵 $\nabla^2 f(x_k)$ 可逆，则可得牛顿法的迭代公式如下

$$x_{k+1}=x_k-\nabla^2 f(x_k)^{-1}\nabla f(x_k) \tag{4-43}$$

式中，$\nabla^2 f(x_k)^{-1}$ 为 $\nabla^2 f(x_k)$ 的逆矩阵。由公式依次迭代可得解序列 $\{x_k\}$，若该序列收敛，则得到求解问题的最优解。

当牛顿法用于神经网络参数训练时，网络性能评价指标函数 $f(x)$ 通常为均方误差函数 E，E 是关于网络参数的函数

$$f(\boldsymbol{\psi})=E=\frac{1}{2}\sum_{p=1}^{P}(y_{dp}-y_p)^2 \tag{4-44}$$

式中，P 为训练样本总数；y_{dp} 为期望输出；y_p 为网络输出。对于牛顿法，其参数迭代公式如下

$$\boldsymbol{\psi}_{k+1}=\boldsymbol{\psi}_k-\boldsymbol{H}_k^{-1}\boldsymbol{g}_k \tag{4-45}$$

式中，$\boldsymbol{H}$ 为黑塞矩阵；$\boldsymbol{g}$ 为梯度向量。对黑塞矩阵的计算如下

$$\boldsymbol{H}=\begin{bmatrix} \frac{\partial^2 f(\boldsymbol{\psi})}{\partial \psi_1^2} & \frac{\partial^2 f(\boldsymbol{\psi})}{\partial \psi_1 \partial \psi_2} & \cdots & \frac{\partial^2 f(\boldsymbol{\psi})}{\partial \psi_1 \partial \psi_N} \\ \frac{\partial^2 f(\boldsymbol{\psi})}{\partial \psi_2 \partial \psi_1} & \frac{\partial^2 f(\boldsymbol{\psi})}{\partial \psi_2^2} & \cdots & \frac{\partial^2 f(\boldsymbol{\psi})}{\partial \psi_2 \partial \psi_N} \\ \vdots & \vdots & & \vdots \\ \frac{\partial^2 f(\boldsymbol{\psi})}{\partial \psi_N \partial \psi_1} & \frac{\partial^2 f(\boldsymbol{\psi})}{\partial \psi_N \partial \psi_2} & \cdots & \frac{\partial^2 f(\boldsymbol{\psi})}{\partial \psi_N^2} \end{bmatrix} \tag{4-46}$$

对梯度向量 $\boldsymbol{g}$ 的计算如下

$$\boldsymbol{g}=\left[\frac{\partial f(\boldsymbol{\psi})}{\partial \psi_1},\frac{\partial f(\boldsymbol{\psi})}{\partial \psi_2},\cdots,\frac{\partial f(\boldsymbol{\psi})}{\partial \psi_N}\right]^{\mathrm{T}} \tag{4-47}$$

黑塞矩阵的正定型是二阶梯度算法收敛的前提和保证。因此，为了避免算法迭代过程中出现病态或奇异的矩阵，对式(4-45)进行修改

$$\boldsymbol{\psi}_{k+1}=\boldsymbol{\psi}_k-(\boldsymbol{H}_k+\lambda \boldsymbol{I})^{-1}\boldsymbol{g}_k \tag{4-48}$$

式中，λ 为取值为正常数的学习率参数；$\boldsymbol{I}$ 是单位矩阵。式(4-48)即为经典的 Levenberg-Marquardt(LM)算法。

根据式(4-44)所给出的性能指标函数，计算当前的黑塞矩阵和梯度向量，黑塞矩阵计算为

$$\boldsymbol{H}(i,j)=\frac{\partial^2 f(\boldsymbol{\psi})}{\partial \psi_i \partial \psi_j}=\sum_{p=1}^{P}\left(\frac{\partial e_p}{\partial \psi_i}\frac{\partial e_p}{\partial \psi_j}+e_p\frac{\partial^2 e_p}{\partial \psi_i \partial \psi_j}\right)=\boldsymbol{J}^{\mathrm{T}}\boldsymbol{J}+\sum_{p=1}^{P}e_p\nabla^2 e_p\approx \boldsymbol{J}^{\mathrm{T}}\boldsymbol{J} \tag{4-49}$$

当性能评价指标函数接近最小值时，$\sum_{p=1}^{P}e_p\nabla^2 e_p$ 中的元素变得很小，可忽略不计。因此，黑塞矩阵可以近似为

$$\boldsymbol{H}\approx \boldsymbol{J}^{\mathrm{T}}\boldsymbol{J} \tag{4-50}$$

梯度向量计算为

$$\boldsymbol{g}=\left[\sum_{p=1}^{P}e_p\frac{\partial e_p}{\partial\psi_1},\sum_{p=1}^{P}e_p\frac{\partial e_p}{\partial\psi_2},\cdots,\sum_{p=1}^{P}e_p\frac{\partial e_p}{\partial\psi_N}\right]^{\mathrm{T}}=\boldsymbol{J}^{\mathrm{T}}\boldsymbol{e} \tag{4-51}$$

式中，$\boldsymbol{J}$ 为雅可比矩阵，定义如下

$$\boldsymbol{J}=\begin{bmatrix}\frac{\partial e_1}{\partial\psi_1} & \frac{\partial e_1}{\partial\psi_2} & \cdots & \frac{\partial e_1}{\partial\psi_N}\\ \frac{\partial e_2}{\partial\psi_1} & \frac{\partial e_2}{\partial\psi_2} & \cdots & \frac{\partial e_2}{\partial\psi_N}\\ \vdots & \vdots & & \vdots\\ \frac{\partial e_P}{\partial\psi_1} & \frac{\partial e_P}{\partial\psi_2} & \cdots & \frac{\partial e_P}{\partial\psi_N}\end{bmatrix} \tag{4-52}$$

因此，选用 LM 算法对神经网络进行训练时，网络参数调整如下

$$\boldsymbol{\theta}_{k+1}=\boldsymbol{\theta}_k-(\boldsymbol{J}^{\mathrm{T}}\boldsymbol{J}+\lambda\boldsymbol{I})^{-1}\boldsymbol{J}^{\mathrm{T}}\boldsymbol{e} \tag{4-53}$$

对于 RBF 神经网络，需要训练的参数有隐含层神经元的中心 $\boldsymbol{c}$、宽度 $\boldsymbol{\sigma}$、隐节点与输出节点间的连接权值 $\boldsymbol{w}$，因此，上述雅可比矩阵写为

$$\boldsymbol{J}=\begin{bmatrix}\frac{\partial e_1}{\partial w_1} & \cdots & \frac{\partial e_1}{\partial w_J} & \frac{\partial e_1}{\partial c_{1,1}} & \cdots & \frac{\partial e_1}{\partial c_{1,M}} & \cdots & \frac{\partial e_1}{\partial c_{J,1}} & \cdots & \frac{\partial e_1}{\partial c_{J,M}} & \frac{\partial e_1}{\partial\sigma_1} & \cdots & \frac{\partial e_1}{\partial\sigma_J}\\ \frac{\partial e_2}{\partial w_1} & \cdots & \frac{\partial e_2}{\partial w_J} & \frac{\partial e_2}{\partial c_{1,1}} & \cdots & \frac{\partial e_2}{\partial c_{1,M}} & \cdots & \frac{\partial e_2}{\partial c_{J,1}} & \cdots & \frac{\partial e_2}{\partial c_{J,M}} & \frac{\partial e_2}{\partial\sigma_1} & \cdots & \frac{\partial e_2}{\partial\sigma_J}\\ \vdots & & \vdots & \vdots & & \vdots & & \vdots & & \vdots & \vdots & & \vdots\\ \frac{\partial e_P}{\partial w_1} & \cdots & \frac{\partial e_P}{\partial w_J} & \frac{\partial e_P}{\partial c_{1,1}} & \cdots & \frac{\partial e_P}{\partial c_{1,M}} & \cdots & \frac{\partial e_P}{\partial c_{J,1}} & \cdots & \frac{\partial e_P}{\partial c_{J,M}} & \frac{\partial e_P}{\partial\sigma_1} & \cdots & \frac{\partial e_P}{\partial\sigma_J}\end{bmatrix} \tag{4-54}$$

算法执行过程中，学习率参数 λ 根据当前性能评价指标 E 的值进行调整。当性能评价指标达到预期设定值时网络完成参数调整。

4.4　径向基函数神经网络结构设计

RBF 神经网络结构设计主要解决的问题是如何确定网络的隐含层神经元。基于训练样本，RBF 神经网络的结构设计方法可分为两类。在第一类方法中，隐含层神经元中心直接根据样本输入进行确定。在选取样本输入过程中，可以在样本密集处多选，样本稀疏处少选。若样本数据本身是均匀分布的，其中心点样本的选取也可以均匀分布。隐含层神经元的宽度可手动设置或通过一定的规则进行确定。这类方法简单直观，但存在构建的网络结构庞大及网络学习精度较差的问题。在第二类方法中，则是针对待解决的任务，引入其他算法设计网络结构。

例 4-3　随机选取[0,6]区间内的 60 个训练样本，利用它设计 RBF 神经网络，要求网络隐含层神经元中心取自训练样本，以实现神经网络对函数 $y=\sin x$（如图 4-7 所示）的逼近，并利用均方根误差（Root Mean Square Error，RMSE）评价网络学习精度。

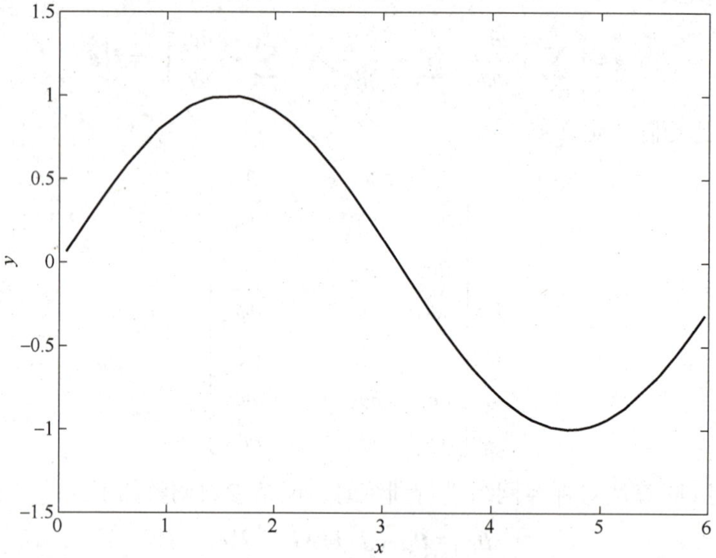

图 4-7　函数 $y=\sin x$

解： 网络构建过程中，将训练样本进行排序后分别等间隔选取 6 或 12 个样本输入作为隐含层神经元中心，宽度分别设为 1 与 0.5，连接权值由线性最小二乘法进行确定。

当所建立 RBF 神经网络隐含层神经元个数为 6 时，网络训练结果如图 4-8 所示。此时，网络学习精度 RMSE 为 0.0411。

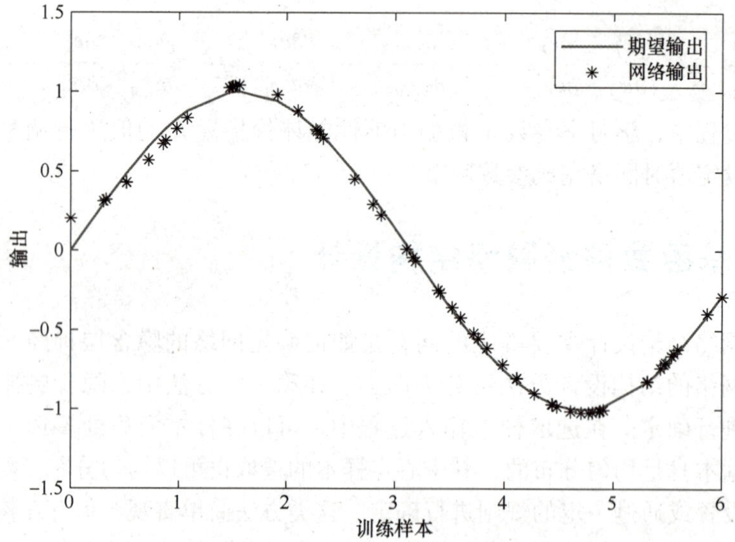

图 4-8　隐含层神经元个数为 6 时网络训练结果（基于径向基函数）

当所建立 RBF 神经网络隐含层神经元个数为 12 时，网络训练结果如图 4-9 所示。此时，网络学习精度 RMSE 为 0.0249。

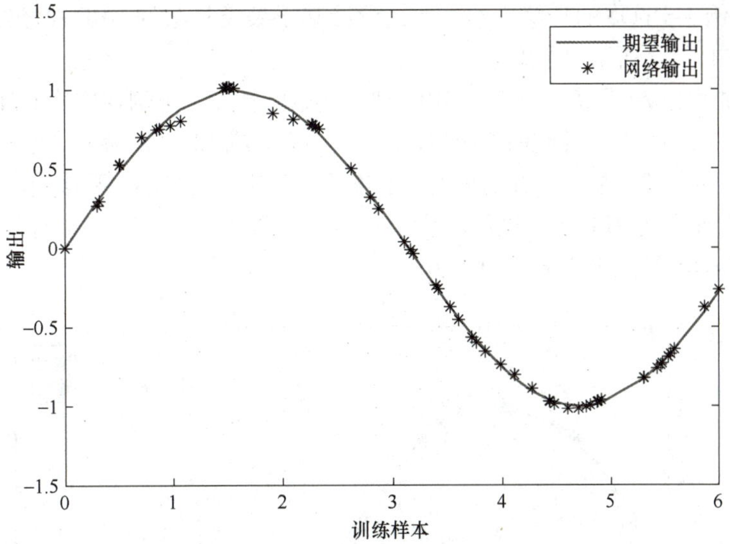

图 4-9　隐含层神经元个数为 12 时网络训练结果(基于径向基函数)

4.4.1　基于聚类的径向基函数神经网络结构设计

1989 年，John Moody 和 Christian J. Darken 提出了一种基于聚类的径向基函数神经网络结构设计，利用 k-means 聚类算法为隐含层神经元确定合适的中心，并根据各中心之间的距离确定神经元宽度。

利用聚类算法确定隐含层神经元中心之前，需要事先预设聚类中心的个数 J(隐含层神经元个数)。应用 k-means 聚类算法确定 RBF 神经网络结构的具体过程如下。

1）选择 J 个互不相同的向量作为初始聚类中心：$\boldsymbol{c}_1(0)$，$\boldsymbol{c}_2(0)$，…，$\boldsymbol{c}_J(0)$

2）计算输入样本与聚类中心的欧氏距离

$$\|\boldsymbol{x}^p-\boldsymbol{c}_j(k)\|, p=1,2,\cdots,P;\ j=1,2,\cdots,J \tag{4-55}$$

3）进行相似匹配，将全部样本划分为 J 个子集：$\boldsymbol{U}_1(k)$，$\boldsymbol{U}_2(k)$，…，$\boldsymbol{U}_J(k)$。对每一个输入样本 $\boldsymbol{x}^P$，根据其与聚类中心的最小欧氏距离确定其归类 $j^*(\boldsymbol{x}^p)$。

$$j^*(\boldsymbol{x}^p)=\min_j\|\boldsymbol{x}^p-\boldsymbol{c}_j(k)\|, p=1,2,\cdots,P \tag{4-56}$$

使得每个子集构成一个以聚类中心为典型代表的聚类域。

4）更新各类的聚类中心，采用各聚类域中的样本取均值。$\boldsymbol{U}_j(k)$ 表示第 j 个聚类域，N_j 为第 j 个聚类域中的样本数，则

$$\boldsymbol{c}_j(k+1)=\frac{1}{N_j}\sum_{\boldsymbol{x}\in\boldsymbol{U}_j(k)}\boldsymbol{x} \tag{4-57}$$

5）各聚类中心确定后，可根据各中心之间的距离确定对应神经元宽度 σ

$$d_j=\min\|\boldsymbol{c}_j-\boldsymbol{c}_i\| \tag{4-58}$$

$$\sigma_j=\lambda d_j \tag{4-59}$$

式中，λ 为可调参数。

最后，利用 k-means 聚类算法得到隐含层神经元的中心和宽度后，可以采用线性最小二乘法等方法确定隐含层与输出层的连接权值。

例 4-4 同例 4-3 选取的训练样本一致，设计基于聚类算法的 RBF 神经网络，以实现对 $y=\sin x$ 函数(如图 4-7 所示)的逼近。

解： 为了方便比较不同方法所建立 RBF 神经网络的精度，本例在构建 RBF 神经网络的过程中，同样建立了两种 RBF 神经网络(预设聚类中心为 6 或 12)，λ 为 1。通过 k-means 聚类算法确定 RBF 神经网络隐含层神经元的中心及宽度后，利用线性最小二乘法确定连接权值。

结果显示：所建立 RBF 神经网络隐含层神经元个数为 6 时，网络训练结果如图 4-10 所示。此时，网络学习精度 RMSE 为 0.0268。

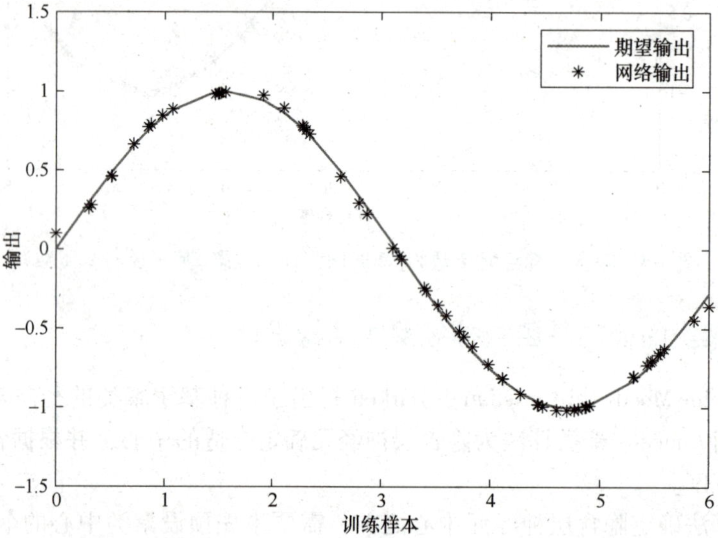

图 4-10 隐含层神经元个数为 6 时网络训练结果(基于聚类算法)

结果显示：所建立 RBF 神经网络隐含层神经元个数为 12 时，网络训练结果如图 4-11 所示。此时，网络学习精度 RMSE 为 0.0219。

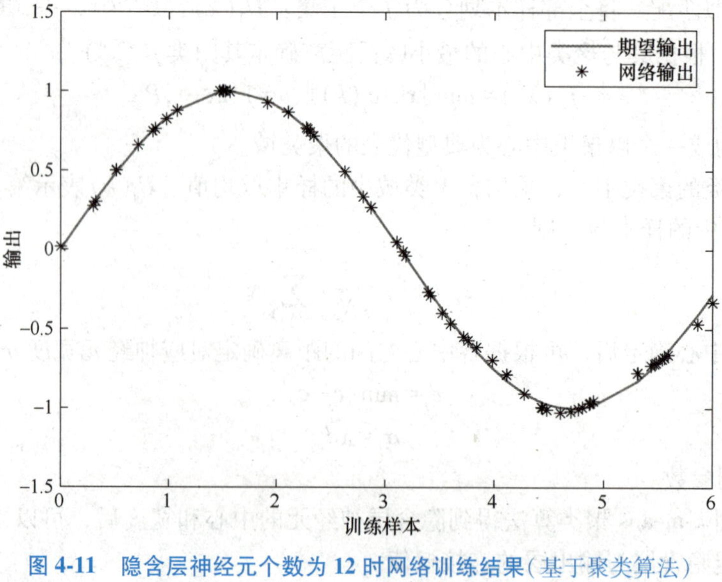

图 4-11 隐含层神经元个数为 12 时网络训练结果(基于聚类算法)

4.4.2　增长型径向基函数神经网络结构设计

本节介绍一种任务驱动的 RBF 神经网络结构增长型设计方法，该方法核心思想是通过不断新增神经元来提高网络的处理能力，其中网络的处理能力可以通过误差进行度量。具体步骤如下。

初始时刻，网络隐含层神经元个数为 0。寻找当前网络最大绝对残差所对应的数据样本，即最大绝对期望输出的样本 k_1：

$$k_1 = \operatorname{argmax}(\|y_{d1}\|,\|y_{d2}\|,\cdots,\|y_{dp}\|,\cdots\|y_{dP}\|) \tag{4-60}$$

式中，P 为训练样本的个数，y_{dp} 为第 p 个样本的期望输出。依据样本 k_1 确定第一个 RBF 神经元参数如下

$$\boldsymbol{c}_1 = \boldsymbol{x}_{k_1} \tag{4-61}$$

$$w_1 = y_{d_{k_1}} \tag{4-62}$$

$$\sigma_1 = 1 \tag{4-63}$$

在 t 时刻，新增第 t 个隐含层神经元。此时，对所有训练集样本，计算残差向量如下

$$\boldsymbol{e}(t) = (e_1(t), e_2(t), \cdots, e_p(t), \cdots, e_P(t))^{\mathrm{T}} \tag{4-64}$$

式中，第 p 个样本的残差值计算如下

$$e_p(t) = y_p(t) - y_{dp} \tag{4-65}$$

式中，y_{dp} 和 $y_p(t)$ 分别为第 p 个样本的期望输出以及 t 时刻的实际输出。

寻找当前残差峰值点所在位置

$$k_t = \operatorname{argmax}\|\boldsymbol{e}(t)\| \tag{4-66}$$

可认为当前网络对第 k_t 个样本的学习能力不够。因此需要增加一个 RBF 神经元对当前样本进行学习，新增神经元中心向量和连接权值设置如下

$$\boldsymbol{c}_t = \boldsymbol{x}_{k_t} \tag{4-67}$$

$$w_{k_t} = y_{dk_t} \tag{4-68}$$

RBF 神经元模拟了生物神经元局部响应特性，若两个神经元距离较近且径向作用范围都较大，则易产生相同的作用，进而造成网络结构上的冗余。为了避免结构冗余的问题，则希望已有 RBF 神经元对当前新增神经元影响较小。当满足下式时，已有神经元对新增神经元影响较小。

$$\mathrm{e}^{-\frac{\|\boldsymbol{c}_{\min}-\boldsymbol{c}_t\|^2}{\sigma_t^2}} \leqslant 0.1 \tag{4-69}$$

式中，$\boldsymbol{c}_{\min}$ 表示距离新增神经元最近的既有隐含层神经元

$$\boldsymbol{c}_{\min} = \operatorname{argmin}(\operatorname{dist}(\boldsymbol{c}_t, \boldsymbol{c}_{j\neq t})) \tag{4-70}$$

因此，新增第 t 个隐含层神经元的宽度为

$$\sigma_t \leqslant 0.7\|\boldsymbol{c}_t - \boldsymbol{c}_{\min}\| \tag{4-71}$$

每新增加一个神经元后，对所有网络参数进行调整。

最后，当达到预设的网络结构或者网络精度后，RBF 神经网络构建完成。

例 4-5　基于与例 4-3 一致的训练样本，设计结构增长型的 RBF 神经网络，以实现对 $y=\sin x$ 函数(见图 4-7)的逼近。

解： 为解决上述问题，同样选取与例 4-3 一致的训练样本，预设网络精度为 RMSE =

0.001，最大神经元个数为10。RBF神经网络构建过程如下。

初始时刻，网络隐含层神经元个数置0。然后，新增第1个隐含层神经元。寻找当前训练样本中期望输出绝对值最大的样本，该样本的输入为1.5619，期望输出为0.99996。因此，第1个隐含层神经元的初始中心为1.5619，初始宽度为1。然后，利用LM算法对当前神经网络参数进行更新，具体过程如图4-12所示。

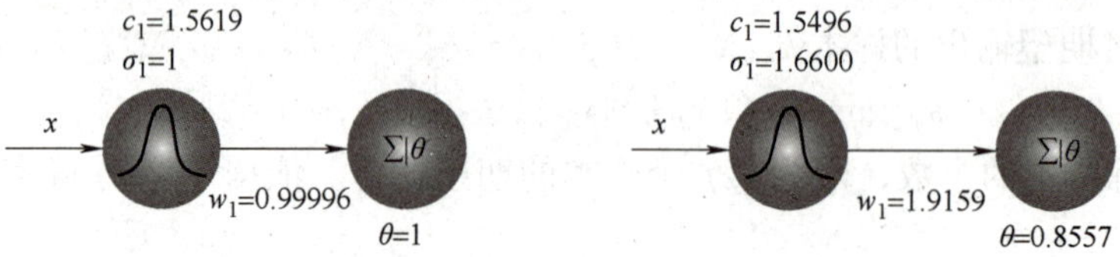

图4-12 新增第1个隐含层神经元的RBF神经网络训练过程

利用当前RBF神经网络逼近$y=\sin x$函数。如图4-13所示，分别为当前网络(含有1个隐含层神经元)训练结果与误差，可以看出，与初始时刻相比，误差峰值点已发生改变(初始时刻误差峰值点为期望输出最大值点)。当前时刻误差峰值点所在样本的输入为6，期望输出为-0.2794。

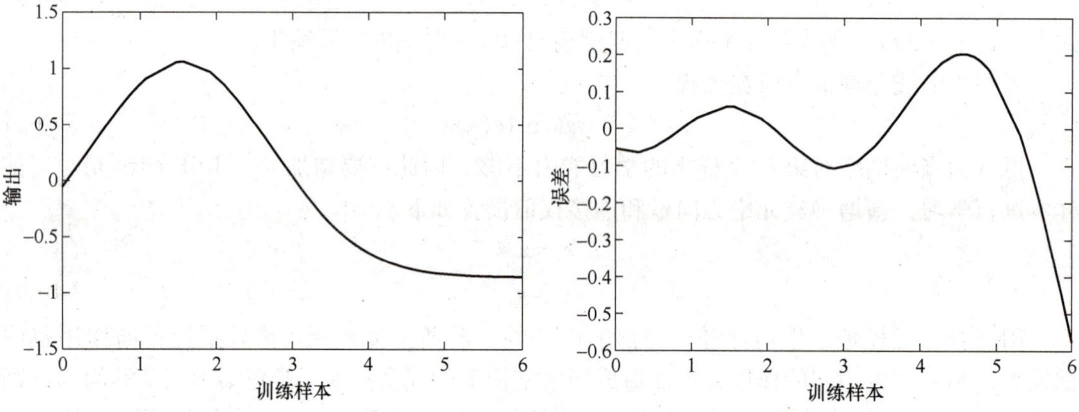

图4-13 当前神经网络(含有1个隐含层神经元)的训练结果与误差

当前网络精度为RMSE=0.1434，未达到预设精度。因此，在此基础上继续新增神经元。由图4-13可得，当前网络误差峰值点所在样本的输入为6，因此设第2个神经元的初始中心为6，初始宽度为2.2252(这里取$\sigma_t=0.5\|\boldsymbol{c}_t-\boldsymbol{c}_{\min}\|$)，同样利用LM算法对参数进行更新，具体过程如图4-14所示。

利用当前RBF神经网络逼近$y=\sin x$函数。图4-15为当前网络(含有2个隐含层神经元)训练结果与误差。

可以看出，图4-13中的原误差峰值点已消除。当前网络精度RMSE=0.0051，仍未达到预设精度。再次按上述过程，通过不断寻找当前网络最大绝对残差所对应的样本，并新增神经元，扩大RBF网络规模，可以使得网络误差逐渐减小。表4-2为不断新增神经元后网络训练的误差变化。

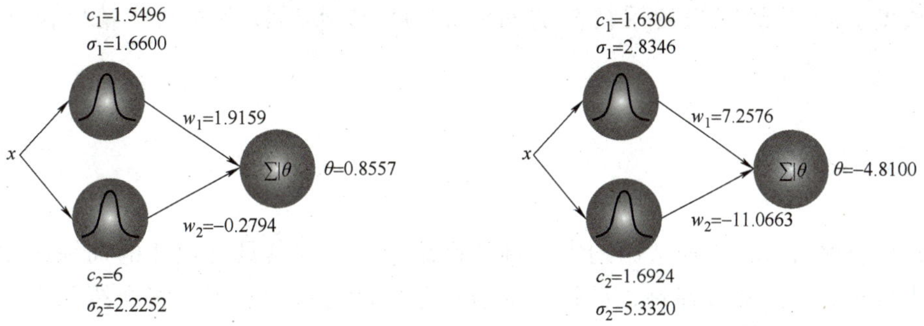

图 4-14　新增第 2 个隐含层神经元的 RBF 神经网络训练过程

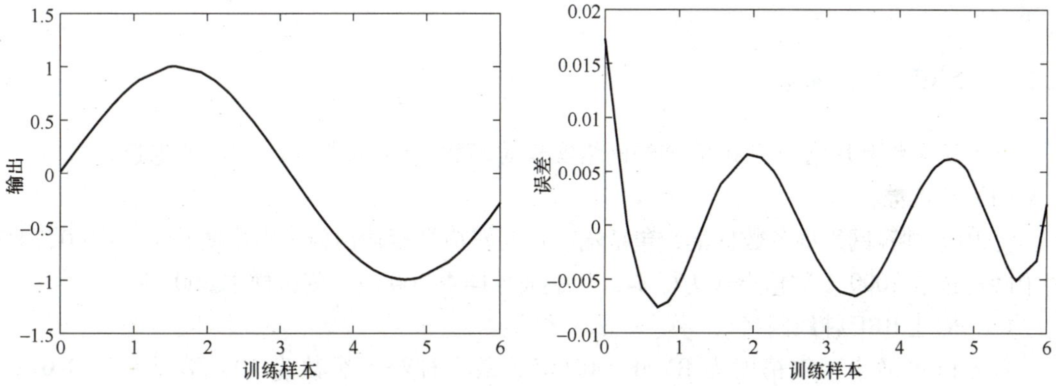

图 4-15　当前神经网络(含有 2 个隐含层神经元)的训练结果与误差

表 4-2　新增神经元后网络训练误差变化

神经元个数	1	2	3	4	5
RMSE	0. 1434	0. 0051	0. 0021	0. 0010	0. 0005

当隐含层神经元个数为 5 时，网络精度达到预设精度，神经元停止增长，完成网络构建。网络训练结果如图 4-16 所示，此时网络精度 RMSE 为 0. 0005。对比上述两种方法可以看出，

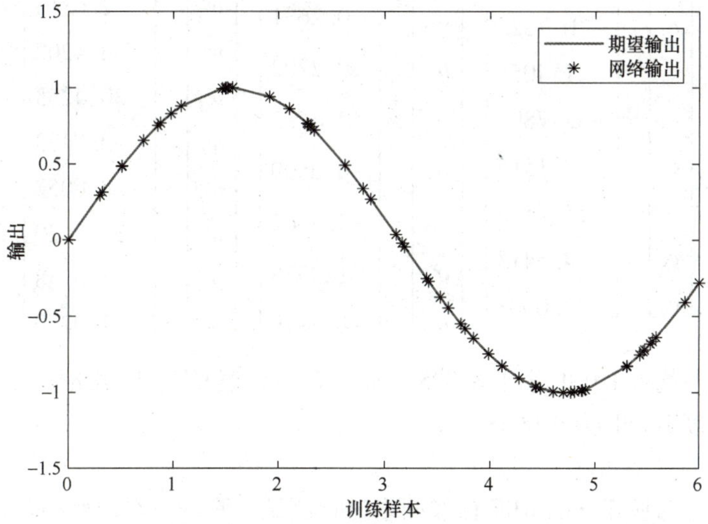

图 4-16　结构增长型 RBF 神经网络训练结果

结构增长型 RBF 神经网络使用精简的网络结构可以实现较高的网络精度，具有明显优势。

4.5 应用实例

RBF 神经网络作为一种常用的人工神经网络模型，因其具有快速的训练速度、较好的泛化能力和对噪声的鲁棒性，已被广泛应用于实际过程中。下面将介绍几个例子，通过这些案例可以更好地了解如何应用 RBF 神经网络解决实际问题，以及其中的设计方法与技巧。

4.5.1 SinE 函数逼近

这个例子将利用增长型 RBF 神经网络实现对函数 $y=0.8e^{-0.2x}\sin(10x)$ 的逼近。

(1) 数据准备

为 RBF 神经网络准备数据集，包括输入值与对应期望输出值。在本实验中，在[0,2]区间中随机选取 1000 个数据点作为样本，其中训练样本 700 组，测试样本 300 组。

(2) 构建 RBF 神经网络

首先设置网络期望精度为 RMSE = 0.005，最大神经元个数为 10，学习率为 0.0125。RBF 神经网络从一个空网络开始构建，每次新增隐含层神经元后，利用 LM 算法对所有的网络参数进行更新，设置 LM 算法的最大迭代次数为 50。

通过不断新增隐含层神经元与调整网络参数，最终所构建 RBF 神经网络中隐含层神经元个数为 9，网络参数设置如下：

$$
\begin{bmatrix} c_1 \\ c_2 \\ c_3 \\ c_4 \\ c_5 \\ c_6 \\ c_7 \\ c_8 \\ c_9 \end{bmatrix}=\begin{bmatrix} -10.6998 \\ -6.0263 \\ 0.7825 \\ 1.4055 \\ -37.7897 \\ 0.1516 \\ 15.4562 \\ 4.5413 \\ 2.0003 \end{bmatrix},\quad
\begin{bmatrix} \sigma_1 \\ \sigma_2 \\ \sigma_3 \\ \sigma_4 \\ \sigma_5 \\ \sigma_6 \\ \sigma_7 \\ \sigma_8 \\ \sigma_9 \end{bmatrix}=\begin{bmatrix} 1.5324 \\ -0.9500 \\ 0.2631 \\ 0.2702 \\ 2.4721 \\ -0.2599 \\ -2.5662 \\ 1.3578 \\ -0.2379 \end{bmatrix},\quad
\begin{bmatrix} w_1 \\ w_2 \\ w_3 \\ w_4 \\ w_5 \\ w_6 \\ w_7 \\ w_8 \\ w_9 \\ \theta \end{bmatrix}=\begin{bmatrix} 0.7801 \\ 11.3839 \\ 2.6313 \\ 2.4202 \\ -30.4255 \\ 2.7473 \\ 8.6052 \\ 30.3620 \\ 1.5348 \\ 1.9770 \end{bmatrix}
$$

此时网络学习精度 RMSE 小于 0.005。训练样本的期望输出与网络输出结果如图 4-17 所示，网络学习精度 RMSE 为 0.0038。

(3) RBF 神经网络测试

利用测试样本对所建立的 RBF 神经网络进行测试，测试样本的期望输出与网络输出如图 4-18 所示。网络测试精度 RMSE 为 0.0041。

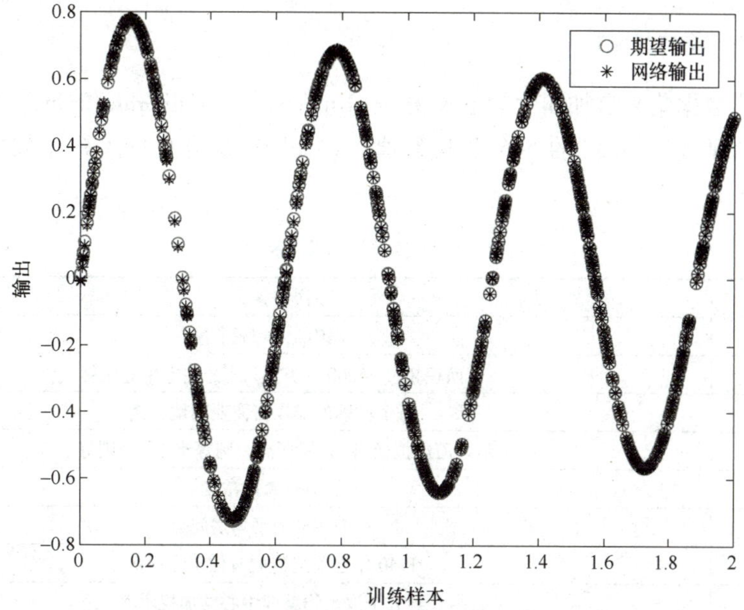

图 4-17　网络训练结果

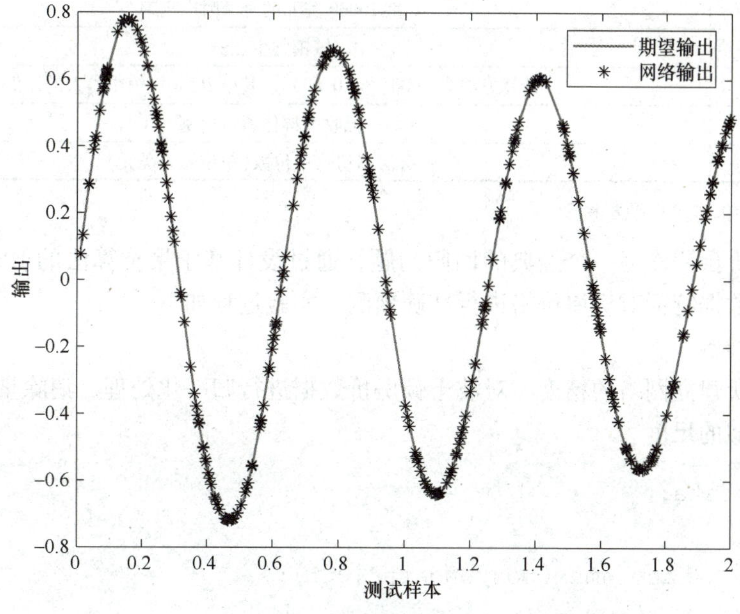

图 4-18　网络测试结果

增长型 RBF 神经网络逼近 SinE 函数源代码请扫描二维码下载。

源代码 1

4.5.2 波士顿房价预测

波士顿住房数据集来自加州大学欧文分校(University of California Irvine, UCI)网站，它包括波士顿每个调查行政区的 506 个观察值，共 14 个数据变量。具体数据特征描述见表 4-3。

表 4-3 波士顿房价数据特征说明

英文简称	详细含义
CRIM	城镇的人均犯罪率
ZN	面积超过 25000 平方英尺[①]的住宅用地比例
INDUS	每个城镇的非零售商业用地比例
CHAS	查尔斯河虚拟变量(如果环河，则等于 1；否则等于 0)
NOX	一氧化氮的浓度
RM	每个住宅的平均房间数
AGE	1940 年之前建造的自住单元比例
DIS	到五个波士顿就业中心的加权距离
RAD	径向高速公路的可达性的指数
TAX	每 10000 美元的全额财产税率
PTRATIO	城镇师生比例
B	计算方法为 $1000(B_k-0.63)^2$，其中 B_k 是城镇中黑人的比例
LSTAT	低收入群体所占比例
MEDV	自有房屋房价中位数(单位：千美元)

① 1 平方英尺=0.092903 平方米

波士顿房价预测作为一个经典的回归问题，通过设计基于聚类算法的 RBF 神经网络模型，可以根据数据特征对房屋价格进行准确预测。实验过程如下。

(1) 数据准备

为了提高所建立网络的精度，对波士顿房价数据进行归一化处理，消除量纲，使不同特征之间具有相似的尺度。

```
load bostondata;
%归一化处理
bostondata_1=mapminmax(bostondata',0,1);
bostondata_1=bostondata_1';
```

考虑到数据集中涉及变量过多，为 RBF 神经网络选择输入变量，以提高模型的准确性。其余 13 个数据特征与房价之间皮尔逊相关系数计算见表 4-4。

表 4-4 相关系数

变量	相关系数
CRIM	-0.0900
ZN	0.20034

（续）

变量	相关系数
INDUS	0.01700
CHAS	-0.2942
NOX	-0.6680
RM	-0.6441
AGE	0.2136
DIS	-0.5981
RAD	-0.6667
TAX	0.19882
PTRATIO	-0.5411
B	0.6687
LSTAT	-0.5384

相关性分析结果显示：NOX、RM、RAD 以及 B 是影响房屋价格的主要因素，相关性系数都大于 0.6。因此，挑选 NOX、RM、RAD 和 B 这四个作为输入变量。

```
%相关性分析
for i=1:13
    correlation(i,1)=corr(bostondata_1(:,i),bostondata_1(:,14),'type',
'Pearson');
end
%确定模型输入和输出
X=bostondata_1(:,[5 6 9 12]);
Y=bostondata_1(:,14);
```

确定了模型的输入变量与输出变量（房屋价格）后，划分训练集和测试集，其中训练集 405 组、测试集 101 组。

```
% 划分训练集和测试集
idx=datasample(1:length(X),round(0.8*length(X)),'Replace',false);
SamIn=X(idx,:)';
SamOut=Y(idx,:)';
TestSamIn=X(setdiff(1:length(X),idx),:)';
TestSamOut=Y(setdiff(1:length(X),idx))';
```

（2）构建 RBF 神经网络

利用基于 k-means 聚类算法构建 RBF 神经网络。首先，预设聚类中心数为 25。然后，基于训练样本数据利用聚类算法确定隐含层神经元的中心与宽度。接下来，通过线性最小二乘法调整隐含层与输出层的连接权值。最后，RBF 神经网络构建完成。

```
%训练 RBF 神经网络
SamNum=size(SamIn,2);
TestSamNum=size(TestSamIn,2);
InDim=4;
ClusterNum=25;
Overlap=2;
%确定中心
Centers=SamIn(:,1:ClusterNum);
NumberInClusters=zeros(ClusterNum,1);
IndexInClusters=zeros(ClusterNum,SamNum);
while 1,
   NumberInClusters=zeros(ClusterNum,1);
IndexInClusters=zeros(ClusterNum,SamNum);
for i=1:SamNum
   AllDistance=dist(Centers',SamIn(:,i));
   [MinDist,Pos]=min(AllDistance);
   NumberInClusters(Pos)=NumberInClusters(Pos)+1;
   IndexInClusters(Pos,NumberInClusters(Pos))=i;
end
OldCenters=Centers;
for i=1:ClusterNum
   Index=IndexInClusters(i,1:NumberInClusters(i));
   Centers(:,i)=mean(SamIn(:,Index)')';
end

EqualNum=sum(sum(Centers==OldCenters));
if EqualNum==InDim*ClusterNum,
   break
end
end
%确定宽度
AllDistances=dist(Centers',Centers);
Maximun=max(max(AllDistance));
for i=1:ClusterNum
   AllDistances(i,i)=Maximun+1;
end
Spreads=Overlap*min(AllDistances)';
%计算连接权值
```

```
Distance=dist(Centers',SamIn);
SpreadsMat=repmat(Spreads,1,SamNum);
HiddenUnitOut=radbas(Distance./SpreadsMat);
I=eye(ClusterNum+1);
mu=0.01;
W2Ex=inv(HiddenUnitOutEx' * HiddenUnitOutEx+mu * I) * HiddenUnitOutEx
' * SamOut';
W2=W2Ex(1:ClusterNum,:)';
B2=W2Ex(ClusterNum+1,:)';
```

将训练样本网络输出值进行反归一化处理后，绘制训练样本房价的预测值与真实值图像，如图 4-19 所示。网络学习精度 RMSE 为 4.9322。

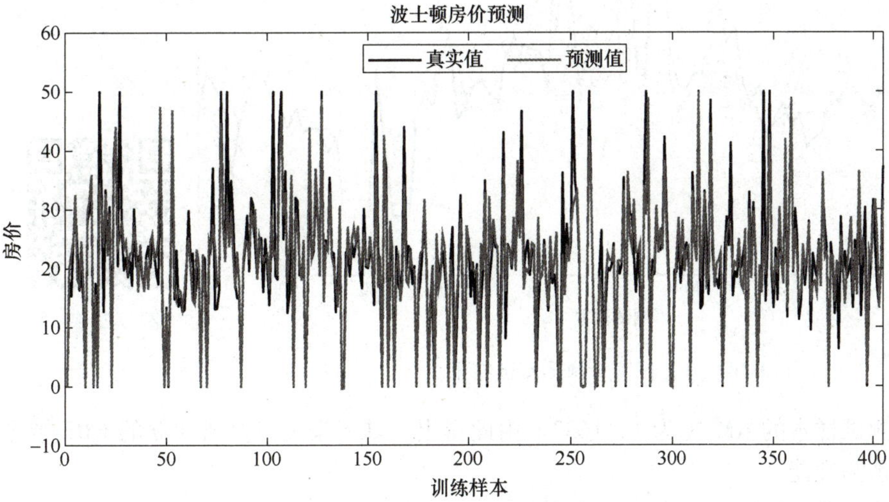

图 4-19　波士顿房价预测训练结果

图 4-19 彩图

```
%训练结果可视化
NNOut=W2 * HiddenUnitOut+B2;
minprice=min(bostondata(:,14));
maxprice=max(bostondata(:,14));
output_RBFNN=NNOut.*(maxprice-minprice)+minprice;
output=SamOut.*(maxprice-minprice)+minprice;
RMSE=sqrt(mean((output-output_RBFNN).^2))
figure;
plot(1:numel(output),output,'b-');
hold on;
plot(1:numel(output),output_RBFNN,'r-');
```

```
legend('真实值','预测值');
xlabel('训练样本');
ylabel('房价');
title('波士顿房价预测');
```

（3）RBF 神经网络预测房价

使用所建立的 RBF 神经网络预测测试样本的房价。绘制测试样本的预测值与真实的房价值，如图 4-20 所示。

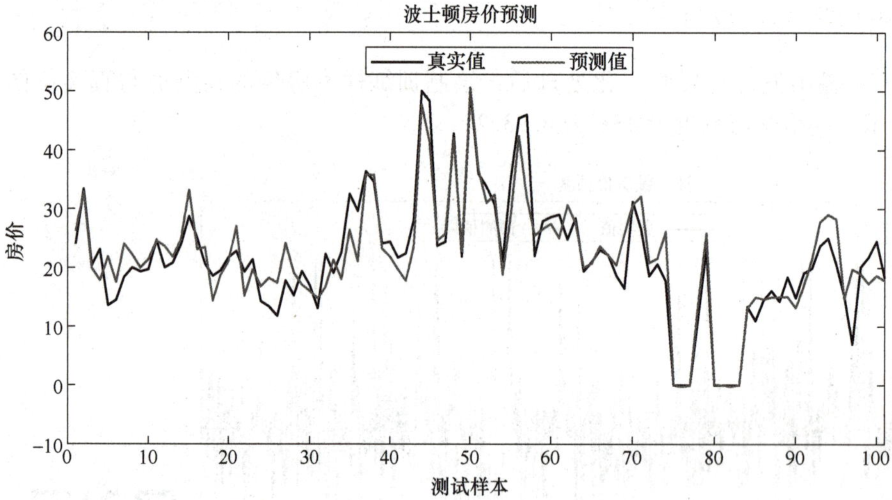

图 4-20 彩图

图 4-20　波士顿房价预测测试结果

通过计算，测试样本的 RMSE 为 12.1633。由此得出，基于聚类算法所建立的 RBF 神经网络具有良好的预测性能。

```
%预测房价
TestDistance=dist(Centers',TestSamIn);
TestSpreadsMat=repmat(Spreads,1,TestSamNum);
TestHiddenUnitOut=radbas(TestDistance./TestSpreadsMat);
TestNNOut=W2 * TestHiddenUnitOut+B2;
%预测结果可视化
minprice=min(bostondata(:,14));
maxprice=max(bostondata(:,14));
test_output_RBFNN=TestNNOut.*(maxprice-minprice)+minprice;
test_output=TestSamOut.*(maxprice-minprice)+minprice;
testRMSE=(mean((output-output_RBFNN).^2)).*(1/2)
figure;
plot(1:numel(test_output),test_output,'b-');
hold on;
```

```
plot(1:numel(test_output),test_output_RBFNN,'r-');
legend('真实值','预测值');
xlabel('测试样本');
ylabel('房价');
title('波士顿房价预测');
```

习题

4-1　经证明已知，每一层都使用线性传输函数的多层感知器相当于一个单层感知器。如果在 RBF 网络的每层都使用线性传输函数，它是否还等价一个单层感知器？请说明理由。

4-2　利用 RBF 神经网络解决如下异或问题。

$$\left\{\boldsymbol{x}_1=\begin{bmatrix}-1\\-1\end{bmatrix},y_{d1}=0\right\},\ \left\{\boldsymbol{x}_2=\begin{bmatrix}-1\\1\end{bmatrix},y_{d2}=1\right\},\ \left\{\boldsymbol{x}_3=\begin{bmatrix}1\\-1\end{bmatrix},y_{d3}=1\right\},\ \left\{\boldsymbol{x}_4=\begin{bmatrix}1\\1\end{bmatrix},\ y_{d4}=0\right\}$$

4-3　设计一个 RBF 神经网络，对鸢尾花数据集进行分类。

4-4　为一个具有三个隐含层神经元的 RBF 网络选择恰当的网络参数(中心、宽度和权值)，使该网络能够拟合如下(x,y)数据点。

$$(-3,13)、(-2,6)、(-1,3)、(1,9)、(0,4)、(2,18)、(3,31)$$

4-5　利用 MATLAB 中的 newrbe 和 newrb 函数构建 RBF 神经网络逼近如下函数。

$$g(x)=x^2+25x$$

4-6　设计一个 RBF 神经网络以逼近如下函数，要求在构建过程中利用线性最小二乘法确定网络参数。

$$g(x)=1+\sin\left(\frac{\pi}{8}x\right)$$

4-7　设计一个 RBF 神经网络逼近如下函数，要求构建过程中利用 LM 算法确定网络参数。

$$g(x_1,x_2)=\sin(2\pi x_1)\cos(2\pi x_2)$$

4-8　某液化气公司两年液化气销售量见表 4-5。为预测未来年月的液化气销售量，需要为其设计一个 RBF 网络作为预测模型，需利用聚类算法确定 RBF 神经网络结构，并利用线性最小二乘法确定相关参数，以 24 组数据作为训练样本，再加上季节性因素、月度指数、周期因素和突发因素等，共计有五个影响销售量的因素。

表 4-5　某液化气公司两年液化气销售量

年月	销售量	年月	销售量	年月	销售量	年月	销售量
2023.1	5230	2023.7	6000	2024.1	5400	2024.7	6500
2023.2	5000	2023.8	6200	2024.2	5100	2024.8	7000
2023.3	5200	2023.9	6200	2024.3	5430	2024.9	6800
2023.4	5400	2023.10	6500	2024.4	5500	2024.10	6500
2023.5	5500	2023.11	5500	2024.5	5850	2024.11	6250
2023.6	5800	2023.12	5400	2024.6	6200	2024.12	6000

4-9　为上述某液化气公司设计一个 RBF 神经网络预测模型，其中 RBF 神经网络结构由 4.4.2 小节中所提方法确定，并利用 LM 算法确定网络参数。

参考文献

[1] NICHOLLS J G, MARTIN A R, WALLACE B G. From neuron to brain[M]. Sunderland: Sinauer Associates, 1992: 90-120.

[2] HUBEL D H. The visual cortex of the brain[J]. Scientific American, 1963, 209(5): 54-63.

[3] Gilbert C D, WIESEL T N. Receptive field dynamics in adult primary visual cortex[J]. Nature, 1992, 356(6365): 150-152.

[4] BISHOP P O, Henry G H. Striate neurons: receptive field concepts[J]. Investigative Ophthalmology & Visual Science, 1972, 11(5): 346-354.

[5] HUBEL D H, WIESEL T N. Receptive fields, binocular interaction and functional architecture in the cat's visual cortex[J]. Journal of Physiology, 1962, 160(1): 106-154.

[6] POWELL M J D. Radial basis functions for multivariable interpolation: a review[J]. Algorithms for Approximation, 1987: 143-167.

[7] MOODY J, DARKEN C J. Fast learning in networks of locally-tuned processing units[J]. Neural Computation, 1989, 1(2): 281-294.

[8] PARK J, SANDBERG I W. Universal approximation using radial-basis-function networks[J]. Neural Computation, 1991, 3(2): 246-257.

[9] LOWE D. Adaptive radial basis function nonlinearities, and the problem of generalization[C]//1989 First IEE International Conference on Artificial Neural Networks. London: IET, 1989(313): 171-175.

[10] YU H, REINER P D, XIE T, et al. An incremental design of radial basis function networks[J]. IEEE Transactions on Neural Networks and Learning Systems, 2014, 25(10): 1793-1803.

第 5 章　Hopfield 神经网络

导读

1982 年，美国物理学家 John J. Hopfield 提出了一种互连的反馈型神经网络，该网络具有联想记忆的功能，称之为 Hopfield 神经网络。同时，Hopfield 引入了能量函数，对网络的动力学特性进行分析，给出了网络的稳定判据，使低迷的人工神经网络研究再次掀起研究热潮。Hopfield 神经网络分为离散 Hopfield 神经网络(Discrete Hopfield Neural Network，DHNN)和连续 Hopfield 神经网络(Continues Hopfield Neural Network，CHNN)两种模型。Hopfield 神经网络具有丰富的动力学行为，适用于复杂的非线性系统，在模式识别、图像处理和信号检测等方面取得了丰硕的应用成果。

本章知识点

- 离散型 Hopfield 神经网络学习算法
- 连续型 Hopfield 神经网络学习算法
- Hopfield 神经网络设计与应用

5.1　离散型 Hopfield 神经网络

由于 Hopfield 早期提出的网络是二值型的，所以该网络也称为离散 Hopfield 神经网络(DHNN)。DHNN 具有丰富的动力学行为，适用于复杂的非线性系统，已经广泛地应用在不同的领域，如模式识别、图像处理和信号检测等方面。

DHNN 是一种单层的全反馈网络。各个神经元之间形成互连的结构，每个神经元的输出都成为其他神经元的输入，每个神经元的输入又来自其他神经元的输出，信息经过其他神经元后又反馈回自身，其网状结构如图 5-1 所示。

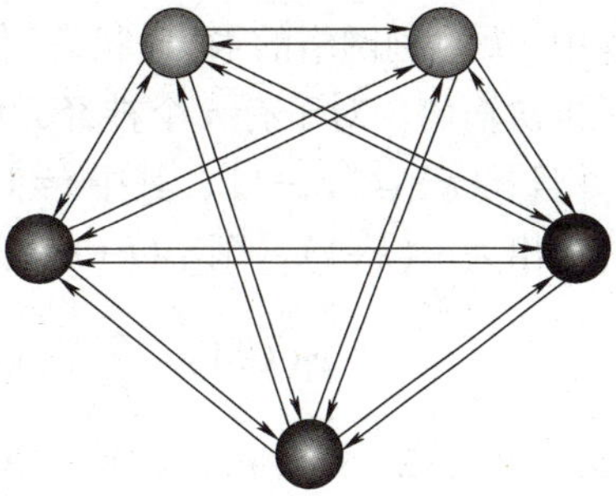

图 5-1　Hopfield 神经网状结构图

图 5-1 彩图

5.1.1 离散型 Hopfield 神经网络结构与工作原理

DHNN 中的每个神经元将当前的输出通过连接权值反馈给所有的神经元，得到的结果作为下一时刻网络的输入，任意的两个神经元之间形成制约关系，从而控制其他神经元的输出。DHNN 的模型如图 5-2 所示。

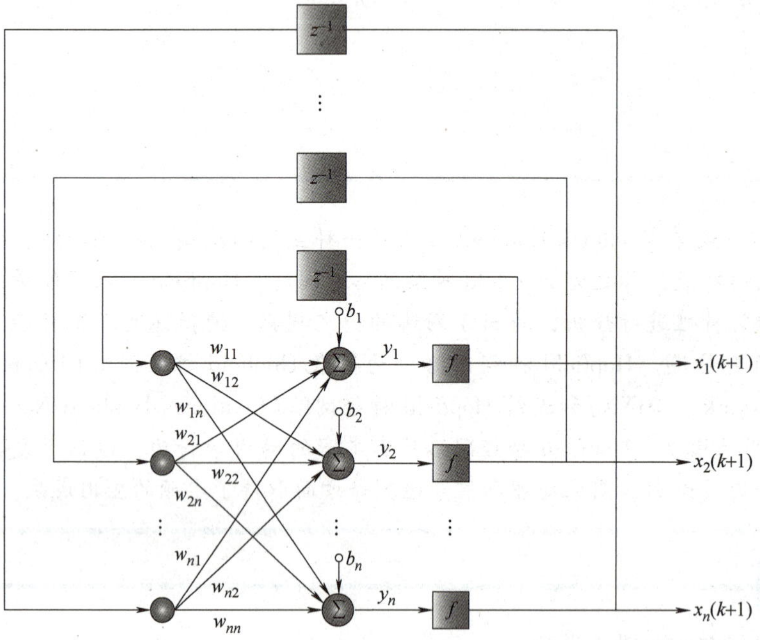

图 5-2 离散 Hopfield 神经网络模型

图 5-2 彩图

DHNN 是二值网络，每个神经元具有 1 和−1(或 1 和 0)两种状态，分别表示激活和抑制。在图 5-2 中，输入信息经过神经元处理，加权求和后输入到激活函数 f 中并产生输出。f 为阈值函数，如果神经元的输出大于阈值，则神经元最终输出为 1，否则，最终输出为−1。DHNN 为反馈型网络，因此，从输入到输出会产生一定的延时 z^{-1}。

在 DHNN 中，训练样本信息通过学习算法存储在网络的连接权值中，使训练样本成为网络的稳定点。当输入测试样本时，网络从初始状态开始进行演化，并逐渐收敛到网络稳定点。

在网络运行过程中，k 时刻网络的输出(状态)作为 $k+1$ 时刻网络的输入反馈到各个神经元，经过网络运行后再次输出。对于有 n 个神经元的 DHNN，第 i 个神经元在 k 时刻的状态可以表示为 $x_i(k)$，并且 $x_i(k) \in \{1,-1\}$，其中 $i=1, 2, \cdots, n$。第 i 个神经元经过网络运行后，该神经元节点的输出为 $y_i(k+1)$，则 $y_i(k+1)$ 可以表示为

$$y_i(k+1) = \sum_{j=1}^{n} w_{ij}x_j(k) - b_i \tag{5-1}$$

式中，b_i 为外部输入，$i=1, 2, \cdots, n$；w_{ij} 表示第 i 个神经元与第 j 个神经元之间的连接权值。

神经元节点的输出经过激活函数后作为 $k+1$ 时刻网络的输出，即 $k+1$ 时刻的网络状态，

则第 i 个神经元在 $k+1$ 时刻的状态为 $x_i(k+1)$ 可以表示为

$$x_i(k+1)=f(y_i(k+1))=f\left(\sum_{j=1}^{n} w_{ij}x_j(k)-b_i\right) \tag{5-2}$$

式中，$f(\cdot)$ 为激活函数，DHNN 在此选用符号函数，保证最终的输出为二值型，即网络的离散性。

DHNN 的网络状态是所有神经元状态的集合，因此，网络状态可以采用矩阵形式表示。设整个网络在 k 时刻的状态为 $\boldsymbol{X}(k)$，则 $\boldsymbol{X}(k)$ 可以表示为

$$\boldsymbol{X}(k)=(x_1(k),x_2(k),\cdots,x_n(k)) \tag{5-3}$$

整个网络在 $k+1$ 时刻的输出状态 $\boldsymbol{X}(k+1)$ 可表示为

$$\boldsymbol{X}(k+1)=f(\boldsymbol{WX}(k)-\boldsymbol{B}) \tag{5-4}$$

式中，$\boldsymbol{W}$ 为权值矩阵。

DHNN 的工作方式有两种，包括异步工作方式和同步工作方式。

(1) 网络的异步工作方式

网络的异步工作方式是一种串行方式。网络运行时每次只有一个神经元 i 进行状态的调整计算，其他神经元的状态均保持不变，即

$$x_i(k+1)=\begin{cases}\operatorname{sgn}\left(\sum_{i=1}^{n} w_{ij}x_j(k)-b_i\right), & i=j\\ x_i(k), & i\neq j\end{cases} \tag{5-5}$$

神经元状态的调整次序可以按某种规定的次序进行，也可以随机选定。每次神经元在调整状态时，根据其当前净输入值的正负决定下一时刻的状态，因此其状态可能会发生变化也可能保持原状。下次调整其他神经元状态时，本次的调整结果即在下一个神经元的净输入中发挥作用。

(2) 网络的同步工作方式

网络的同步工作方式是一种并行方式，所有神经元同时调整状态，即

$$x_i(k+1)=\operatorname{sgn}\left(\sum_{i=1}^{n} w_{ij}x_j(k)-b_i\right) \tag{5-6}$$

反馈网络是一种能存储若干个预先设置的稳定点(状态)的网络。运行时，当向该网络作用一个起原始推动作用的初始输入模式后，网络便将其输出反馈回来作为下次的输入。经若干次循环(迭代)之后，在网络结构满足一定条件的前提下，网络最终将会稳定在某一预先设定的稳定点。

网络达到稳定时的状态 $\boldsymbol{X}$，称为网络的吸引子。下面给出吸引子的定义。

定义 5-1　若网络的状态 $\boldsymbol{X}$ 满足 $\boldsymbol{X}=f(\boldsymbol{WX}-\boldsymbol{B})$，则称 $\boldsymbol{X}$ 为网络的吸引子。

一个动力学系统的最终行为是由它的吸引子决定的，吸引子的存在为信息的分布存储记忆和神经优化计算提供了基础。如果把吸引子视为问题的解，那么从初态朝吸引子演变的过程便是求解计算的过程。

5.1.2　离散型 Hopfield 神经网络稳定性

DHNN 是一种多输入多输出的二值非线性动态系统，其稳定性尤为重要。因此，在这里对 DHNN 的稳定性进行探讨，后续的结构设计是基于稳定性分析基础之上的。

当任一初始状态输入 DHNN 中，经过有限次迭代，在某一有限时刻，网络的状态不再变化，则认为网络是稳定的。

假设 k 时刻的网络状态为 $\boldsymbol{X}(k)$，如果在 $k+1$ 时刻的网络状态 $\boldsymbol{X}(k+1)$ 满足

$$\boldsymbol{X}(k+1)=\boldsymbol{X}(k) \tag{5-7}$$

则 DHNN 是稳定的。

1983 年，Coben 和 Grossberg 给出了 Hopfield 神经网络稳定的充分条件：当 Hopfield 神经网络的权值矩阵为对称矩阵，且对角线为 0，则该网络是稳定的。具体表示如下

$$\begin{cases} w_{ij}=0, i=j \\ w_{ij}=w_{ji}, i\neq j \end{cases} \tag{5-8}$$

式中，w_{ij}为第 i 个神经元和第 j 个神经元之间的连接权值。

在动力学系统中，稳定状态是系统的某种形式的能量函数在系统运动过程中，其能量值不断减小，最后达到最小值。稳定的 DHNN 就是网络的能量函数达到最小。DHNN 的工作过程是状态演化的过程，当给定初始状态，网络就按照能量减少的方式进行演化，直至到达最小即稳定状态。在此引入 Lyapunov 函数作为能量函数，k 时刻的能量函数 E 可表示为

$$E=-\frac{1}{2}\sum_{i=1}^{n}\sum_{j=1}^{n}w_{ij}x_i(k)x_j(k)+\sum_{i=1}^{n}b_ix_i(k) \tag{5-9}$$

因此，可以得到

$$\begin{aligned} |E| &\leqslant \frac{1}{2}\sum_{i=1}^{n}\sum_{j=1}^{n}|w_{ij}||x_i(k)||x_j(k)|+\sum_{i=1}^{n}|b_i||x_i(k)| \\ &=\frac{1}{2}\sum_{i=1}^{n}\sum_{j=1}^{n}|w_{ij}|+\sum_{i=1}^{n}|b_i| \end{aligned} \tag{5-10}$$

所以，DHNN 的能量函数 E 是有界的。

DHNN 的稳定性需要能量函数逐渐减少并达到最小值。下面给出 DHNN 稳定性定理。

定理 5-1 对于 DHNN，如果按照异步方式进行演化，并且连接权值矩阵 $\boldsymbol{W}$ 对称且对角线元素非负，即 $w_{ij}=w_{ji}$，$w_{ij}\geqslant 0$，则对于任意初始状态，网络最终都将收敛到一个吸引子。

证明： ΔE 为

$$\begin{aligned} \Delta E &= E(k+1)-E(k) \\ &=-\frac{1}{2}\sum_{i=1}^{n}\sum_{j=1}^{n}w_{ij}x_i(k+1)x_j(k+1)+\sum_{i=1}^{n}b_ix_i(k+1)+\frac{1}{2}\sum_{i=1}^{n}\sum_{j=1}^{n}w_{ij}x_i(k)x_j(k)-\sum_{i=1}^{n}b_ix_i(k) \\ &=-\frac{1}{2}\sum_{i=1}^{n}\sum_{j=1}^{n}w_{ij}(x_i(k)+\Delta x_i(k))(x_j(k)+\Delta x_j(k))+\sum_{i=1}^{n}b_i(x_i(k)+\Delta x_i(k))+ \\ &\quad \frac{1}{2}\sum_{i=1}^{n}\sum_{j=1}^{n}w_{ij}x_i(k)x_j(k)-\sum_{i=1}^{n}b_ix_i(k) \\ &=-\frac{1}{2}\sum_{i=1}^{n}\sum_{j=1}^{n}w_{ij}[x_i(k)\Delta x_j(k)+\Delta x_i(k)x_j(k)+\Delta x_i(k)\Delta x_j(k)]+\sum_{i=1}^{n}b_i\Delta x_i(k) \\ &=-\frac{1}{2}\left(\Delta x_j(k)\sum_{i=1}^{n}w_{ij}x_i(k)+\Delta x_i(k)\sum_{j=1}^{n}w_{ij}x_j(k)+w_{jj}(\Delta x_j(k))^2\right)+\Delta x_j(k)b_j \\ &=-\Delta x_j(k)\left(\sum_{i=1}^{n}w_{ij}x_i(k)-b_j\right)-\frac{1}{2}w_{jj}(\Delta x_j(k))^2 \end{aligned} \tag{5-11}$$

根据定理 5-1 中的条件：连接权值矩阵 $\boldsymbol{W}$ 为对称矩阵，即 $w_{ij}=w_{ji}$，又有神经元的输入为

$$y_j(k+1)=\sum_{i=1}^{n} w_{ij}x_i(k)-b_j \tag{5-12}$$

下面对 ΔE 进行讨论，因为 $w_{ij}\geqslant 0$，所以

1）若 $x_j(k)=x_j(k+1)$，则 $\Delta x_j(k)=0$，即 $\Delta E=0$。

2）若 $x_j(k)=1$，$x_j(k+1)=-1$，则 $\sum_{i=1}^{n} w_{ij}x_i(k)-b_j<0$，$\Delta x_j(k)=-2$，即 $\Delta E<0$。

3）若 $x_j(k)=-1$，$x_j(k+1)=1$，则 $\sum_{i=1}^{n} w_{ij}x_i(k)-b_j\geqslant 0$，$\Delta x_j(k)=2$，即 $\Delta E\leqslant 0$。

因此，可证 $\Delta E\leqslant 0$，由于 E 有界，则网络总是向能量函数减少的方向演化，最终一定能达到某一稳定点。

定理 5-2　对于 DHNN，如果按照同步方式进行演化，并且连接权值矩阵 $\boldsymbol{W}$ 为非负定对称阵，则对于任意初始状态，网络最终都将收敛到一个吸引子。

证明：k 时刻的网络状态为 $\boldsymbol{X}(k)$，则式(5-9)可转化为

$$\begin{aligned}E&=-\frac{1}{2}\sum_{i=1}^{n}\sum_{j=1}^{n} w_{ij}x_i(k)x_j(k)+\sum_{i=1}^{n} b_i x_i(k)\\&=-\frac{1}{2}\boldsymbol{X}^{\mathrm{T}}\boldsymbol{W}\boldsymbol{X}+\boldsymbol{X}^{\mathrm{T}}\boldsymbol{B}\end{aligned} \tag{5-13}$$

因此，ΔE 为

$$\begin{aligned}\Delta E&=E(k+1)-E(k)\\&=-\frac{1}{2}(\boldsymbol{X}(k+1))^{\mathrm{T}}\boldsymbol{W}\boldsymbol{X}(k+1)+(\boldsymbol{X}(k+1))^{\mathrm{T}}\boldsymbol{B}+\frac{1}{2}(\boldsymbol{X}(k))^{\mathrm{T}}\boldsymbol{W}\boldsymbol{X}(k)-(\boldsymbol{X}(k))^{\mathrm{T}}\boldsymbol{B}\\&=-\frac{1}{2}(\boldsymbol{X}(k)+\Delta\boldsymbol{X}(k))^{\mathrm{T}}\boldsymbol{W}(\boldsymbol{X}(k)+\Delta\boldsymbol{X}(k))+(\boldsymbol{X}(k)+\Delta\boldsymbol{X}(k))^{\mathrm{T}}\boldsymbol{B}+\\&\quad\frac{1}{2}(\boldsymbol{X}(k))^{\mathrm{T}}\boldsymbol{W}\boldsymbol{X}(k)-(\boldsymbol{X}(k))^{\mathrm{T}}\boldsymbol{B}\\&=-\frac{1}{2}((\boldsymbol{X}(k))^{\mathrm{T}}\boldsymbol{W}\boldsymbol{X}(k)+(\Delta\boldsymbol{X}(k))^{\mathrm{T}}\boldsymbol{W}\boldsymbol{X}(k)+(\Delta\boldsymbol{X}(k))^{\mathrm{T}}\boldsymbol{W}\Delta\boldsymbol{X}(k))+(\Delta\boldsymbol{X}(k))^{\mathrm{T}}\boldsymbol{B}\\&=-(\Delta\boldsymbol{X}(k))^{\mathrm{T}}\boldsymbol{W}\boldsymbol{X}(k)-\frac{1}{2}(\Delta\boldsymbol{X}(k))^{\mathrm{T}}\boldsymbol{W}\Delta\boldsymbol{X}(k)+(\Delta\boldsymbol{X}(k))^{\mathrm{T}}\boldsymbol{B}\\&=-(\Delta\boldsymbol{X}(k))^{\mathrm{T}}(\boldsymbol{W}\boldsymbol{X}(k)-\boldsymbol{B})-\frac{1}{2}(\Delta\boldsymbol{X}(k))^{\mathrm{T}}\boldsymbol{W}\Delta\boldsymbol{X}(k)\end{aligned} \tag{5-14}$$

在定理 5-1 中已经证明了 $-\Delta x_j(k)\left(\sum_{i=1}^{n} w_{ij}x_i(k)-b_j\right)\leqslant 0$，由此可以得到 $-(\Delta\boldsymbol{X}(k))^{\mathrm{T}}(\boldsymbol{W}\boldsymbol{X}(k)-\boldsymbol{B})\leqslant 0$。根据定理 5-2 的条件：连接权值矩阵 $\boldsymbol{W}$ 为非负定对称阵。由线性代数矩阵原理可知：$-\frac{1}{2}(\Delta\boldsymbol{X}(k))^{\mathrm{T}}\boldsymbol{W}\Delta\boldsymbol{X}(k)\leqslant 0$。因此可以证明 $\Delta E\leqslant 0$，同时 E 有界，即系统一定可以收敛到某一稳定点。

因此，DHNN 在满足一定的条件时，经过不断地迭代演化最终可以达到稳定状态。如图 5-3所示，当前的网络状态沿着能量递减的方向，经过不断地演化，最终将达到某个稳定点。

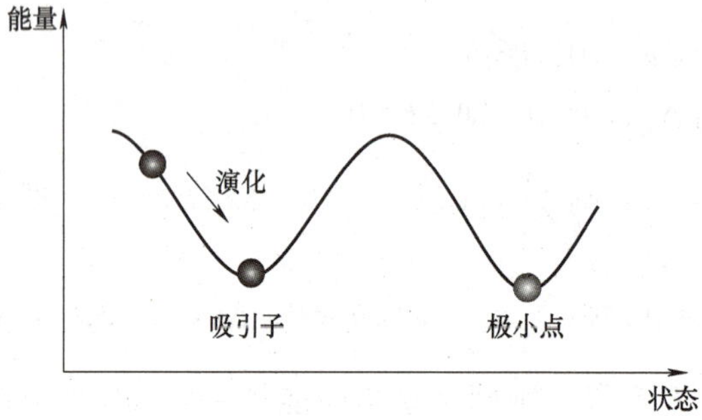

图 5-3　稳定状态示意图

图 5-3 彩图

5.1.3　联想存储与外积和法

（1）联想存储

DHNN 的自反馈机制使得网络能够将输入映射到预先设定的状态，从而实现联想功能。若把需记忆的样本信息存储于网络不同的吸引子中，当输入含有部分记忆信息的样本时，网络的演变过程便是从部分信息寻找全部信息，即联想回忆的过程。

在训练阶段，通过对网络的权值进行训练，使得网络能够将输入映射到预先设定的状态。联想阶段是 Hopfield 神经网络最具特色的地方，当网络接收到一个不完全相同的输入时，它会尝试将其映射到最接近的记忆模式，从而实现联想功能。

能使网络稳定在同一吸引子的所有初态的集合，称为该吸引子的吸引域。下面给出关于吸引域的两个定义。

定义 5-2　若 $\boldsymbol{X}^a$ 是吸引子，若存在一个调整次序，使网络可以从状态 $\boldsymbol{X}$ 演变到 $\boldsymbol{X}^a$，则称 $\boldsymbol{X}$ 弱吸引到 $\boldsymbol{X}^a$；若对于任意调整次序，网络都可以从状态 $\boldsymbol{X}$ 演变到 $\boldsymbol{X}^a$，则称 $\boldsymbol{X}$ 强吸引到 $\boldsymbol{X}^a$。

定义 5-3　若对某些 $\boldsymbol{X}$，有 $\boldsymbol{X}$ 弱吸引到吸引子 $\boldsymbol{X}^a$，则称这些 $\boldsymbol{X}$ 的集合为 $\boldsymbol{X}^a$ 的弱吸引域；若对某些 $\boldsymbol{X}$，有 $\boldsymbol{X}$ 强吸引到吸引子 $\boldsymbol{X}^a$，则称这些 $\boldsymbol{X}$ 的集合为 $\boldsymbol{X}^a$ 的强吸引域。

欲使反馈网络具有联想存储的能力，每个吸引子都应该具有一定的吸引域。只有这样，对于带有一定噪声或缺损的初始样本，网络才能经过动态演变稳定到某一吸引子状态，从而实现正确联想。反馈网络设计的目的就是使网络能落到期望的稳定点(问题的解)上，并且还要具有尽可能大的吸引域，以增强联想功能。

当网络规模一定时，所能记忆的模式是有限的。对于所容许的联想出错率，网络所能存储的最大模式数 $P_{\max}$ 称为网络容量。网络容量与网络的规模、算法以及记忆模式向量的分布都有关系。下面给出 DHNN 存储容量的有关定理。

定理 5-3　若 DHNN 的规模为 n，且权矩阵主对角线元素为 0，则该网络的信息容量上界为 n。

定理 5-4　若 P 个记忆模式 $\boldsymbol{X}^p(p=1,2,\cdots,P)$，$x\in\{-1,1\}^n$ 两两正交，$n>P$，且权值矩

阵 $\boldsymbol{W}$ 按式(5-16)得到，则所有 P 个记忆模式都是 DHNN 的吸引子。

定理 5-5　若 P 个记忆模式 $\boldsymbol{X}^p(p=1,2,\cdots,P)$，$x\in\{-1,1\}^n$ 两两正交，$n\geqslant P$，且权值矩阵 $\boldsymbol{W}$ 按式(5-15)得到，则所有 P 个记忆模式都是 DHNN 的吸引子。

由以上定理可知，当用外积和设计 DHNN 时，如果记忆模式都满足两两正交的条件，则规模为 n 维的网络最多可记忆 n 个模式。一般情况下，模式样本不可能都满足两两正交的条件，对于非正交模式，网络的信息存储容量会大大降低。

（2）外积和法

在 DHNN 中，外积和法是一种常用于设计网络连接权值的学习算法，为 Hebb 学习规则的一种特殊情况。设给定 P 个模式样本 $\boldsymbol{X}^p(p=1,2,\cdots,P)$，$x\in\{-1,1\}^n$，并设样本两两正交，且 $n>P$，则网络连接权值可表示为样本的外积和

$$\boldsymbol{W}=\sum_{p=1}^{P}\boldsymbol{X}^p(\boldsymbol{X}^p)^{\mathrm{T}} \tag{5-15}$$

若取 $w_{ii}=0$，式(5-15)应写为

$$\boldsymbol{W}=\sum_{p=1}^{P}(\boldsymbol{X}^p(\boldsymbol{X}^p)^{\mathrm{T}}-\boldsymbol{I}) \tag{5-16}$$

式中，$\boldsymbol{I}$ 为单位矩阵。式(5-16)可写成分量元素形式，有

$$w_{ij}=\begin{cases}\sum_{p=1}^{P}x_i^p x_j^p, & i\neq j\\ 0, & i=j\end{cases} \tag{5-17}$$

按以上外积和规则设计的权值矩阵必然满足对称性要求。下面检验所给样本是否为吸引子。

因为 P 个样本 $\boldsymbol{X}^p(p=1,2,\cdots,P)$，$x\in\{-1,1\}^n$ 是两两正交的，有

$$(\boldsymbol{X}^p)^{\mathrm{T}}\boldsymbol{X}^k=\begin{cases}0, & p\neq k\\ n, & p=k\end{cases} \tag{5-18}$$

所以

$$\begin{aligned}\boldsymbol{W}\boldsymbol{X}^k&=\sum_{p=1}^{P}(\boldsymbol{X}^p(\boldsymbol{X}^p)^{\mathrm{T}}-\boldsymbol{I})\boldsymbol{X}^k\\&=\sum_{p=1}^{P}(\boldsymbol{X}^p(\boldsymbol{X}^p)^{\mathrm{T}}\boldsymbol{X}^k-\boldsymbol{X}^k)\\&=\boldsymbol{X}^k(\boldsymbol{X}^k)^{\mathrm{T}}\boldsymbol{X}^k-P\boldsymbol{X}^k\\&=n\boldsymbol{X}^k-P\boldsymbol{X}^k\\&=(n-P)\boldsymbol{X}^k\end{aligned} \tag{5-19}$$

因为 $n>P$，所以有

$$f(\boldsymbol{W}\boldsymbol{X}^p)=f((n-P)\boldsymbol{X}^p)=\operatorname{sgn}((n-P)\boldsymbol{X}^p)=\boldsymbol{X}^p \tag{5-20}$$

可见给定样本 $\boldsymbol{X}^p(p=1,2,\cdots,P)$ 为吸引子。需要指出的是，有些非给定样本也是网络的吸引子，他们并不是网络设计所要求的解，这种吸引子称为伪吸引子。

例 5-1　设有一个 DHNN，神经元个数 $n=4$，阈值 $b_i=0(i=1,2,3,4)$，向量 $\boldsymbol{X}^a$、$\boldsymbol{X}^b$ 和权值矩阵 $\boldsymbol{W}$ 分别为

$$X^a=\begin{bmatrix}1\\1\\1\\1\end{bmatrix},\ X^b=\begin{bmatrix}-1\\-1\\-1\\-1\end{bmatrix},\ W=\begin{bmatrix}0&2&2&2\\2&0&2&2\\2&2&0&2\\2&2&2&0\end{bmatrix}$$

计算神经网络的稳态结果，并考察其是否具有联想记忆能力。

解： 将向量 $\boldsymbol{X}^a$、$\boldsymbol{X}^b$ 和权值矩阵 $\boldsymbol{W}$ 代入式(5-4)，可得

$$f(\boldsymbol{W}\boldsymbol{X}^a)=f\left(\begin{bmatrix}6\\6\\6\\6\end{bmatrix}\right)=\begin{bmatrix}\mathrm{sgn}(6)\\\mathrm{sgn}(6)\\\mathrm{sgn}(6)\\\mathrm{sgn}(6)\end{bmatrix}=\begin{bmatrix}1\\1\\1\\1\end{bmatrix}=\boldsymbol{X}^a$$

$$f(\boldsymbol{W}\boldsymbol{X}^b)=f\left(\begin{bmatrix}-6\\-6\\-6\\-6\end{bmatrix}\right)=\begin{bmatrix}\mathrm{sgn}(-6)\\\mathrm{sgn}(-6)\\\mathrm{sgn}(-6)\\\mathrm{sgn}(-6)\end{bmatrix}=\begin{bmatrix}-1\\-1\\-1\\-1\end{bmatrix}=\boldsymbol{X}^b$$

因此，$\boldsymbol{X}^a$ 和 $\boldsymbol{X}^b$ 为网络的吸引子，即为网络达到稳态时的状态。

设有样本 $\boldsymbol{X}^1=[-1,1,1,1]^{\mathrm{T}}$、$\boldsymbol{X}^2=[1,-1,-1,-1]^{\mathrm{T}}$、$\boldsymbol{X}^3=[1,1,-1,-1]^{\mathrm{T}}$，分别令其为网络输入初态，考察网络收敛的稳态。

令初态 $\boldsymbol{X}(0)=\boldsymbol{X}^1=[-1,1,1,1]^{\mathrm{T}}$，则

$$\boldsymbol{X}(1)=f(\boldsymbol{W}\boldsymbol{X}(0))=f\left(\begin{bmatrix}6\\2\\2\\2\end{bmatrix}\right)=\begin{bmatrix}\mathrm{sgn}(6)\\\mathrm{sgn}(2)\\\mathrm{sgn}(2)\\\mathrm{sgn}(2)\end{bmatrix}=\begin{bmatrix}1\\1\\1\\1\end{bmatrix}=\boldsymbol{X}^a$$

令初态 $\boldsymbol{X}(0)=\boldsymbol{X}^2=[1,-1,-1,-1]^{\mathrm{T}}$，则

$$\boldsymbol{X}(1)=f(\boldsymbol{W}\boldsymbol{X}(0))=\boldsymbol{X}^b$$

令初态 $\boldsymbol{X}(0)=\boldsymbol{X}^3=[1,1,-1,-1]^{\mathrm{T}}$，则

$$\boldsymbol{X}(1)=f(\boldsymbol{W}\boldsymbol{X}(0))=[-1,1,-1,-1]^{\mathrm{T}}$$

$$\boldsymbol{X}(2)=f(\boldsymbol{W}\boldsymbol{X}(1))=[-1,-1,-1,-1]^{\mathrm{T}}=\boldsymbol{X}^b$$

由上述验证可知，网络从任意状态出发，经过几次状态更新后，都将达到稳态，网络具有联想记忆的能力。

5.2　连续型 Hopfield 神经网络

连续型 Hopfield 神经网络(CHNN)是一种全反馈的递归神经网络，与生物神经系统中大量存在的神经反馈回路相一致，具有良好的非线性动力学特性。与 DHNN 不同，CHNN 在时间上是连续的，是以模拟量作为输入输出的，所以，在联想性、实时性、协同性等方面比 DHNN 更加接近于生物神经网络。

CHNN 是由非线性元件构成的反馈系统，具有全连接的网络结构，是一种典型的递归神经网络。CHNN 是一种非线性动力学系统，具有很强的计算能力，同时具有联想记忆和优化计算的能力。在拓扑结构上，CHNN 和 DHNN 的结构类似，全连接的反馈结构与生物神经系

统中存在的大量反馈神经回路相一致。

CHNN 主要有以下特点。

1）神经元之间按照渐进方式工作，并产生动作电位。

2）神经元之间的连接有兴奋和抑制，主要通过反馈来实现。

3）准确地保留了生物神经网络的动态特性和非线性特性。

4）网络的工作方式为并行方式，可以同步处理数据。

由于 CHNN 具备以上的特点，使其应用更为广泛，可以更好地解决各种优化组合问题，如旅行商问题、工业生产线的装箱问题、交通运输中的车辆调度问题、图着色问题和背包问题等。

5.2.1　连续型 Hopfield 神经网络结构与工作原理

CHNN 由模拟电子线路连接实现，每个神经元由一个运算放大器、电阻、电容等元件构成。输入一方面来自输出的反馈，另一方面来自以电流形式从外界接入的输入。CHNN 的神经元模型如图 5-4 所示。

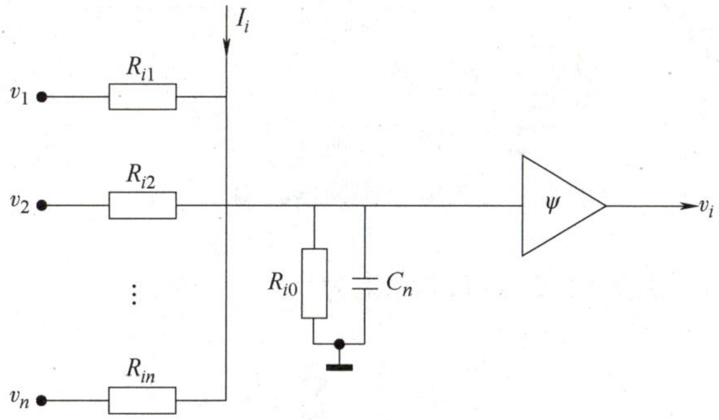

图 5-4　连续型 Hopfield 神经网络的神经元模型

图 5-4 中 R_{i0}为运算放大器对应的电阻，C_n 是运算放大器对应的电容，电阻和电容并联模拟生物神经元的延时特性。ψ 是运算放大器，模拟神经元的非线性饱和特性。R_{i1}，R_{i2}，…，R_{in}是输入侧的电阻，模拟神经元之间的突触特性。v_1，v_2，…，v_n 是神经元的输入，v_i 是神经元的输出，I_i 是外部电流。

CHNN 具有单层的神经元，是全连接的反馈型神经网络，每个神经元的输出都反馈到其输入，输出层的传递函数为连续函数。采用模拟电路实现的 CHNN 的结构如图 5-5 所示。图中，w 为网络的连接权值，b_1，b_2，…，b_n 是外界的输入电流。

假设 CHNN 中的运算放大器为理想放大器，根据基尔霍夫定律，可以得到第 i 个神经元的输入方程为

$$C_j\frac{\mathrm{d}u_j}{\mathrm{d}t}=-\frac{u_j}{R_{j0}}+\sum_{j=1}^{n}w_{ij}(v_i-u_j)+b_j \tag{5-21}$$

式中，n 为神经元的个数；u_j 为运算放大器的输入电压；R_{j0}为运算放大器的等效电阻；v_i 为运算放大器的输出电压；b_1，b_2，…，b_n 为偏置；w_{ij}为神经元之间的连接权值，w_{ij}具体地表示为

$$w_{ij}=\frac{1}{R_{ij}} \tag{5-22}$$

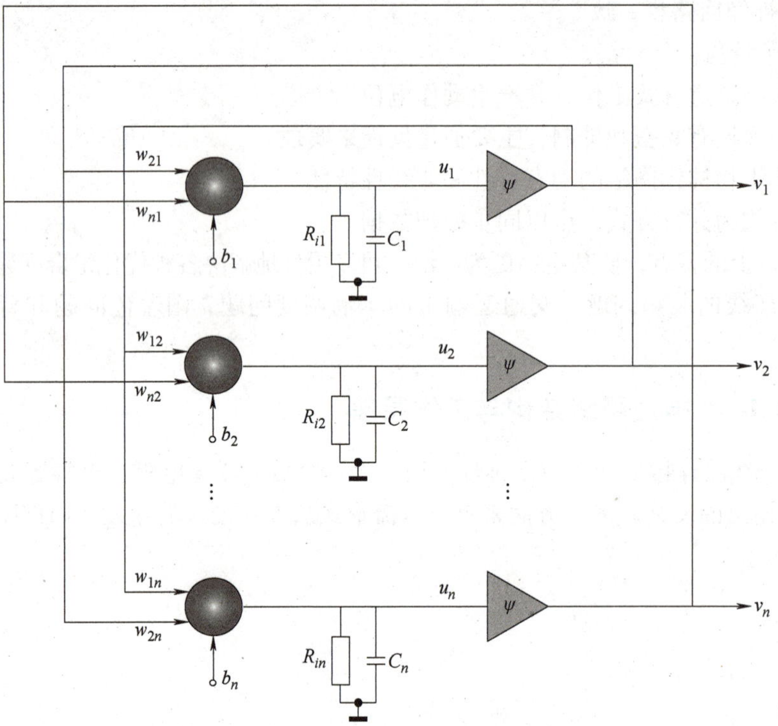

图 5-5 彩图

图 5-5　连续型 Hopfield 神经网络结构

令$\frac{1}{R_j}=\frac{1}{R_{j0}}+\sum_{j=1}^{n}\frac{1}{R_{ij}}$，那么式(5-21)可以简化为

$$C_j\frac{\mathrm{d}u_j}{\mathrm{d}t}=-\frac{u_j}{R_j}+\sum_{j=1}^{n}w_{ij}v_i+b_j \tag{5-23}$$

对于 CHNN 的第 i 个神经元，经过运算放大器的输出 v_i 可表示如下

$$v_i=\psi(u_i) \tag{5-24}$$

式中，ψ 为激活函数。

由于 CHNN 的输出为连续时间变化，CHNN 中常用的激活函数一般有两种形式，包括 Sigmoid 函数和双曲正切函数。

从 CHNN 的模型中可以看出，该网络由一些元件组成的模拟电子线路连接而成，网络的输入和输出都是连续时间变化的，从输入到输出由具有非线性饱和特性的运算放大器来实现。当网络有输入时，通过网络的运行进行输出，并将输出值作为网络的输入继续运行，直至网络最终的输出达到稳定，停止运行。

5.2.2　连续型 Hopfield 神经网络稳定性

CHNN 是非线性动力学系统，具有反馈型的网络结构。对于反馈型神经网络来讲，网络的稳定性至关重要。网络从初始状态开始运行，经过有限次迭代，当网络的状态不再改变，则认为网络是稳定的。稳定的网络从初始状态开始演化，沿着能量减小的方向演化，最终收敛到某一稳定点。

在式(5-21)中采用非线性微分方程描述了 CHNN，网络的稳定性需要在此基础上通过构

造能量函数 E 来证明。

定义 CHNN 的能量函数为

$$E=-\frac{1}{2}\sum_{j=1}^{n}\sum_{i=1}^{n}w_{ij}v_iv_j-\sum_{j=1}^{n}v_jb_j+\sum_{j=1}^{n}\frac{1}{R_j}\int_0^{v_j}\psi^{-1}(v)\,\mathrm{d}v \tag{5-25}$$

写成向量式为

$$E=-\frac{1}{2}\boldsymbol{V}^{\mathrm{T}}\boldsymbol{W}\boldsymbol{V}-\boldsymbol{B}^{\mathrm{T}}\boldsymbol{V}+\sum_{j=1}^{n}\frac{1}{R_j}\int_0^{v_j}\psi^{-1}(v)\,\mathrm{d}v \tag{5-26}$$

式中，ψ^{-1}为神经元激活函数的反函数。

CHNN 的能量函数用来表征网络的状态变化趋势，在表达形式上与能量函数一致，但不是物理意义上的能量函数。CHNN 的能量函数的物理意义是：在渐进稳定点的吸引域内，离吸引点较远的状态具有较大的能量，由于能量函数是单调下降的，使状态的运动逐渐趋近于吸引点，直至达到稳定点。对于 CHNN 的稳定性，存在以下定理。

定理 5-6 若神经元的转移函数 ψ 存在反函数 ψ^{-1}，且 ψ^{-1}是单调连续递增的，同时网络权值对称，即 $w_{ij}=w_{ji}$，则由任意初态开始，CHNN 的能量函数总是单调递减的，即$\frac{\mathrm{d}E}{\mathrm{d}t}\leqslant 0$，当且仅当$\frac{\mathrm{d}v_j}{\mathrm{d}t}=0$ 时，有$\frac{\mathrm{d}E}{\mathrm{d}t}=0$，因此网络最终能够达到稳态。

证明： 将能量函数对时间求导，可得

$$\frac{\mathrm{d}E}{\mathrm{d}t}=\sum_{j=1}^{n}\frac{\partial E}{\partial v_j}\times\frac{\mathrm{d}v_j}{\mathrm{d}t} \tag{5-27}$$

由式(5-25)和 $u_j=\psi^{-1}(v_j)$及网络的对称性，对神经元 j 有

$$\frac{\partial E}{\partial v_j}=-\frac{1}{2}\sum_{j=1}^{n}w_{ij}v_i-\boldsymbol{B}+\frac{u_j}{R_j} \tag{5-28}$$

将式(5-28)代入式(5-27)，并考虑式(5-23)，可整理为

$$\begin{aligned}\frac{\mathrm{d}E}{\mathrm{d}t}&=\sum_{j=1}^{n}\frac{\mathrm{d}v_j}{\mathrm{d}t}C_j\frac{\mathrm{d}v_j}{\mathrm{d}t}\\&=-\sum_{j=1}^{n}C_j\frac{\mathrm{d}u_j}{\mathrm{d}t}\times\left(\frac{\mathrm{d}v_j}{\mathrm{d}t}\right)^2\\&=-\sum_{j=1}^{n}C_j\psi^{-1}(v_j)\left(\frac{\mathrm{d}v_j}{\mathrm{d}t}\right)^2\end{aligned} \tag{5-29}$$

可以看出，式(5-29)中 $C_j>0$，单调递增函数 $\psi^{-1}(v_j)>0$，故有

$$\frac{\mathrm{d}E}{\mathrm{d}t}\leqslant 0 \tag{5-30}$$

只有对于所有 j 均满足$\frac{\mathrm{d}v_j}{\mathrm{d}t}=0$ 时，才有$\frac{\mathrm{d}E}{\mathrm{d}t}=0$。

在运算放大器接近理想运放时，积分项可忽略不计，则能量函数为

$$E=-\frac{1}{2}\sum_{j=1}^{n}\sum_{i=1}^{n}w_{ij}v_iv_j-\sum_{j=1}^{n}v_jb_j \tag{5-31}$$

由定理 5-6 可知，随着状态的演变，网络的能量总是降低的。只有当网络中所有节点的状态不再改变时，能量才不再变化，此时到达能量的某一局部极小点或全局最小点，该能量点对应着网络的某一个稳定状态。

Hopfield 网络用于联想记忆时，正是利用了这些局部极小点来记忆样本，网络的存储容量越大，说明网络的局部极小点越多。然而在优化问题中，局部极小点越多，网络就越不容易达到最优解而只能达到较优解。

为保证网络的稳定性，要求网络的结构必须对称，否则运行中可能出现极限环或混沌状态。

5.3 应用实例

旅行商(Traveling Salesman Problem，TSP)问题是一种典型的组合优化问题。假设有 n 个城市 A，B，C，…，城市之间的相互距离可以表示为 d_{AB}，d_{BC}，d_{AC}，…。解决 TSP 问题就是寻找遍历 n 个城市的最短路径。该路径经过每个城市，并返回起始城市，形成一个闭合的路径。对于 n 个城市，可能的路径有 $\frac{1}{2}(n-1)!$ 种，因此，随着 n 的增大，计算量将急剧增加，例如 $n=10$ 时，可能的路径数为 181440 种，当 n 增加到 20，可能的路径数为 3.2012×10^{15} 种。由此可见，急剧增加的计算量可能引发“组合爆炸”问题。采用 CHNN 解决 TSP 问题，正是基于其工作方式是并行的，可以同时处理数据，可以避免“组合爆炸”问题。

TSP 问题中的目标函数是最短路径，采用传统的 CHNN 解决 TSP 问题是将目标函数和约束条件等作为网络的能量函数，将城市的顺序与神经元的状态相对应。由 CHNN 稳定性可知，当网络的状态达到稳定点时，网络能量函数达到最小，从而得到最优解，即最短路径。

为了将 TSP 问题映射到网络的动态过程中，将城市的状态通过换位矩阵表示。假设要访问 5 个城市 A、B、C、D 和 E，每次只能访问一个城市，即矩阵的每行和每列只能有一个城市被访问。如访问的路径为 A→E→B→D→C，则具体的表示如表 5-1 所示。

表 5-1 换位矩阵

城市	A	B	C	D	E
1	1	0	0	0	0
2	0	0	0	0	1
3	0	1	0	0	0
4	0	0	0	1	0
5	0	0	1	0	0

对于 n 个城市的 TSP 问题，全部 n 行的所有元素按顺序两两相乘之和为 0，即

$$\sum_{x=1}^{n}\sum_{i=1}^{n-1}\sum_{j=i+1}^{n} v_{xi}v_{xj}=0 \tag{5-32}$$

此外，全部 n 列的所有元素按顺序两两相乘之和为 0，即

$$\sum_{i=1}^{n}\sum_{x=1}^{n-1}\sum_{y=x+1}^{n} v_{xi}v_{yi}=0 \tag{5-33}$$

定义能量函数 E_1 为

$$E_1=\frac{1}{2}A\sum_{x=1}^{n}\sum_{i=1}^{n-1}\sum_{j=i+1}^{n}v_{xi}v_{xj}+\frac{1}{2}B\sum_{i=1}^{n}\sum_{x=1}^{n-1}\sum_{y=x+1}^{n}v_{xi}v_{yi} \tag{5-34}$$

式中，A 和 B 为正常数。

换行矩阵的每行和每列都只能有一个 1，其余为 0，矩阵中 1 的和为 n，因此需要满足以下约束条件

$$\sum_{x=1}^{n}\sum_{i=1}^{n}v_{xi}=n \tag{5-35}$$

定义能量函数 E_2 为

$$E_2=\frac{1}{2}C\left(\sum_{x=1}^{n}\sum_{i=1}^{n}v_{xi}-n\right)^2 \tag{5-36}$$

式中，C 为正常数。

TSP 问题的目标是遍历所有的城市后得到一个最短路径，可以表示为

$$E_3=\frac{1}{2}D\sum_{x=1}^{n}\sum_{y=1}^{n}\sum_{i=1}^{n}d_{xy}(v_{xi}v_{y,i+1}+v_{xi}v_{y,i-1}) \tag{5-37}$$

式中，D 为正常数；d_{xy} 为城市 x 与城市 y 之间的距离。

综上，可得 TSP 问题的能量函数为

$$\begin{aligned}E&=E_1+E_2+E_3\\&=\frac{1}{2}A\sum_{x=1}^{n}\sum_{i=1}^{n-1}\sum_{j=i+1}^{n}v_{xi}v_{xj}+\frac{1}{2}B\sum_{i=1}^{n}\sum_{x=1}^{n-1}\sum_{y=x+1}^{n}v_{xi}v_{yi}+\frac{1}{2}C\left(\sum_{x=1}^{n}\sum_{i=1}^{n}v_{xi}-n\right)^2+\\&\quad\frac{1}{2}D\sum_{x=1}^{n}\sum_{y=1}^{n}\sum_{i=1}^{n}d_{xy}(v_{xi}v_{y,i+1}+v_{xi}v_{y,i-1})\end{aligned} \tag{5-38}$$

将式(5-38)与式(5-25)给出的能量函数形式对应，应使神经元 x_i 和 y_j 之间的权值和外部输入的偏置按下式给出

$$\begin{cases}w_{x_i,y_j}=-2A\delta_{xy}(1-\delta_{ij})-2B\delta_{ij}(1-\delta_{xy})-2C-2Dd_{xy}(\delta_{j,i+1}+\delta_{j,i-1})\\ b_{xi}=2cn\end{cases} \tag{5-39}$$

式中，$\delta_{xy}=\begin{cases}1, & x=y\\0, & x\neq y\end{cases}$；$\delta_{ij}=\begin{cases}1, & i=j\\0, & i\neq j\end{cases}$。

网络构成后，给定一个随机的初始输入，便有一个稳定状态对应于一个旅行路线，不同的初始输入所得到的旅行路线不同，这些路线都是较佳和最佳的。

将式(5-39)代入 CHNN 运行方程式(5-23)，可得

$$\begin{cases}c_{ij}\dfrac{\mathrm{d}u_{xi}}{\mathrm{d}t}=-2A\sum\limits_{j\neq i}^{n}v_{xj}-2B\sum\limits_{y\neq x}^{n}v_{yi}-2C\left(\sum\limits_{x=1}^{n}\sum\limits_{i=1}^{n}v_{xi}-n\right)-2D\sum\limits_{y\neq x}^{n}d_{xy}(\delta_{y,i+1}+\delta_{y,i-1})-\dfrac{u_{xi}}{R_{xi}C_{xi}}\\ v_{xi}=f(u_{xi})=\dfrac{1}{2}\left(1+\tanh\left(\dfrac{u_{xi}}{u_0}\right)\right)\end{cases} \tag{5-40}$$

式中，u_0 为初始输入。

本实验选择 10 个城市进行测试。城市的状态对应于 Hopfield 神经网络中神经元的状态，当能量函数为最小值时，即可得到最优路径。首先确定城市的位置和彼此之间的距离。随机

选取两个城市作为起点和终点，起点是城市 8，终点是城市 10。

通过随机运行产生初始路径，如图 5-6 所示。图中，圆点代表了十个城市，由于路径是随机的，所以得到的结果也是随机的，不一定是最优路径。从图 5-6 可以看出，从起点城市 8 到终点城市 10，期间经历的路径是 8→9→2→4→6→7→1→5→10→3→8。该随机路径产生的最终距离为 5. 5852。该距离是随机路径规划产生的，不一定是最优路径。

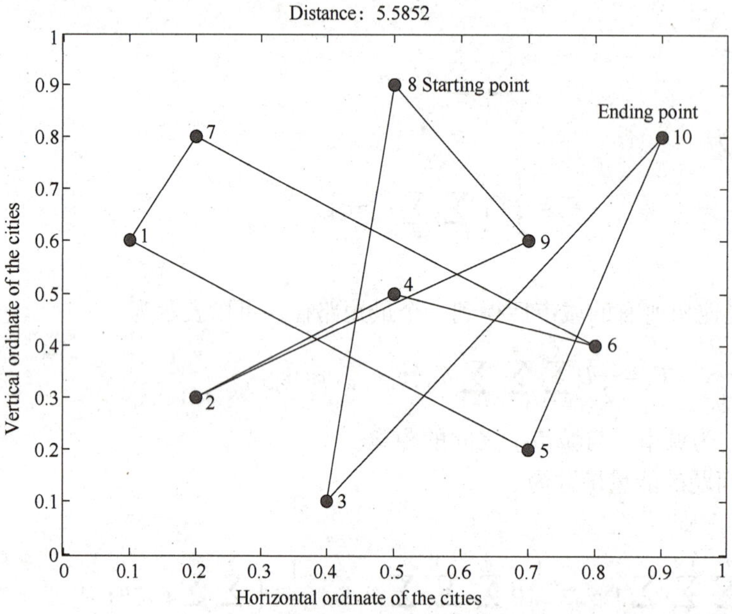

图 5-6 彩图

图 5-6　初始路径

采用 CHNN 对这 10 个城市进行路径规划，使其产生最优路径，即得到路径的最优解。仍然选定城市 8 为起始城市，城市 10 为终点城市。规划后的结果如图 5-7 所示。

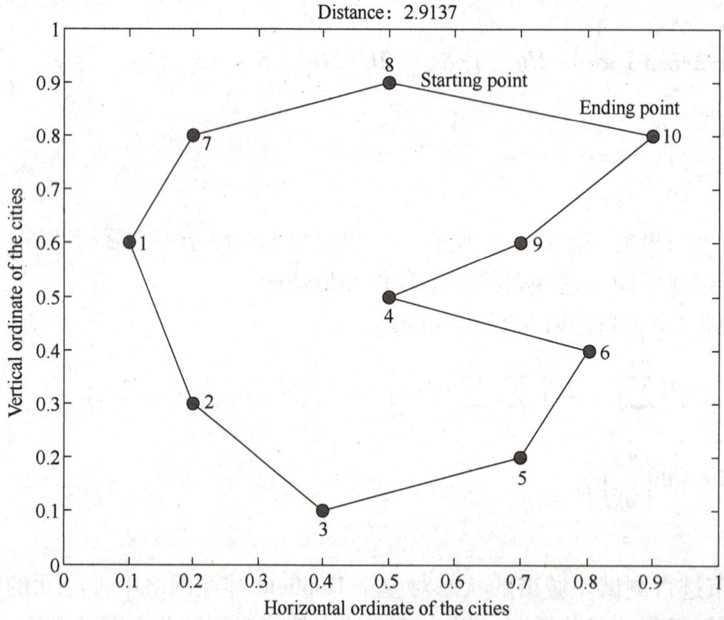

图 5-7 彩图

图 5-7　最优路径

当经过所有的城市后，期望总距离达到最低。通过 CHNN 得到的最优路径如图 5-7 所示。从起点到终点，最后的路径是 8→7→1→2→3→5→6→4→9→10→8，最后的距离为 2. 9137。由此可见，通过 CHNN 的运行，最终得到 10 个城市的路径。

在网络的运行过程中，通过不断地调整使能量函数逐渐减少，逐渐趋于最小，从而得到最优路径。随着迭代次数的增加，能量函数减小。图 5-8 所示为对 10 个城市路径规划过程中能量函数的变化进行的统计。可以看出，随着迭代次数的逐渐增大，能量函数逐渐减少。在最初的 20 次迭代中，能量函数迅速减少。随着迭代次数的逐渐增加，能量函数变化缓慢，通过 2000 次迭代，能量函数最终稳定在 1. 564。能量函数从 151. 3 逐渐收敛到 1. 564，可以认为 1. 564 近似接近于零，从而得到网络最优解，即 10 个城市的最小距离。所以，上述路径为最优解对应的最优路径。

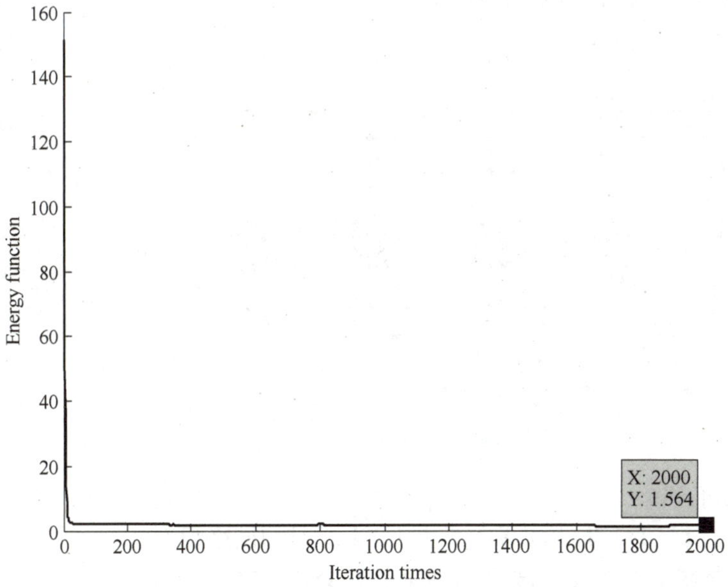

图 5-8　能量函数的变化

图 5-8 彩图

习题

5-1　如何利用 DHNN 的稳态进行联想记忆？

5-2　如何利用 CHNN 的稳态进行优化计算？

5-3　Hopfield 网络的参数学习还有那些方式？

5-4　Hopfield 网络的结构设计还有那些方式？

5-5　DHNN 的权值矩阵 $\boldsymbol{W}$ 给定为

$$\boldsymbol{W}=\begin{bmatrix} 0 & 1 & -1 & 2 \\ 1 & 0 & 1 & 1 \\ -1 & 1 & 0 & -1 \\ 2 & 1 & -1 & 0 \end{bmatrix}$$

已知各神经元的阈值为0，试计算网络状态为$\boldsymbol{X}=[-1,1,1,1]^{\mathrm{T}}$和$\boldsymbol{X}=[1,-1,-1,1]^{\mathrm{T}}$时的能量值。

5-6 给定一个DHNN，其权值矩阵$\boldsymbol{W}$为

$$\boldsymbol{W}=\begin{bmatrix} 0 & 1 & 1 & 2 & -1 \\ 1 & 0 & 3 & -1 & 1 \\ 1 & 3 & 0 & -1 & 3 \\ 2 & -1 & -1 & 0 & 3 \\ -1 & 1 & 3 & 3 & 0 \end{bmatrix}$$

已知各神经元的阈值为0，试计算网络初始状态分别为$\boldsymbol{X}(0)=[-1,1,1,1,-1]^{\mathrm{T}}$，$\boldsymbol{X}(0)=[-1,1,-1,-1,1]^{\mathrm{T}}$和$\boldsymbol{X}(0)=[1,-1,-1,1,1]^{\mathrm{T}}$时的网络稳态。

5-7 DHNN如图5-9所示，部分权值已标在图中。

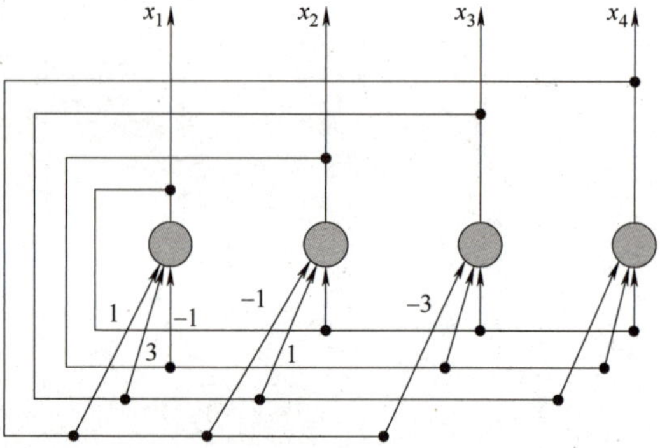

图 5-9 习题 5-7 附图

1）试求网络的权值矩阵$\boldsymbol{W}$。

2）给定初始状态$\boldsymbol{X}=[-1,-1,1,1]^{\mathrm{T}}$和$\boldsymbol{X}=[1,1,1,-1]^{\mathrm{T}}$时的网络稳态。

5-8 表5-2给出了六个城市的距离，试用CHNN求解TSP问题。

表 5-2 换位矩阵

城市	天津	石家庄	太原	呼和浩特	上海
北京	119	263	398	401	1078
天津	0	262	426	504	963
石家庄	262	0	171	394	989
太原	426	171	0	341	1096
呼和浩特	504	394	341	0	1381

参考文献

[1] HOPFIELD J J. Neural networks and physical systems with emergent collective computational abilities[J]. Proceedings of the National Academy of Sciences, 1982, 79(8): 2554-2558.

[2] NAMANE A, SOUBARI E H, GUESSOUM A, et al. Hopfield-multilayer-perceptron serial combination for

accurate degraded printed character recognition[J]. Optical Engineering, 2006, 45(8): 1678-1678.

[3] YAN W, CHEN C H, CHANG W. An investigation into sustainable product conceptualization using a design knowledge hierarchy and Hopfield network [J]. Computers & Industrial Engineering, 2009, 56 (4): 1617-1626.

[4] COHEN M A, GROSSBERG S. Absolute stability of global pattern formation and parallel memory storage by competitive neural networks [J]. IEEE Transactions on Systems, Man, and Cybernetics, 1983, (5): 815-826.

[5] CHAN C K, CHENG L M. The convergence properties of a clipped Hopfield network and its application in the design of keystream generator[J]. IEEE Transactions on Neural Networks, 2001, 12(2): 340-348.

[6] MCELIECE R J, POSNER E C, RODEMICH E R, et al. The capacity of the Hopfield associative memory [J]. IEEE Transactions on Information Theory, 1987, 33(4): 461-482.

[7] STORKEY A, VALABREGUE R. Hopfield learning rule with high capacity storage of time-correlated patterns [J]. Electronics Letters, 1997, 33(21): 1803-1804.

[8] Donald O H. The Organization of behavior: a neuropsychological theory[M]. New York: John Wiley, Chapman & Hall, 1949.

[9] ZHAO H. Global asymptotic stability of Hopfield neural network involving distributed delays[J]. Neural networks, 2004, 17(1): 47-53.

[10] HOPFIELD J J. Neurons with graded response have collective computational properties like those of two-state neurons[J]. Proceedings of the National Academy of Sciences, 1984, 81(10): 3088-3092.

[11] HUANG C L. Parallel image segmentation using modified Hopfield model[J]. Pattern Recognition Letters, 1992, 13(5): 345-353.

[12] JOYA G, ATENCIA M A, SANDOVAL F. Hopfield neural networks for optimization: study of the different dynamics[J]. Neurocomputing, 2002, 43(1): 219-237.

[13] KING T D, EL-HAWARY M E, EL-HAWARY F. Optimal environmental dispatching of electric power systems via an improved Hopfield neural network model[J]. IEEE Transactions on Power Systems, 1995, 10(3): 1559-1565.

[14] HOPFIELD J J, TANK D W. “Neural” computation of decisions in optimization problems[J]. Biological Cybernetics, 1985, 52(3): 141-152.

[15] 高海昌，冯博琴，朱利. 智能优化算法求解 TSP 问题[J]. 控制与决策，2006，21(3)：241-247.

[16] 费春国，韩正之，唐厚君. 基于连续 Hopfield 网络求解 TSP 的新方法[J]. 控制理论与应用，2006，23(06)：907-912.

[17] YOSHIKANE T. Mathematical improvement of the Hopfield model for TSP feasible solutions by synapse dynamical systems[J]. Neurocomputing, 1997, 15(1): 15-43.

第 6 章　长短期记忆网络

导读

长短期记忆(Long Short-Term Memory，LSTM)网络是一种特殊类型的递归神经网络，能有效解决递归神经网络在处理长序列数据时遇到的长期依赖问题。本章首先简要分析长期依赖问题及其产生原因，以引出 LSTM 的提出背景。接下来，重点介绍 LSTM 网络结构及原理，帮助读者深入理解其运行机制。随后，分析超参数对神经网络性能的影响以及改进方向，介绍一种网络结构设计方法。最后，通过经典案例展示 LSTM 在实际应用中的表现。通过本章的学习，读者将掌握一种有效解决时序问题的新方法。

本章知识点

- 长短期记忆网络结构与工作原理
- 超参数对长短期记忆网络性能的影响
- 长短期记忆网络设计方法与应用

6.1　递归神经网络的挑战

6.1.1　长期依赖问题

区别于前馈神经网络，递归神经网络既包含前馈连接，又具有反馈连接。这种结构使得网络能够对之前输入的信息进行记忆，并将其应用于当前输出的计算中，从而保持数据中的依赖关系。因此，递归神经网络在处理时序问题上有着天然的优势，能够有效捕捉序列数据中的动态模式和依赖关系。

然而，反馈结构的引入使得递归神经网络在处理长时间序列时，需要反复进行相同的计算，并且由于参数共享，这种结构容易导致梯度消失或者梯度爆炸，使得学习长期依赖关系变得极具挑战，即“长期依赖问题”。

为了解决上述问题，多种递归神经网络架构被提出。其一是通过设定循环的隐含层单元，使它能够有效捕捉长期依赖信息，并仅学习隐含层到输出层的参数。基于这一思想的算法包括回声状态网络(Echo State Network，ESN)和液态状态机(Liquid State Machine，LSM)。另一种则是设计工作在多个时间尺度的模型，包括细粒度时间上的细节和粗粒度时间上的遥远历史信息，例如在时间展开方向增加跳跃连接、渗漏单元使用不同时间常数去处理信息等。此外，则是近年来广泛应用且效果显著的门控 RNN(Gated RNN)，主要包括长短期记忆网络和门控循环单元(Gated Recurrent Unit)。

6.1.2　梯度消失和梯度爆炸

Bengio 等人提出标准 RNN 存在梯度消失和梯度爆炸的困扰。这两个问题都是由于 RNN 的迭代性引起的，导致它在早期并没有得到广泛的应用。通常使用随时间反向传播(Back Propagation Through Time，BPTT)算法来训练 RNN，对于基于梯度的学习需要模型参数 θ 和损失函数 L 之间存在闭式解，根据估计值和实际值之间的误差来最小化损失函数，那么在损失函数上计算得到的梯度信息可以传回给模型参数并进行相应修改。假设对于序列 $\boldsymbol{x}_1$，$\boldsymbol{x}_2$，…，$\boldsymbol{x}_t$，通过 $\boldsymbol{s}_t=\boldsymbol{F}_\theta(\boldsymbol{s}_{t-1},\boldsymbol{x}_t)$ 将上一时刻的状态 $\boldsymbol{s}_{t-1}$ 映射到下一时刻的状态 $\boldsymbol{s}_t$。T 时刻损失函数 $\boldsymbol{L}_T$ 关于参数的梯度为

$$\nabla_\theta \boldsymbol{L}_T=\frac{\partial \boldsymbol{L}_T}{\partial \boldsymbol{\theta}}=\sum_{t\leqslant T}\frac{\partial \boldsymbol{L}_T}{\partial \boldsymbol{s}_T}\frac{\partial \boldsymbol{s}_T}{\partial \boldsymbol{s}_t}\frac{\partial \boldsymbol{F}_\theta(\boldsymbol{s}_{t-1},\boldsymbol{x}_t)}{\partial \boldsymbol{\theta}} \tag{6-1}$$

根据链式法则，将雅可比矩阵$\dfrac{\partial \boldsymbol{s}_T}{\partial \boldsymbol{s}_t}$分解如下

$$\frac{\partial \boldsymbol{s}_T}{\partial \boldsymbol{s}_t}=\frac{\partial \boldsymbol{s}_T}{\partial \boldsymbol{s}_{T-1}}\frac{\partial \boldsymbol{s}_{T-1}}{\partial \boldsymbol{s}_{T-2}}\cdots\frac{\partial \boldsymbol{s}_{t+1}}{\partial \boldsymbol{s}_t}=f'_{T-1}f'_{T-2}\cdots f'_t \tag{6-2}$$

递归神经网络若要可靠地存储信息，须满足 $|f'_t|<1(t=1,2,\cdots,T-1)$，意味着当网络能够保持长距离依赖时，其本身也处于梯度消失的情况下。随着时间跨度增加，梯度 $\nabla_\theta \boldsymbol{L}_T$ 也会以指数级收敛于 0。当 $|f'_t|>1(t=1,2,\cdots,T-1)$时，将发生梯度爆炸的现象，网络也陷入局部不稳定。

6.2　长短期记忆神经网络结构及工作原理

6.2.1　长短期记忆神经网络结构的基本组成

RNN 的结构按时间步长展开，如图 6-1 所示。RNN 通过延迟递归使每个状态都能传输并连接到下一个隐含状态，并根据当前输入和前一状态计算输出。

隐含状态 $\boldsymbol{s}(t)$ 和输出 $\boldsymbol{y}(t)$ 可定义为

$$\boldsymbol{s}(t)=\psi(\boldsymbol{w}_{in}\boldsymbol{x}(t)+\boldsymbol{w}\boldsymbol{s}(t-1)+\boldsymbol{b}_s) \tag{6-3}$$

$$\boldsymbol{y}(t)=\psi(\boldsymbol{w}_{out}\boldsymbol{s}(t)+\boldsymbol{b}_y) \tag{6-4}$$

式中，$\boldsymbol{x}(t)$为时刻 t 的输入向量；$\boldsymbol{b}_s$ 和 $\boldsymbol{b}_y$ 为偏置项；$\psi(\cdot)$为非线性激活函数；$\boldsymbol{w}_{in}$，$\boldsymbol{w}$ 和 $\boldsymbol{w}_{out}$分别为输入向量、隐含状态向量和输出向量的连接权值。

LSTM 神经网络是标准 RNN 的一个变体。不同的是，LSTM 神经网络将 RNN 中的基本单元替换为 LSTM 单元，可以更好地处理长期依赖的梯度消失和梯度爆炸问题。基本 LSTM 单元的结构如图 6-2 所示。基本的 LSTM 单元通常包含三个输入，分别是前一时刻的单元状

态 $\boldsymbol{c}(t-1)$、前一时刻的隐含状态 $\boldsymbol{h}(t-1)$ 和当前时刻的输入向量 $\boldsymbol{x}(t)$。

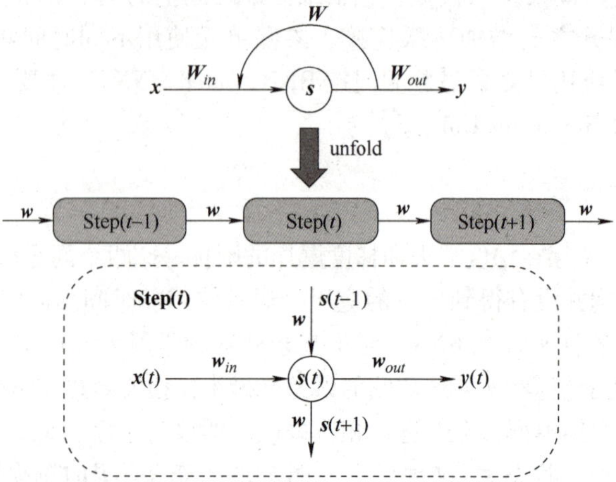

图 6-1 彩图

图 6-1　RNN 的结构按时间步长展开

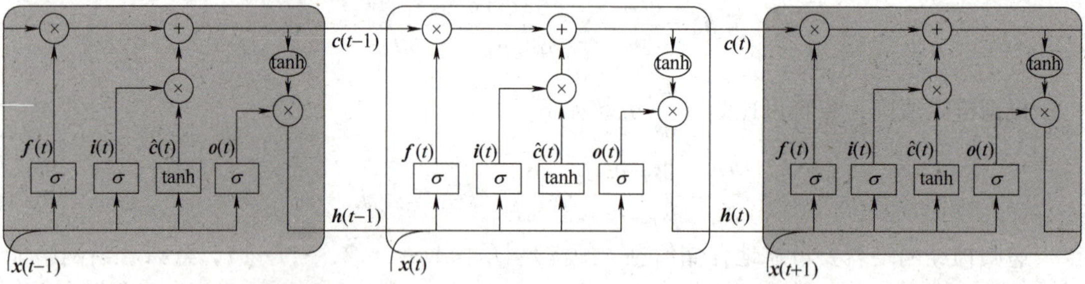

图 6-2　LSTM 结构图

在 LSTM 内部，候选单元状态 $\hat{\boldsymbol{c}}(t)$ 的生成公式为

$$\hat{\boldsymbol{c}}(t)=\tanh(\boldsymbol{w}_{\hat{c}x}\boldsymbol{x}(t)+\boldsymbol{w}_{\hat{c}h}\boldsymbol{h}(t-1)+\boldsymbol{b}_c) \tag{6-5}$$

式中，$\boldsymbol{w}_{\hat{c}x}$，$\boldsymbol{w}_{\hat{c}h}$ 和 $\boldsymbol{b}_c$ 分别为输入权值，循环结构的权值和相应的偏置；tanh( ) 为双曲正切激活函数。在更新单元状态 $\boldsymbol{c}(t)$ 之前，会先产生候选单元状态 $\hat{\boldsymbol{c}}(t)$。而 $\hat{\boldsymbol{c}}(t)$ 是由当前时刻 t 的输入以及上一时刻 $t-1$ 的隐层单元输出共同作用，分别与各自权值矩阵线性组合，得到当前时刻候选单元状态值。

6.2.2　输入门、遗忘门和输出门的作用

LSTM 单元内有三个门控制器，分别是输入门、遗忘门和输出门。这三个门主要用来决定哪些信息应该被重新记忆，并控制新的信息对神经元的影响，使 LSTM 神经网络能够较长时间地保存并传递信息，有效地处理序列数据。LSTM 神经网络通过控制这些门控单元实现信息更新与动态记忆，三个门的计算方法及作用如下。

输入门：当前数据信息通过输入门后，被有选择地存储到记忆单元中，从而影响当前记忆单元状态值。

$$\boldsymbol{i}(t)=\sigma(\boldsymbol{w}_{ix}\boldsymbol{x}(t)+\boldsymbol{w}_{ih}\boldsymbol{h}(t-1)+\boldsymbol{b}_i) \tag{6-6}$$

遗忘门：处理记忆单元中的哪些信息需要被舍弃。

$$\boldsymbol{f}(t)=\sigma(\boldsymbol{w}_{fx}\boldsymbol{x}(t)+\boldsymbol{w}_{fh}\boldsymbol{h}(t-1)+\boldsymbol{b}_f) \tag{6-7}$$

输出门：对记忆单元状态值的输出进行作用。

$$\boldsymbol{o}(t)=\sigma(\boldsymbol{w}_{ox}\boldsymbol{x}(t)+\boldsymbol{w}_{oh}\boldsymbol{h}(t-1)+\boldsymbol{b}_o) \tag{6-8}$$

式中，$\boldsymbol{w}_{fx}$，$\boldsymbol{w}_{ix}$和$\boldsymbol{w}_{ox}$为输入权值；$\boldsymbol{w}_{fh}$，$\boldsymbol{w}_{ih}$和$\boldsymbol{w}_{oh}$为循环结构的权值；$\boldsymbol{b}_f$，$\boldsymbol{b}_i$ 和$\boldsymbol{b}_o$ 为相应的偏置；σ 为非线性激活函数。通常，Sigmoid 函数可以用作门控单元的激活函数。则 LSTM 的单元状态和隐含状态可更新为

$$\boldsymbol{c}(t)=\boldsymbol{f}(t)\odot\boldsymbol{c}(t-1)+\boldsymbol{i}(t)\odot\hat{\boldsymbol{c}}(t) \tag{6-9}$$

$$\boldsymbol{h}(t)=\boldsymbol{o}(t)\odot\tanh(\boldsymbol{c}(t)) \tag{6-10}$$

式中，$\odot$为两个向量间的点乘运算。单元状态更新主要由上一时刻的单元值$\boldsymbol{c}(t-1)$和候选单元状态信息$\hat{\boldsymbol{c}}(t)$共同作用，并利用遗忘门和输入门的共同作用对信息进行选择和调节。

系统输出为

$$\boldsymbol{y}(t)=\boldsymbol{w}_y\boldsymbol{h}(t) \tag{6-11}$$

式中，$\boldsymbol{w}_y$ 是输出权值。

例 6-1　假设当前时刻的输入向量：$\boldsymbol{x}_1(t)=[0.1,0.2]$（对应特征 1 的两个维度），$\boldsymbol{x}_2(t)=[0.3,0.4]$（对应特征 2 的两个维度）。前一时刻的隐含状态：$\boldsymbol{h}(t-1)=[0.5]$。前一时刻的单元状态：$\boldsymbol{c}(t-1)=[0.6]$。权值矩阵和偏置项：$\boldsymbol{w}_{fx}=[0.1,0.2,0.3,0.4]$，$\boldsymbol{w}_{ix}=[0.6,0.7,0.8,0.9]$，$\boldsymbol{w}_{ox}=[0.4,0.5,0.6,0.7]$，$\boldsymbol{w}_{\hat{c}x}=[1.0,1.1,1.2,1.3]$，$\boldsymbol{w}_y=[1.0]$，$\boldsymbol{w}_{fh}=[0.5]$，$\boldsymbol{w}_{ih}=[0.6]$，$\boldsymbol{w}_{oh}=[0.4]$，$\boldsymbol{w}_{\hat{c}h}=[1.0]$，$\boldsymbol{b}_f=[0.1]$，$\boldsymbol{b}_i=[0.2]$，$\boldsymbol{b}_o=[0.1]$和$\boldsymbol{b}_c=[0.3]$。试计算 LSTM 网络输出。

解： 由式(6-6)计算输入门的输出为

$$\boldsymbol{i}(t)=\sigma\left([0.6,0.7,0.8,0.9]\begin{bmatrix}0.1\\0.2\\0.3\\0.4\end{bmatrix}+0.6\times0.5+0.2\right)=[0.6365,0.6548,0.6770,0.7027]=0.7858$$

由式(6-7)计算遗忘门的输出为

$$\boldsymbol{f}(t)=\sigma\left([0.1,0.2,0.3,0.4]\begin{bmatrix}0.1\\0.2\\0.3\\0.4\end{bmatrix}+0.5\times0.5+0.1\right)=[0.5890,0.5963,0.6083,0.6248]=0.6570$$

由式(6-8)计算输出门的输出为

$$\boldsymbol{o}(t)=\sigma\left([0.4,0.5,0.6,0.7\begin{bmatrix}0.1\\0.2\\0.3\\0.4\end{bmatrix}+0.4\times0.5+0.1\right)=[0.5842,0.5987,0.6177,0.6411]=0.7109$$

由式(6-5)计算候选单元状态输出为

$$\hat{\boldsymbol{c}}(t)=\tanh\left([1.0,1.1,1.2,1.3]\begin{bmatrix}0.1\\0.2\\0.3\\0.4\end{bmatrix}+1\times0.5+0.3\right)=[0.7163,0.7699,0.8210,0.8668]=0.8808$$

由式(6-9)更新单元状态为

$$\boldsymbol{c}(t)=0.6570\times0.6+0.7858\times0.8808\approx1.8063$$

隐含状态可更新为

$$\boldsymbol{h}(t)=0.7109\times\tanh(1.8063)\approx0.5655$$

则求得网络输出为

$$y(t)=1.0\times0.5655=0.5655$$

6.3 超参数对长短期记忆神经网络性能的影响

6.3.1 长短期记忆神经网络的超参数及其作用

长短期记忆神经网络的超参数是指在该网络设计中和训练过程前需要预先设置的参数，这些参数对网络结构、训练过程和参数优化有着重要影响。超参数的选择对模型的性能和泛化能力有显著影响，因此正确的超参数设置对于达到最优模型性能至关重要。学习率(Learning Rate)用于调整梯度下降算法中权值的更新速率，学习率设置不当可能导致模型训练不稳定或无法收敛。正则化参数(Regularization Parameter)用于防止过拟合，通过在损失函数中加入正则化项，可以迫使模型选择更简单的结构。神经网络的层数(Number of Hidden Layers)和神经元数量(Number of Neurons)则影响网络的深度和宽度，增加层数和神经元数量可以提高模型的学习能力，但也可能增加过拟合的风险。激活函数(Activation Function)决定了神经元的输出信号如何处理，不同的激活函数对网络性能和收敛速度有显著影响。批处理大小(Batch Size)是指在更新模型权值时使用的训练样本数，较小的批量大小可以提高模型的泛化能力，但可能导致训练过程不稳定，较大的批量大小可以加快训练速度，但增加内存需求。此外，还有学习率衰减、动量和权值衰减等其他用于优化训练过程的超参数。

6.3.2 学习率、隐含单元个数和层数的选择对性能的影响

在众多超参数中，学习率、隐含单元个数和层数是神经网络中最为重要的超参数，它们直接决定了网络的训练过程、表达能力和计算复杂度，从而影响了最终模型的性能。

学习率决定了模型在训练过程中权值更新的步长，表征了模型权值在每次更新时响应估计误差的程度。学习率的选择直接影响了神经网络的训练速度和收敛性。如果学习率设置得太小，会导致训练过程过长，模型收敛速度过慢。如果学习率设置得太大，则可能导致模型在训练过程中产生震荡，甚至无法收敛到最优解。

隐含单元个数是神经网络结构中的另一个关键超参数，需要根据具体任务和数据集的复杂程度进行合理调整，以平衡模型的表达能力和泛化能力。如果隐含单元数量过少，可能导致模型无法充分学习数据的特征，从而限制了模型的性能。而隐含单元数量过多，则可能导致模型过拟合，降低了模型的泛化能力。

层数也是影响神经网络性能的一个重要因素，增加神经网络的层数可以提高模型的复杂度和表达能力，使其能够学习更复杂的特征和模式。然而，随着层数的增加，神经网络的训练难度也会增大，需要更多的计算资源和时间来完成训练。同时，过深的神经网络还可能导

致梯度消失或爆炸等问题，从而影响模型的性能。

6.4　长短期记忆神经网络超参数优化方法

6.4.1　超参数优化的目标与挑战

长短期记忆神经网络的超参数优化是十分关键的步骤，它对于提高模型的性能和效果至关重要。通过调整这些参数，可以平衡模型的训练速度和性能，以防止过拟合或欠拟合。超参数优化的目标主要是寻找最优的超参数组合，使得模型在测试集上的误差最小，从而提高模型的性能。然而，超参数优化面临着两项主要挑战。一方面，超参数优化是一个组合优化问题，其搜索空间随着超参数数量的增加而迅速扩大，如何高效地搜索这个空间并找到最优的超参数组合是首要挑战。另一方面，评估一组超参数配置的性能通常需要训练模型并在验证集上测试，这往往需要大量的计算资源和时间，如何快速且准确地评估超参数的性能是另一项挑战。

为了应对这些挑战，研究者们提出了一些超参数优化的方法，包括网格搜索、随机搜索、贝叶斯优化、基于梯度的优化、群优化算法和其他自动化超参数优化工具，如 Hyperopt、Scikit-Optimize 和 Ray Tune 等。这些方法各有优缺点，适用于不同的场景和需求。例如，网格搜索和随机搜索可以系统地探索超参数空间，但可能需要大量的计算资源。贝叶斯优化则可以利用已有的观察结果来调整搜索策略，提高搜索效率。群优化算法则通过模拟生物进化过程来寻找最优的超参数组合，具有全局搜索能力。此外，还可以使用一些验证策略来评估不同超参数组合的效果，如交叉验证或使用验证集。通过比较不同超参数组合在验证集上的性能，可以选择出最优的超参数组合。

6.4.2　自适应学习率算法

自适应学习率算法是一种在模型训练过程中根据学习步长随误差曲面的变化来调整学习率的算法，其主要目的是达到缩短学习时间的效果。这种算法能够根据模型的训练情况和数据的特点动态地调整学习率，从而更高效地优化模型参数，有效地提高模型的训练速度和性能。常见的自适应学习率算法包括以下几种。

（1）自适应梯度算法

自适应梯度算法(Adaptive Gradient Algorithm，AdaGrad 算法)是一种基于梯度的优化算法，借鉴 L2 正则化的思想，每次迭代时自适应地调整每个参数的学习率，在第 t 次迭代时，先计算每个参数梯度平方的累积值 G_t。

$$G_t=\sum_{\tau=1}^{t}\boldsymbol{g}_\tau\odot\boldsymbol{g}_\tau \tag{6-12}$$

式中，$\odot$ 为按元素乘积；$\boldsymbol{g}_\tau$ 为第 τ 次迭代时的梯度，$\boldsymbol{g}_\tau\in R^{|\theta|}$。参数更新 $\Delta\boldsymbol{\theta}_t$ 为

$$\Delta\boldsymbol{\theta}_t=-\frac{\alpha}{\sqrt{G_t+\varepsilon}}\odot\boldsymbol{g}_t \tag{6-13}$$

式中，α 为初始的学习率；ε 是为了保持数值稳定性而设置的非常小的常数，一般取值 $\mathrm{e}^{-10}\sim\mathrm{e}^{-7}$。此外，这里的开平方、除、加运算都是按元素进行的操作。

通过累积梯度平方的方式来自适应地调整学习率，对低频出现的参数进行大的更新，对高频出现的参数进行小的更新。这种方法对于频繁出现的特征，学习率将自动减小，从而更加关注罕见特征的梯度。

（2）RMSProp 算法

均方根传播算法(Root Mean Square Propagation Algorithm，RMSProp 算法)是另一种自适应学习率算法，它对 AdaGrad 算法进行了改进，通过引入衰减系数来减小历史梯度对学习率的影响，可以在某些情况下克服 AdaGrad 算法中学习率不断单调下降以至于过早衰减的缺点。

该算法首先计算每次迭代梯度平方 $\boldsymbol{g}_t^2$ 的加权移动平均 G_t

$$G_t=\beta G_{t-1}+(1-\beta)\boldsymbol{g}_t\odot\boldsymbol{g}_t \tag{6-14}$$

式中，β 为衰减率，一般取值为 0.9。

参数更新 $\Delta\boldsymbol{\theta}_t$ 为

$$\Delta\boldsymbol{\theta}_t=-\frac{\alpha}{\sqrt{G_t+\varepsilon}}\odot\boldsymbol{g}_t \tag{6-15}$$

式中，α 是初始的学习率，比如 0.001。RMSProp 算法和 AdaGrad 算法的区别在于 RMSProp 算法中 G_t 的计算由累积方式变成了加权移动平均，在迭代过程中，每个参数的学习率并不是呈衰减趋势既可以变小也可以变大。这种方法能够更好地适应非平稳数据和大规模数据集。

（3）自适应矩估计算法

自适应矩估计算法(Adaptive Moment Estimation Algorithm，Adam 算法)可以看作动量法和 RMSProp 算法的结合，不但使用动量作为参数更新方向，而且可以自适应调整学习率。Adam 算法一方面计算梯度平方 $\boldsymbol{g}_t^2$ 的加权移动平均(和 RMSProp 算法类似)，另一方面计算梯度 $\boldsymbol{g}_t$ 的加权移动平均(和动量法类似)。

$$M_t=\beta_1 M_{t-1}+(1-\beta_1)\boldsymbol{g}_t \tag{6-16}$$

$$G_t=\beta_2 G_{t-1}+(1-\beta_2)\boldsymbol{g}_t\odot\boldsymbol{g}_t \tag{6-17}$$

式中，β_1 和 β_2 分别为两个移动平均的衰减率，通常取值为 $\beta_1=0.9$，$\beta_2=0.99$。可以把 M_t 和 G_t 分别看作梯度的均值(一阶矩)和未减去均值的方差(二阶矩)。

假设 $M_0=0$，$G_0=0$，那么在迭代初期 M_t 和 G_t 的值会比真实的均值和方差要小。特别是当 β_1 和 β_2 都接近于 1 时，偏差会很大，因此需要对一阶矩与二阶矩修正如下

$$\hat{M}_t=\frac{M_t}{1-\beta_1^t} \tag{6-18}$$

$$\hat{G}_t=\frac{G_t}{1-\beta_2^t} \tag{6-19}$$

Adam 算法的参数更新 $\Delta\theta_t$ 为

$$\Delta\theta_t=-\frac{\alpha}{\sqrt{\hat{G}_t+\varepsilon}}\hat{M}_t \tag{6-20}$$

式中，α 为学习率，通常设为 0.001，并且也可以进行衰减，比如 $\alpha_t=\frac{\alpha_0}{\sqrt{t}}$。

Adam 算法结合了动量优化和 RMSProp 的特点计算每个参数的自适应学习率，它不仅具有动量优化方法的快速收敛性，还能适应非平稳数据和大规模数据集。Adam 算法在许多深度学习任务中表现优秀。

6.4.3　增长-修剪型结构设计算法

神经网络的泛化能力被认为是评价神经网络性能优劣的重要指标，而神经网络泛化性能的优劣与网络的结构设计密不可分。确定合适的网络结构是 LSTM 神经网络模型构建的关键步骤之一，结构过小或过大都会导致神经网络的欠拟合或过拟合问题。为了增强网络的适应性能和提高网络的泛化能力，众多学者致力于自组织神经网络(Self-Organizing Neural Network，SONN)的研究，并取得了丰硕的成果。皮质网络通过一系列影响其突触和神经元特性的可塑性机制表现出惊人的学习和适应能力。这些机制允许大脑皮质的递归网络学习复杂时空刺激的表征。受这种可塑性原理的启发，本节提出一种基于神经元影响值(Neuron Impact Value，NIV)和显著性指标(Significance Index，SI)的自组织长短期记忆(Self-Organizing Long Short-Term Memory，SOLSTM)神经网络，实现隐含层神经元的动态优化，构造出结构紧凑且泛化性能好的网络。首先，根据 NIV 评估隐含层神经元的活跃度，将活跃度较低的隐含层神经元进行修剪，以简化 LSTM 神经网络结构。然后，利用 SI 值评判神经元的显著性，对网络结构进行增长。即 SI 值作为隐含层和输出之间连通性的度量，较大的 SI 值所对应的神经元将被重新激活，以弥补过度剪枝可能造成的影响。SOLSTM 神经网络的结构增长剪枝过程详细描述如下。

（1）结构剪枝算法

将输入变量按照一定比例进行增减变化后再次输入到模型，观察神经元输出的变化，并使用神经元活跃度评价指标 NIV 评估神经元对输入变化的响应。具体计算过程如下。

① 初始化网络模型结构，将输入变量 $\boldsymbol{p}_j$ 按照比例 α 依次增加和减少，得到两个新的输入变量 $\boldsymbol{p}_{j1}$ 和 $\boldsymbol{p}_{j2}$。

$$\boldsymbol{p}_{j1}=(1+\alpha)\boldsymbol{p}_j \tag{6-21}$$

$$\boldsymbol{p}_{j2}=(1-\alpha)\boldsymbol{p}_j \tag{6-22}$$

② 将新得到的输入变量 $\boldsymbol{p}_{j1}$ 和 $\boldsymbol{p}_{j2}$ 分别通过网络模型，得到两组新的神经元输出 $\boldsymbol{u}_{j1}$ 和 $\boldsymbol{u}_{j2}$，二者差的绝对值即为神经元对输入变量按 α 比例增减后产生的响应变化，记为 $\boldsymbol{\Gamma}_j$。

$$\boldsymbol{\Gamma}_j=|\boldsymbol{u}_{j1}-\boldsymbol{u}_{j2}| \tag{6-23}$$

③ 由于神经元影响值是神经元活跃度的具体体现，因此需要保留具有较大 $\boldsymbol{\Gamma}$ 值的神经元。这里，设定前 m 个神经元的累积 $\boldsymbol{\Gamma}$ 活跃度为 γ，定义为

$$\gamma(m)=\frac{\sum_{i=1}^{m}\Gamma_i}{\sum_{i=1}^{M}\Gamma_i} \tag{6-24}$$

式中，M 为初始隐含层神经元个数。通过设置累积 $\boldsymbol{\Gamma}$ 活跃度阈值 ξ，保留最活跃的前 ϕ 比例且累积 $\boldsymbol{\Gamma}$ 活跃 γ 高于 ξ 的神经元。

④ 抑制剩余对输入变量变化不敏感的神经元，即将它们的神经元连接权值掩码 MASK 置 0。

此外，为保证 SOLSTM 神经网络的收敛性，将 $\boldsymbol{\Gamma}$ 最大的第 q 个神经元的输出权值参数调整为

$$\boldsymbol{w}'_{out,q}(t)=\boldsymbol{w}_{out,q}(t)+\frac{\sum_{s=1}^{d}w_{out,s}(t)h_s(t)}{h_q(t)} \tag{6-25}$$

式中，$\boldsymbol{w}_{out,q}(t)$ 和 $\boldsymbol{w}'_{out,q}(t)$ 是删除 d 个神经元前后第 q 个神经元的输出权值；$h_s(t)$ 和 $h_q(t)$ 是删除 d 个神经元前第 s 个神经元和第 q 个神经元的输出值。神经元剪枝后，将 d 个神经元的参数设为零，而第 q 个神经元除输出权值外其余参数不变。

(2) 结构增长算法

与大多数神经网络一样，LSTM 神经网络的输出层起到求和的作用。如果输出权值的绝对值很大，则说明该权值所连接的隐含层神经元对网络总输出的贡献也较大。为了改善神经元过度修剪的情况，可以重新激活这些隐含层神经元。因此，提出基于输出权值的显著性指标 SI 来评价每个隐含层神经元的贡献。

$$\mathrm{SI}(m)=\frac{|W_{out}^{m}|}{\sum_{j=1}^{M}|W_{out}^{j}|} \tag{6-26}$$

若 SI 值越大，则说明对应的隐含层神经元对输出的贡献越显著。因此，根据每个 LSTM 神经元的贡献显著性，找出并激活最显著的前 β 比例神经元，即将它们的连接权值掩码 MASK 置 1。此外，为保证 SOLSTM 神经网络的收敛性，将激活神经元的输出权值初始化为

$$w_{out,r+1}(t)=\frac{y_d(t)-y_p(t)}{h_{r+1}(t)} \tag{6-27}$$

式中，$w_{out,r+1}(t)$ 和 $h_{r+1}(t)$ 分别为被激活神经元的输出权值和输出值。

自组织长短期记忆神经网络基于以上结构判断和调整，实现网络结构的增长和修剪，具体步骤如下。

1) 选择合适的参数，包括 LSTM 神经网络参数如学习率 η、网络权值等，自组织过程参数如影响值比例 α、活跃度阈值 ξ、活跃神经比例 ϕ 和显著神经元比例 β 等。

2) 根据式(6-21)和式(6-22)按比例 α 增加和减少输入变量 $\boldsymbol{p}_j$。

3) 根据式(6-23)计算神经元对输入变量按 α 比例增减后产生的响应变化 $\boldsymbol{\Gamma}_j$。

4) 根据式(6-26)计算每个神经元的显著性指标 SI。

5) 判断是否满足结构剪枝的条件，满足条件转向 6)，否则转向 10)。

6) 将最活跃的前 ϕ 比例且累积 $\boldsymbol{\Gamma}$ 活跃度大于活跃度阈值 ξ 的前 m 个神经元的连接权值掩码 MASK 置 1。对输入变量变化不敏感的其余神经元，将它们的神经元连接权值掩码 MASK 置 0。

7) 判断是否满足结构增长的条件，满足条件转向 8)，否则转向 10)。

8) 找出并激活最显著的前 β 比例神经元，即将它们的连接权值掩码 MASK 置 1。

9) 根据式(6-25)和式(6-27)调整第 q 个神经元的输出权值，调整神经网络结构，对网络连接权值进行调整。

10) 利用自适应学习率算法对神经网络的连接权值进行调整。

11) 满足所有停止条件或达到计算步骤时停止计算，否则转向 2)进行重新训练。

6.5　应用实例：电力负荷预测

负荷预测可以为电力部门提前做好调度规划，提高系统的安全可靠性并保证系统的经济效益。其中，短期负荷预测是结合负荷与其他影响因素的往期数据对未来一天内或者数日内的负荷进行预测，精准的短期负荷预测对保证电力系统的正常运转来说十分重要。

本实例的数据来源为 ETESA 公布的巴拿马地区采集的电力负荷数据，采集时间为 2019 年 1 月 1 日 00：00~2019 年 12 月 31 日 23：00，采样间隔为 60min，数据集共计 8759 条数据，如图 6-3 所示。数据集的列名描述见表 6-1。

	A	B	C	D	E	F	G	H	I	J	K	L
1	datetime	week_X-2	week_X-3	week_X-4	MA_X-4	dayOfWeek	weekend	holiday	Holiday_ID	hourOfDay	T2M_toc	DEMAND
2	2019-01-01 00:00:00	1090.424	1076.1068	1074.6713	1078.5525	4	0	1	1	0	24.88564	1027.924
3	2019-01-01 01:00:00	1048.2093	1039.2027	1047.9329	1049.4974	4	0	1	1	1	24.83947	1006.369
4	2019-01-01 02:00:00	1014.9591	996.8431	1022.6607	1016.5676	4	0	1	1	2	24.86294	990.4364
5	2019-01-01 03:00:00	986.1618	971.3325	993.49	988.38773	4	0	1	1	3	24.88601	975.8917
6	2019-01-01 04:00:00	976.0227	959.5017	970.6025	973.44973	4	0	1	1	4	24.93209	949.1626
7	2019-01-01 05:00:00	1005.8818	990.0315	989.2956	990.7302	4	0	1	1	5	24.94521	931.3311
8	2019-01-01 06:00:00	1006.9775	1002.5665	1003.8945	987.17123	4	0	1	1	6	25.00637	914.5064
9	2019-01-01 07:00:00	1160.2719	1149.0174	1147.2567	1097.3591	4	0	1	1	7	25.8428	908.267
10	2019-01-01 08:00:00	1324.6699	1307.6814	1303.7189	1230.2611	4	0	1	1	8	26.90609	958.5056
11	2019-01-01 09:00:00	1423.0215	1404.169	1394.5134	1308.663	4	0	1	1	9	27.87151	993.1466
12	2019-01-01 10:00:00	1495.893	1477.1332	1479.5563	1372.2741	4	0	1	1	10	28.78332	1012.208
13	2019-01-01 11:00:00	1535.6642	1516.8338	1521.9572	1405.3645	4	0	1	1	11	29.57095	1027.258
14	2019-01-01 12:00:00	1519.5192	1503.5284	1506.2122	1396.19	4	0	1	1	12	30.14016	1034.207
15	2019-01-01 13:00:00	1550.5126	1540.9471	1536.3911	1421.6913	4	0	1	1	13	30.44302	1043.498
16	2019-01-01 14:00:00	1540.2748	1531.9721	1512.0841	1409.7353	4	0	1	1	14	30.4045	1043.605
17	2019-01-01 15:00:00	1499.0332	1480.9739	1471.9897	1375.2045	4	0	1	1	15	29.98757	1031.351
18	2019-01-01 16:00:00	1433.403	1418.9066	1415.0027	1322.3176	4	0	1	1	16	29.02236	1007.914
19	2019-01-01 17:00:00	1306.6318	1297.1976	1329.909	1233.5316	4	0	1	1	17	27.60354	986.5378

图 6-3　电力负荷数据

表 6-1　数据集的列名描述

列名	描述	单位
datetime	巴拿马时区 UTC-05：00 对应的日期时间	---
week_X-2	负荷滞后于预报前第 2 周	MWh
week_X-3	负荷滞后于预报前第 3 周	MWh
week_X-4	负荷滞后于预报前第 4 周	MWh
MA_X-4	负荷滞后移动平均，从第 1 至第 4 周之前的预测	MWh
dayOfWeek	每周的第 1 天，从星期六开始	[1,7]
weekend	周末二元指标	1=weekend,0=weekday
holiday	假期二元指标	1=holiday,0=regular
Holiday_ID	独特的识别号码(表示节日的编号)	integer
hourOfDay	一天中的每时	[0,23]
T2M_toc	巴拿马城托克门气温	℃
DEMAND	全国电力负荷(目标或因变量)	MWh

选取 2019 年前 10 个月的数据作为训练集，预测 11-12 月的用电负荷。其中，用电负荷

Demand 为研究所需要预测的目标值，其余的为特征向量。为避免输入变量物理意义和单位不同对结果的影响，在模型构建之前，需对输入向量进行归一化处理，将样本数据保持在[0,1]，具体归一化公式如下

$$x'(i,v)=\frac{x(i,v)-x_{\min}(v)}{x_{\max}(v)-x_{\min}(v)} \tag{6-28}$$

式中，$x_{\max}(v)$和$x_{\min}(v)$是第v个变量的最大值和最小值，$x'(i,v)$为变量数据归一化后的序列。

SOLSTM 实现电力负荷预测源代码请扫描二维码下载。

源代码 2

SOLSTM 网络隐含层神经元个数变化如图 6-4 所示，经过增长剪枝过程，最终 SOLSTM 网络的神经元个数为 6。基于 SOLSTM 模型的电力负荷预测结果曲线如图 6-5 所示，其中实线为现场采集到的实际输出，虚线为预测模型的期望输出。可以看出，在测试数据集上，期望输出曲线可以很好地跟踪实际输出曲线。图 6-6 给出了该模型的电力负荷预测误差曲线，该模型具有较小的负荷预测误差。此外，采用均方根误差(Root Mean Square Error，RMSE)，平均绝对百分比误差(Mean Absolute Percentage Error，MAPE)和平均绝对误(Mean Absolute Error，MAE)评估预测性能。SOLSTM 模型电力负荷预测性能评估结果如图 6-7 所示，SOLSTM 模型结构紧凑，能够实现超短期负荷的精准预测。

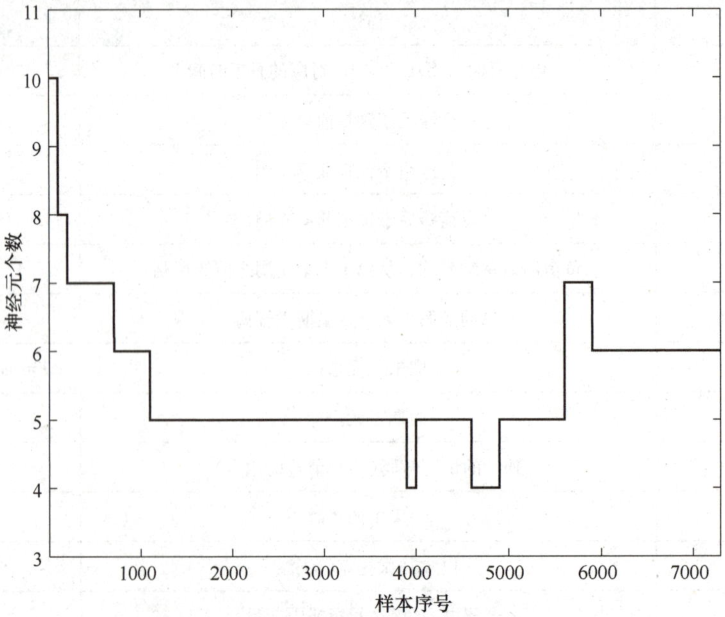

图 6-4　SOLSTM 网络隐含层神经元个数变化

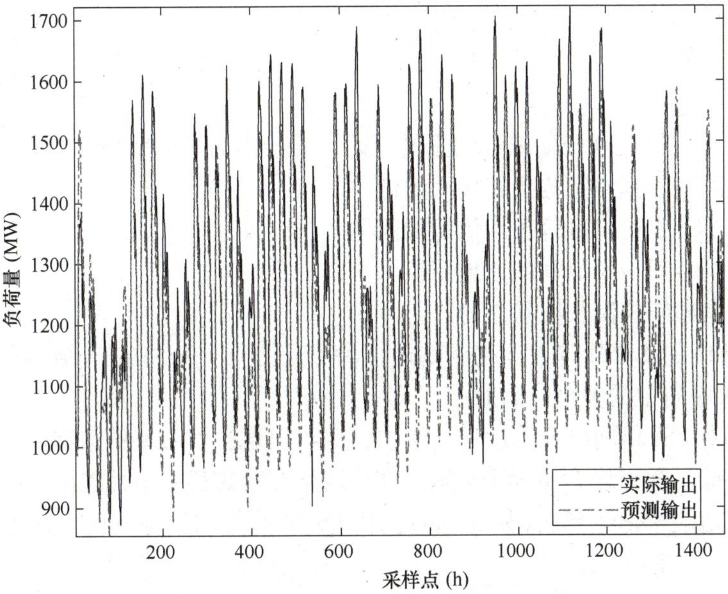

图 6-5　SOLSTM 模型电力负荷预测结果

图 6-5 彩图

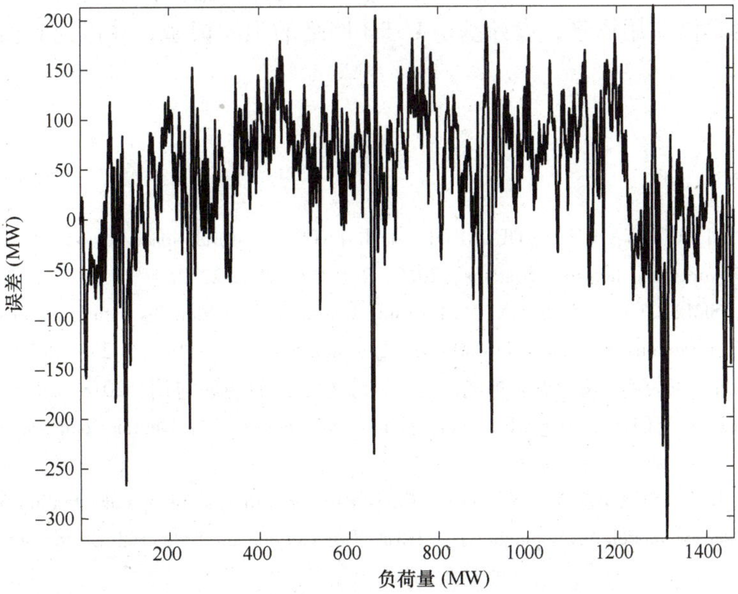

图 6-6　SOLSTM 模型电力负荷预测误差

```
Rmse_SOLSTM =
   85.3224
Mape_SOLSTM =
    0.0568
Mae_SOLSTM =
   71.1379
```

图 6-7　SOLSTM 模型电力负荷预测性能评估

习题

6-1 简述循环神经网络出现长期依赖的主要原因，并给出简单的解决方案。

6-2 简述 LSTM 网络的基本结构及其核心组件。

6-3 简述为什么 LSTM 可以缓解长期依赖的问题。

6-4 画出 LSTM 按时间步长展开的原理图。

6-5 简述 LSTM 是如何控制长期状态的。

6-6 选择一个具体的 LSTM 应用场景（如时间序列预测），分析在门结构的作用下，LSTM 是如何处理输入序列中的关键信息的。

6-7 分析学习率对 LSTM 网络训练过程的影响，并给出调整学习率的策略。

6-8 设计一个实验，探讨隐含单元个数对 LSTM 网络在特定任务上性能的影响。

6-9 尝试使用自适应学习率算法（如 Adam）优化 LSTM 网络的训练过程，并比较它与传统固定学习率方法的性能差异。

6-10 在训练 LSTM 模型时，遇到过拟合问题应如何解决?

6-11 如何评估 LSTM 模型的性能? 有哪些常用的评估指标?

6-12 结合具体应用场景，设计基于 LSTM 网络的预测模型，并讨论其实现细节及可能遇到的挑战。

参考文献

[1] GREFF K, SRIVASTAVA R K, KOUTNIK J, et al. LSTM: A search space odyssey[J]. IEEE Transactions on Neural Networks and Learning Systems, 2016, 28(10): 2222-2232.

[2] BENGIO Y, SIMARD P, FRASCONI P. Learning long-term dependencies with gradient descent is difficult[J]. IEEE Transactions on Neural Networks and Learning Systems, 1994, 5(2): 157-166.

[3] 杨丽，吴雨茜，王俊丽，等. 循环神经网络研究综述[J]. 计算机应用，2018，38(S2)：1-6+26.

[4] HOCHREITER S, SCHMIDHUBER J. Long short-term memory[J]. Neural Computation, 1997, 9(8): 1735-1780.

[5] YUAN X F, LI L, SHARDT Y A W, et al. Deep learning with spatiotemporal attention-based LSTM for industrial soft sensor model development[J]. IEEE Transactions on Industrial Electronics, 2020, 68(5): 4404-4414.

[6] SUN J, MENG X, QIAO J F. Prediction of oxygen content using weighted PCA and improved LSTM network in MSWI process[J]. IEEE Transactions on Instrumentation and Measurement, 2021, 70: 2507512.

[7] ESSIEN A, GIANNETTI C. A deep learning model for smart manufacturing using convolutional LSTM neural network autoencoders[J]. IEEE Transactions on Industrial Informatics, 2020, 16(9): 6069-6078.

[8] SAGHEER A, KOTB M. Unsupervised pre-training of a deep LSTM-based stacked autoencoder for multivariate time series forecasting problems[J]. Scientific Reports, 2019, 9: 19038.

[9] ALIZADEH B, BAFTI A G, KAMANGIR H, et al. A novel attention-based LSTM cell post-processor coupled with bayesian optimization for streamflow prediction[J]. Journal of Hydrology, 2021, 601: 126526.

[10] LI W, NG W W Y, WANG T, et al. HELP: An LSTM-based approach to hyperparameter exploration in neural network learning[J]. Neurocomputing, 2021, 442: 161-172.

[11] DU B, HUANG S, GUO J, et al. Interval forecasting for urban water demand using PSO optimized KDE distribution and LSTM neural networks[J]. Applied Soft Computing, 2022, 122: 108875.

[12] DAI X, YIN H, JHA N K. Grow and prune compact, fast, and accurate LSTMs[J]. IEEE Transactions on Computers, 2019, 69(3): 441-452.

[13] LI W, WANG X, HAN H, et al. A PLS-based pruning algorithm for simplified long-short term memory neural network in time series prediction[J]. Knowledge-Based Systems, 2022, 254: 109608.

[14] MENG X, ZHANG Y, QIAO J. An adaptive task-oriented RBF network for key water quality parameters prediction in wastewater treatment process[J]. Neural Computing and Applications, 2021, 33(17): 11401-11414.

[15] BROOME B M, JAYARAMAN V, LAURENT G. Encoding and decoding of overlapping odor sequences[J]. Neuron, 2006, 51(4): 467-482.

[16] CANDANEDO L. Appliances energy prediction dataset[EB/OL]. (2017-02-15)[2021-1-03]. http://archive.ics.uci.edu/ml/datasets/Appliances+energy+prediction.

第 7 章　回声状态网络

导读

2001 年，德国学者 Herbert Jaeger 提出了回声状态网络(Echo State Network，ESN)，ESN 是一种基于储备池计算(Reservoir Computing，RC)的新型递归神经网络。凭借其独特的网络结构、高效的训练过程、出色的泛化能力以及对动态信息的敏感捕捉能力，ESN 在时间序列预测、控制、信号处理以及语音识别等多个领域得到了广泛的应用。本章将介绍 ESN 的结构特征、工作原理、学习过程以及设计方法，并结合具体的应用实例，展示其在处理复杂时间序列问题时的高效性和灵活性。

本章知识点

- 回声状态网络的结构和工作原理
- 回声状态网络的学习过程
- 回声状态网络的设计
- 回声状态网络的应用实例

7.1　回声状态网络的结构和工作原理

7.1.1　回声状态网络的结构

ESN 是一种特殊的递归神经网络，主要有输入层、隐含层(或称为储备池层)和输出层，如图 7-1 所示。

1. 输入层

输入层是网络接收外部信息的入口，负责将输入信号传递给储备池层。输入信号通常被编码为向量，并通过输入权值与储备池层相连，且输入权值在网络初始化后保持不变。

2. 储备池层

储备池层是 ESN 的核心组成部分，具有以下特点。

1）随机稀疏连接：储备池层由大量神经元组成，神经元之间的连接是随机且稀疏的，这不仅可以丰富网络的动态特性，还能降低计算成本。

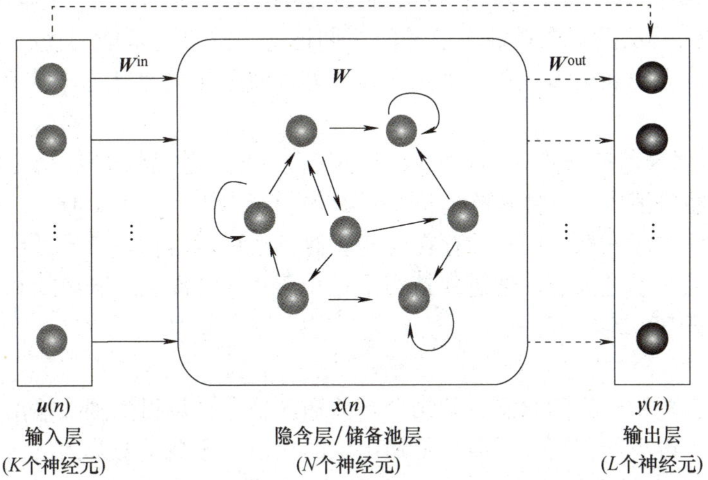

图 7-1 彩图

图 7-1　ESN 的结构

2）权值不变性：储备池内部权值一经初始化便固定不变，这种设计显著简化了训练过程。

3）高维状态空间映射：储备池层通过将低维的输入信号映射到高维状态空间，使得网络能够有效地捕获输入信号中复杂的动态特性。

4）非线性特性：储备池层中的神经元通常使用非线性激活函数，如 tanh 或 Sigmoid，增强了网络捕捉数据中非线性特征的能力。tanh 和 Sigmoid 激活函数的图像如图 7-2 所示。

$$\tanh(x)=\frac{e^{x}-e^{-x}}{e^{x}+e^{-x}} \tag{7-1}$$

$$\text{Sigmoid}(x)=\frac{1}{1+e^{-x}} \tag{7-2}$$

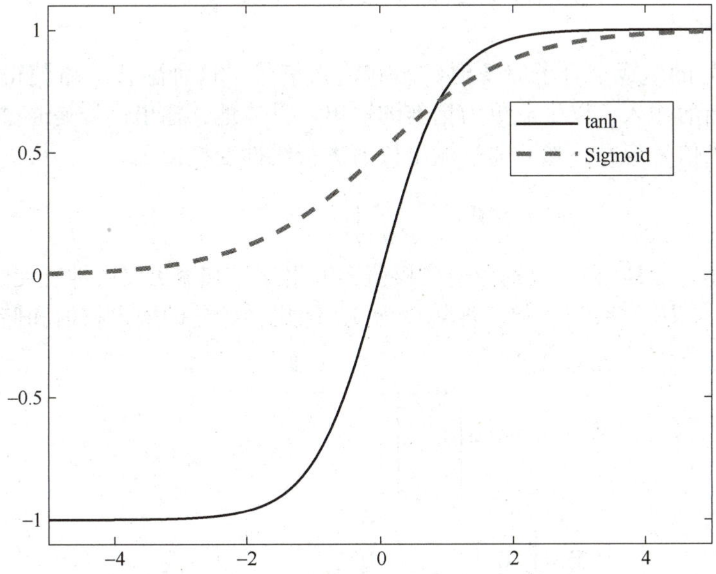

图 7-2 彩图

图 7-2　tanh 和 Sigmoid 激活函数的图像

5）短期记忆能力：储备池层通过递归连接的神经元持续更新内部状态，递归连接允许信息在神经元之间“回荡”，从而实现对输入信号的短期记忆。这种记忆能力使得 ESN 在捕捉输入信号的时序依赖性方面表现出色，尤其是在需要处理时间相关信息的任务中，例如语音识别、天气预测等。

6）回声状态属性：回声状态属性(Echo State Property，ESP)是确保 ESN 稳定的关键特性。ESP 的实现通常与储备池内部权值矩阵的谱半径有关。当谱半径小于 1 时，储备池的响应不会随着时间的推移而逐渐发散。ESP 的存在意味着储备池可以对输入信号做出丰富的动态响应，但同时其内部状态不会失控。通过保持谱半径小于 1，储备池能够捕捉和处理长时间依赖的信号，同时保证其稳定性。

3. 输出层

输出层通过读取储备池神经元的状态，并结合当前输入信号计算得到网络输出。由于储备池的权值在初始化后不再更新，因此只需调整输出层的权值，避免了复杂的反向传播，这使得 ESN 的训练过程相对简单，并且在处理时间序列问题时具有较强的泛化能力。

7.1.2 回声状态网络的工作原理

1. 输入层的信号接收

输入信号进入 ESN 后，立即被输入层接收，准备进行下一步处理。

2. 储备池层的动态状态更新

储备池层接收来自输入层的信号，并通过输入权值将这些信号传递给内部神经元。储备池状态 $\boldsymbol{x}(n)\in\mathbf{R}^{N\times1}$ 根据当前时刻的输入信号 $\boldsymbol{u}(n)\in\mathbf{R}^{K\times1}$ 和上一时刻的储备池状态 $\boldsymbol{x}(n-1)\in\mathbf{R}^{N\times1}$ 进行状态更新。更新过程通过非线性激活函数 $f(\ )$(常用 tanh 激活函数)实现，确保了网络能够捕捉和处理输入信号的复杂动态特性。储备池状态更新方程如下

$$\boldsymbol{x}(n)=f(\boldsymbol{W}^{\text{in}}\boldsymbol{u}(n)+\boldsymbol{W}\boldsymbol{x}(n-1)) \tag{7-3}$$

式中，$\boldsymbol{W}^{\text{in}}\in\mathbf{R}^{N\times K}$ 和 $\boldsymbol{W}\in\mathbf{R}^{N\times N}$ 分别为输入权值和储备池内部权值，它们在网络初始化后保持不变；N 和 K 分别为储备池层中神经元的数量(储备池规模)和输入层中神经元的数量。

3. 输出层的信号生成

在 ESN 中，输出信号的生成融合了储备池状态和输入信号。这种融合策略使得网络能够同时考虑历史状态和当前输入，以生成更为精准的输出。具体地，输出信号是通过将当前时刻的储备池状态和输入信号合并，然后通过输出权值进行线性变换得到。

$$\boldsymbol{y}(n)=\boldsymbol{W}^{\text{out}}\begin{bmatrix}\boldsymbol{x}(n)\\\boldsymbol{u}(n)\end{bmatrix} \tag{7-4}$$

式中，$\boldsymbol{W}^{\text{out}}\in\mathbf{R}^{L\times(N+K)}$、$\boldsymbol{y}(n)\in\mathbf{R}^{L}$ 和 L 分别为输出权值、输出信号和输出层中神经元的数量。

例 7-1 假设输入信号为[7,8,9]，储备池规模为 3，随机初始化的输入权值和储备池内部权值为

$$\boldsymbol{W}^{\text{in}}=\begin{bmatrix}0.5\\0.3\\0.2\end{bmatrix}$$

$$\boldsymbol{W}=\begin{bmatrix}0.1&0&0\\0&0.5&0\\0&0&0.7\end{bmatrix}$$

训练后得到的输出权值为

$$\boldsymbol{W}^{\text{out}}=[0.8,0.6,0.4,0.2]$$

储备池的初始状态为

$$\boldsymbol{x}(0)=\begin{bmatrix}0\\0\\0\end{bmatrix}$$

基于上述设置计算时间步长为 3 时的 ESN 网络输出。

解： 首先，根据当前时刻的输入信号和上一时刻的储备池状态依次计算储备池状态 $\boldsymbol{x}(n)$。

当时间步长 $n=1$ 时

$$\boldsymbol{x}(1)=f(\boldsymbol{W}^{\text{in}}\boldsymbol{u}(1)+\boldsymbol{W}\boldsymbol{x}(0)) \tag{7-5}$$

代入假设得

$$\boldsymbol{x}(1)=\tanh\left(\begin{bmatrix}0.5\\0.3\\0.2\end{bmatrix}\cdot 7+\begin{bmatrix}0.1&0&0\\0&0.5&0\\0&0&0.7\end{bmatrix}\begin{bmatrix}0\\0\\0\end{bmatrix}\right)$$

$$=\tanh\left(\begin{bmatrix}3.5\\2.1\\1.4\end{bmatrix}\right)=\begin{bmatrix}0.9982\\0.9705\\0.8854\end{bmatrix} \tag{7-6}$$

当时间步长 $n=2$ 时

$$\boldsymbol{x}(2)=\tanh(\boldsymbol{W}^{\text{in}}\boldsymbol{u}(2)+\boldsymbol{W}\boldsymbol{x}(1))$$

$$=\tanh\left(\begin{bmatrix}0.5\\0.3\\0.2\end{bmatrix}\cdot 8+\begin{bmatrix}0.1&0&0\\0&0.5&0\\0&0&0.7\end{bmatrix}\begin{bmatrix}0.9982\\0.9705\\0.8854\end{bmatrix}\right)$$

$$=\tanh\left(\begin{bmatrix}4.0\\2.4\\1.6\end{bmatrix}+\begin{bmatrix}0.0998\\0.4853\\0.6198\end{bmatrix}\right)$$

$$=\tanh\left(\begin{bmatrix}4.0998\\2.8853\\2.2198\end{bmatrix}\right)=\begin{bmatrix}0.9995\\0.9938\\0.9767\end{bmatrix} \tag{7-7}$$

同理，可得 $n=3$ 时的储备池状态

$$\boldsymbol{x}(3)=\tanh(\boldsymbol{W}^{\text{in}}\boldsymbol{u}(3)+\boldsymbol{W}\boldsymbol{x}(2))=\begin{bmatrix}0.9998\\0.9967\\0.9862\end{bmatrix} \tag{7-8}$$

最后将时间步长为 3 时的储备池状态和输入信号合并，然后通过输出权值进行线性变换得到时间步长为 3 时的网络

$$\boldsymbol{y}(3)=\boldsymbol{W}^{\text{out}}\begin{bmatrix}\boldsymbol{x}(3)\\u(3)\end{bmatrix} \tag{7-9}$$

即

$$y(3)=[0.8,0.6,0.4,0.2]\begin{bmatrix}0.9998\\0.9967\\0.9862\\9\end{bmatrix}=3.5923 \tag{7-10}$$

7.2 回声状态网络的学习过程

ESN 具有高效的学习过程，因为它只需要调整输出权值，而输入权值和储备池内部权值在初始化后保持不变。

1. ESN 的学习过程

（1）输入权值和储备池内部权值的随机生成

在 MATLAB 中，rand 函数用于创建一个指定大小的矩阵，矩阵中每一个元素都是一个介于 0（含）到 1（不含）之间的随机数。因此，输入权值的计算公式如下

$$\boldsymbol{W}^{\text{in}}=IS\times\text{rand}(N,K) \tag{7-11}$$

式中，IS 为输入缩放因子。

在 MATLAB 中，sprand 函数用于生成稀疏随机矩阵，其中非零元素随机分布在矩阵中，可以节省内存并提高计算效率。因此，储备池内部权值的计算公式如下

$$\boldsymbol{W}=\rho\times\frac{\boldsymbol{W}_O}{\lambda_{\max}(\boldsymbol{W}_O)} \tag{7-12}$$

$$\boldsymbol{W}_O=\text{sprand}(N,N,SD) \tag{7-13}$$

式中，ρ、$\boldsymbol{W}_O$、$\lambda_{\max}(\boldsymbol{W}_O)$ 和 SD 分别为 $\boldsymbol{W}$ 的谱半径、稀疏随机矩阵、$\boldsymbol{W}_O$ 特征值的绝对值的最大值和稀疏度。

储备池内部权值矩阵的谱半径对于 ESP 至关重要。当谱半径大于 1 时，网络可能会无限放大历史输入的影响，进而引发动态不稳定。当谱半径小于 1 时，网络能够有效平衡新旧输入信号的影响，避免对历史输入的过度依赖，确保网络的稳定性。下面给出 ESN 满足 ESP 的充分条件以及证明过程。

定理 7-1 假设 f 是 tanh 激活函数，当储备池内部权值 $\boldsymbol{W}$ 的最大奇异值小于 1 时，即 $\sigma(\boldsymbol{W})<1$，则 ESN 具有 ESP。

证明： 假设 ESN 中有两个不同的储备池状态 $\boldsymbol{x}(n)$ 和 $\boldsymbol{x}'(n)$，并假设 $\hat{\boldsymbol{x}}(n)=\boldsymbol{x}(n)-\boldsymbol{x}'(n)$，对于相同的输入信号 $\boldsymbol{u}(n)$，根据式(7-3)可得

$$\begin{aligned}\|\hat{\boldsymbol{x}}(n)\|_2&=\|\boldsymbol{x}(n)-\boldsymbol{x}'(n)\|_2\\&=\|f(\boldsymbol{W}^{\text{in}}\boldsymbol{u}(n)+\boldsymbol{W}\boldsymbol{x}(n-1))-f(\boldsymbol{W}^{\text{in}}\boldsymbol{u}(n)+\boldsymbol{W}\boldsymbol{x}'(n-1))\|_2\\&\leqslant\|(\boldsymbol{W}^{\text{in}}\boldsymbol{u}(n)+\boldsymbol{W}\boldsymbol{x}(n-1))-(\boldsymbol{W}^{\text{in}}\boldsymbol{u}(n)+\boldsymbol{W}\boldsymbol{x}'(n-1))\|_2\\&=\|\boldsymbol{W}(\boldsymbol{x}(n-1)-\boldsymbol{x}'(n-1))\|_2\end{aligned} \tag{7-14}$$

式中，$\|\cdot\|_2$ 为 L_2 范数。根据范数相容性得

$$\|\boldsymbol{W}(\boldsymbol{x}(n-1)-\boldsymbol{x}'(n-1))\|_2\leqslant\|\boldsymbol{W}\|_2\|\boldsymbol{x}(n-1)-\boldsymbol{x}'(n-1)\|_2 \tag{7-15}$$

从而有

$$\begin{aligned}\|\hat{\boldsymbol{x}}(n)\|_2&\leqslant\|\boldsymbol{W}\|_2\|\boldsymbol{x}(n-1)-\boldsymbol{x}'(n-1)\|_2\\&=\|\boldsymbol{W}\|_2\|\hat{\boldsymbol{x}}(n-1)\|_2\\&=\sigma(\boldsymbol{W})\|\hat{\boldsymbol{x}}(n-1)\|_2\end{aligned} \tag{7-16}$$

因此，当储备池内部权值 $\boldsymbol{W}$ 满足 $\sigma(\boldsymbol{W})<1$ 时，ESN 具有 ESP。

综上可知，ESP 与储备池内部权值 $\boldsymbol{W}$ 密切相关。定理 7-1 是 ESN 满足 ESP 的充分条件。但是因为这个条件较为严格，所以在实际应用中常常不被采用。而为了便于应用，只需要满足 ESN 的必要条件：储备池内部权值 $\boldsymbol{W}$ 的谱半径 ρ 小于 1，即 $\rho(\boldsymbol{W})<1$。若满足此条件，也可以认为 ESN 具有 ESP。

（2）输出权值的确定

在 ESN 的训练过程中，输出权值可以通过最小化预测输出和期望输出之间的误差来进行调整。这通常通过线性回归算法完成，其中储备池状态矩阵 $\boldsymbol{X}$ 不仅包含了在一系列时间步上的储备池状态，还融合了输入信号。此外，在调整输出权值之前，需要对储备池状态进行一定程度的"清洗"，以避免初始状态对训练结果的影响，这通常通过忽略训练初期的若干时间步长来完成。给定储备池状态矩阵 $\boldsymbol{X}$ 和期望输出矩阵 $\boldsymbol{Y}$，输出权值可以通过最小化以下误差函数来求解

$$\min \| \boldsymbol{W}^{\text{out}}\boldsymbol{X}-\boldsymbol{Y} \|_2^2 \tag{7-17}$$

$$\boldsymbol{X}=\begin{bmatrix} \boldsymbol{x}(n) \\ \boldsymbol{u}(n) \end{bmatrix} \tag{7-18}$$

通过求解式(7-17)，得到输出权值计算公式

$$\boldsymbol{W}^{\text{out}}=\boldsymbol{Y}\boldsymbol{X}^{\mathrm{T}}(\boldsymbol{X}\boldsymbol{X}^{\mathrm{T}})^{-1} \tag{7-19}$$

然而，过大的储备池规模容易产生过拟合问题，从而降低网络的性能。为了解决这个问题，可在式(7-17)中加入 L_2 正则化项，如下所示

$$\min \| \boldsymbol{W}^{\text{out}}\boldsymbol{X}-\boldsymbol{Y} \|_2^2+\lambda \| \boldsymbol{W}^{\text{out}} \|_2^2 \tag{7-20}$$

式中，λ 为正则化系数。式(7-20)可以通过岭回归算法求得，即

$$\boldsymbol{W}^{\text{out}}=\boldsymbol{Y}\boldsymbol{X}^{\mathrm{T}}(\boldsymbol{X}\boldsymbol{X}^{\mathrm{T}}+\lambda\boldsymbol{I})^{-1} \tag{7-21}$$

式中，$\boldsymbol{I}$ 为单位矩阵。

2. ESN 学习过程所具有的网络特点

1）优良的计算效率：由于输入权值和储备池内部权值在网络初始化后保持固定，ESN 无须使用复杂的反向传播算法来调整这些权值。这一设计大大减少了训练时间和计算成本。

2）强大的动态捕捉能力：随机生成的输入权值和储备池内部权值赋予了网络丰富的动态影响能力，使得 ESN 能够精确地捕获时间序列数据中的复杂非线性模式。

3）良好的泛化能力：简化的训练过程和随机权值的引入有助于 ESN 在新数据上保持较好的泛化性能，避免过拟合。

4）易于实现和调整：ESN 的训练过程主要涉及线性回归算法来求解输出权值，这使得 ESN 的实现更加直观和容易调整，适合应用于各种问题场景。

5）强适应性：由于储备池层能够存储丰富的历史信息，ESN 能够适应各种时间序列数据的特性，尤其是在处理非平稳和长期依赖关系时表现出色。

6）良好的鲁棒性：固定的储备池内部权值减少了对特定训练数据的依赖性，使得 ESN 在应对噪声和异常值时表现出更高的鲁棒性。

3. ESN 学习过程步骤

1）权值初始化阶段：随机生成输入权值和储备池内部权值，具体见式(7-11)和式(7-12)。

2）储备池状态更新阶段：储备池状态根据当前时刻的输入信号和上一时刻的储备池状态，通过非线性激活函数进行状态更新。储备池状态由式(7-3)计算可得。

3）输出权值计算阶段：结合得到的储备池状态和输入信号，根据式(7-19)或式(7-21)计算输出权值。

算法 7-1 提供了 ESN 训练过程的详细步骤。

算法 7-1　ESN 的训练算法

输入：输入信号 $\mathbf{u}(n)$；输入层的神经元数量 K；储备池规模 N；稀疏度 SD；谱半径 ρ；输入缩放因子 IS；正则化系数 λ；输出层的神经元数量 L；信号长度 T；

输出：输出权值 $\boldsymbol{W}^{\text{out}}\in\mathbf{R}^{L\times(N+K)}$；

1：% 权值初始化阶段

2：根据式(7-11)随机初始化输入权值 $\boldsymbol{W}^{\text{in}}\in\mathbf{R}^{N\times K}$；

3：根据式(7-12)初始化储备池内部权值 $\boldsymbol{W}\in\mathbf{R}^{N\times N}$；

4：% 储备池状态更新阶段

5：**从** 1 **到** n

6：根据式(7-3)计算储备池状态 $\boldsymbol{x}(n)\in\mathbf{R}^{N\times T}$；

7：**结束**

8：% 输出权值计算阶段

9：根据式(7-19)或式(7-21)计算输出权值 $\boldsymbol{W}^{\text{out}}\in\mathbf{R}^{L\times(N+K)}$；

7.3　回声状态网络的设计

设计一个高效的 ESN 是一项充满挑战的任务，它要求对网络的结构和参数进行精细的调整。这一任务首先需要根据任务的复杂性和数据特性，来决定选择适当层数的储备池层。其次，还需要选择合适的参数，这通常需要依赖专业知识和经验，或者通过耗时较长的交叉验证来实现。

7.3.1　回声状态网络的设计过程

当设计 ESN 时，采用一种系统化的方法是至关重要的。这种方法不仅有助于保证模型的高效性，而且能够确保其在特定任务中达到预期的表现。为了实现这一目标，需要遵循一系列详细步骤，这些步骤将引导我们从设计过程的启动到最终的完成，系统地设计和优化 ESN。为了更直观地理解这一复杂过程，使用流程图来展示各个步骤之间的逻辑关系，如图 7-3 所示。以下是 ESN 设计过程的详细说明。

1. 开始

启动 ESN 设计流程。

2. 确定任务需求

分析任务的复杂性、数据特性和计算资源。

3. 选择单层或多层储备池

根据任务需求决定是使用单层还是多层储备池。

4. 设计单层储备池结构

如果选择单层储备池，直接进入储备池规模确定阶段。

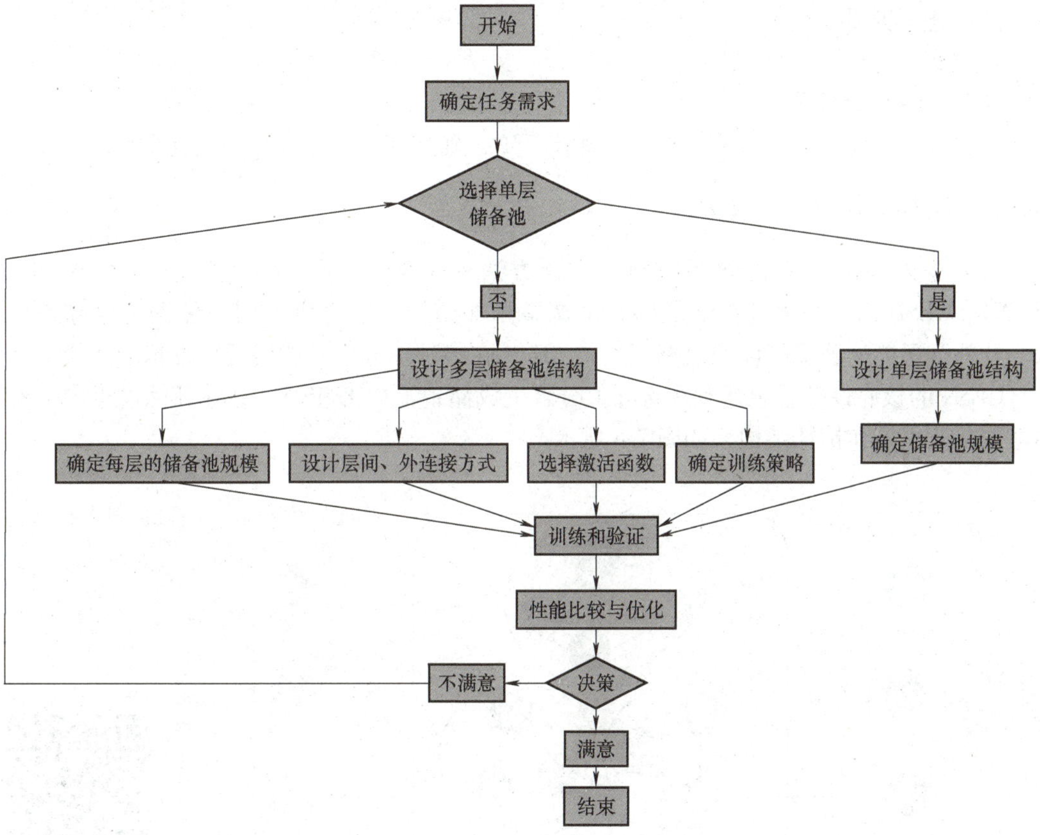

图 7-3　ESN 设计过程流程图

确定储备池规模通常依赖于经验或耗时较长的交叉验证。首先，根据输入数据的维数，可以初步设定储备池规模为输入数据维数的 10~100 倍。然后，通过交叉验证逐步调整储备池规模，观察模型在验证集上的表现，选择最佳的储备池规模。

图 7-3 彩图

5. 设计多层储备池结构

如果选择多层储备池，从两层开始尝试，逐步增加层数直到性能不再显著提升。

确定每层的储备池规模：考虑数据的复杂度和每层的功能。

设计层间连接方式：可以是全连接、稀疏连接或仅部分神经元连接。

确定层外连接方式：可以是串联、并联或级联。

选择激活函数：每一层可以选择不同的激活函数，或者所有层使用相同的激活函数。

确定训练策略：考虑逐层训练或联合训练。

6. 训练和验证

使用交叉验证等方法训练 ESN，并验证其性能。

7. 性能比较与优化

比较不同层数模型的性能，包括训练误差、验证误差和测试误差。根据性能评估结果，调整层数、储备池规模或训练策略。

8. 决策

如果性能满足需求，结束设计流程。如果不满足需求，返回到层数或储备池规模确定阶段，进行进一步调整。

9. 结束

结束 ESN 设计流程。

通过这一流程，可以系统地设计和优化 ESN，确保其在特定任务中表现出色。

7.3.2 增长型回声状态网络

Qiao 等人提出了一种创新的网络设计方法——增长型回声状态网络(Growing ESN，GESN)。GESN 的核心优势在于能够自动调整拓扑结构，以适应不同的数据特性和应用需求。此外，还能显著提高训练效率，使得 GESN 在多种任务中都能展现出卓越的性能。

GESN 的核心设计思想是利用奇异值分解生成储备池内部权值，并在训练过程中动态地调整储备池规模和拓扑结构，如图 7-4 所示。

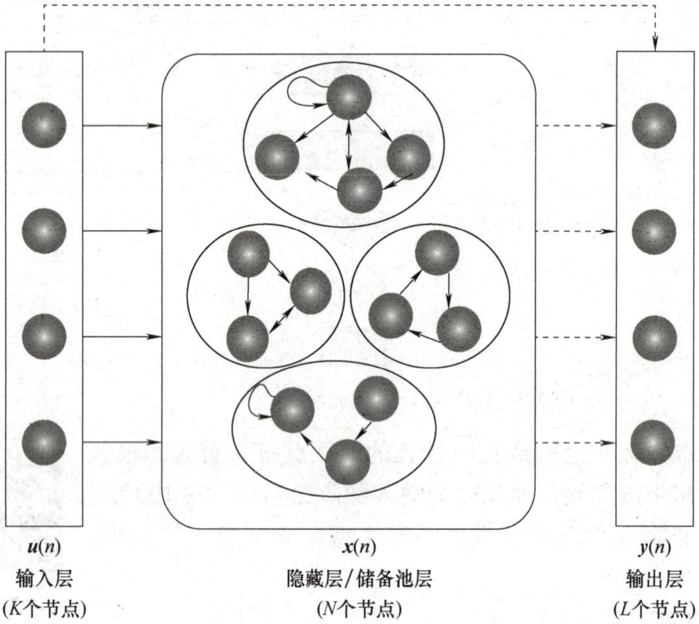

图 7-4 彩图

图 7-4 GESN 的结构

1. 奇异值分解

矩阵的奇异值分解(Singular Value Decomposition，SVD)是指，将一个非零的 $m\times n$ 实矩阵 $\boldsymbol{W}$，表示为以下三个实矩阵乘积形式的运算，即进行矩阵的因子分解

$$\boldsymbol{W}=\boldsymbol{U}\boldsymbol{S}\boldsymbol{V}^{\mathrm{T}} \tag{7-22}$$

式中，$\boldsymbol{U}$ 为 m 阶正交矩阵；$\boldsymbol{V}$ 为 n 阶正交矩阵；$\boldsymbol{S}$ 为由降序排列的非负对角线元素组成的 $m\times n$ 对角矩阵。

式中，

$$\boldsymbol{U}\boldsymbol{U}^{\mathrm{T}}=\boldsymbol{I} \tag{7-23}$$

$$\boldsymbol{V}\boldsymbol{V}^{\mathrm{T}}=\boldsymbol{I} \tag{7-24}$$

$$\boldsymbol{S}=\mathbf{diag}(\sigma_1,\sigma_2,\cdots,\sigma_p) \tag{7-25}$$

$$\sigma_1\geqslant\sigma_2\geqslant\cdots\geqslant\sigma_p\geqslant 0 \tag{7-26}$$

$$p=\min(m,n) \tag{7-27}$$

2. GESN 的储备池内部权值

首先，随机生成一个对角矩阵 $\boldsymbol{S}_1$，其对角线上的元素(即奇异值)在(0,1)范围内。同时生成两个正交矩阵 $\boldsymbol{U}_1$ 和 $\boldsymbol{V}_1$，其元素值在(-1,1)范围内。利用 SVD 计算子储备池权值矩阵 $\Delta\boldsymbol{W}_1$，公式为 $\Delta\boldsymbol{W}_1=\boldsymbol{U}_1\boldsymbol{S}_1\boldsymbol{V}_1^{\mathrm{T}}$。由于 $\boldsymbol{U}_1$ 和 $\boldsymbol{V}_1$ 是正交矩阵，$\boldsymbol{S}_1$ 是对角矩阵，所以 $\Delta\boldsymbol{W}_1$ 和 $\boldsymbol{S}_1$ 具有相同的奇异值，且这些奇异值都小于 1，这保证了子储备池权值矩阵的稳定性。

在网络增长过程中，如果需要添加另一个子储备池，可以类似地生成另一个对角矩阵 $\boldsymbol{S}_2$ 和对应的正交矩阵 $\boldsymbol{U}_2$ 和 $\boldsymbol{V}_2$，然后计算新的子储备池权值矩阵 $\Delta\boldsymbol{W}_2=\boldsymbol{U}_2\boldsymbol{S}_2\boldsymbol{V}_2^{\mathrm{T}}$。因此，不断增长的储备池内部权值 $\boldsymbol{W}$ 将是一个块对角矩阵，形式为 $\boldsymbol{W}=\mathbf{diag}(\Delta\boldsymbol{W}_1,\Delta\boldsymbol{W}_2)$，其中 $\Delta\boldsymbol{W}_1$ 和 $\Delta\boldsymbol{W}_2$ 分别是两个子储备池的权值矩阵。

3. GESN

给定一个训练序列 $(\boldsymbol{u}(n),\boldsymbol{y}(n))_{n=1,2,\cdots,n_{\max}}$，其中输入信号来自一个紧凑的集合，内部的激活函数(Sigmoid 函数)以及 GESN 的主要步骤可以描述如下。

步骤 1：初始化子储备池的数量 $k=0$，瞬态时间 $n_{\min}$，状态矩阵 $\boldsymbol{H}=[\ ]$ 和期望输出矩阵 $\boldsymbol{T}=[\boldsymbol{y}(n_{\min}+1),\boldsymbol{y}(n_{\min}+2),\cdots,\boldsymbol{y}(n_{\max})]^{\mathrm{T}}$。

步骤 2：增加子储备池的数量 k：$k=k+1$。根据均匀分布，生成对角矩阵 $\boldsymbol{S}_k=\mathbf{diag}(\sigma_1,\sigma_2,\cdots,\sigma_{n_k})$，正交矩阵 $\boldsymbol{U}_k=(u_{ij})_{n_k\times n_k}$ 和 $\boldsymbol{V}_k=(v_{ij})_{n_k\times n_k}$，其中 $0<\sigma_i<1$ 和 u_{ij}，$v_{ij}\in(-1,1)(i,j=1,2,\cdots,n_k)$。然后，有第 k 个子储备池权值矩阵 $\Delta\boldsymbol{W}_k=\boldsymbol{U}_k\boldsymbol{S}_k\boldsymbol{V}_k^{\mathrm{T}}$。

步骤 3：根据任意连续概率分布随机生成输入权值矩阵 $\Delta\boldsymbol{W}_k^{\mathrm{in}}$。

步骤 4：从任意内部状态 $\boldsymbol{x}(0)$ 开始，使用式(7-28)和训练输入 $\boldsymbol{u}(n)$ 运行第 k 个子储备池，然后收集内部状态 $\boldsymbol{x}_k(i)$，，其中 $i=n_{\min}+1$，$n_{\min}+2$，…，$n_{\max}$。定义第 k 个子储备池的状态矩阵为 $\Delta\boldsymbol{H}_k=[x_k(n_{\min}+1),x_k(n_{\min}+2),\cdots,x_k(n_{\max})]^{\mathrm{T}}$。

$$\boldsymbol{x}_k(n)=f(\Delta\boldsymbol{W}_k^{\mathrm{in}}\boldsymbol{u}(n)+\Delta\boldsymbol{W}_k\boldsymbol{x}_k(n-1)) \tag{7-28}$$

步骤 5：如果 $k=1$，则使用式(7-29)计算输出权值

$$\boldsymbol{W}_k^{\mathrm{out}}=(\Delta\boldsymbol{H}_k^{+}\boldsymbol{T})^{\mathrm{T}}=((\Delta\boldsymbol{H}_k^{\mathrm{T}}\Delta\boldsymbol{H}_k)^{-1}\Delta\boldsymbol{H}_k^{\mathrm{T}}\boldsymbol{T})^{\mathrm{T}} \tag{7-29}$$

式中，$\Delta\boldsymbol{H}_i(i=1,2,\cdots,k)$ 为第 i 个子储备池收集到的内部状态矩阵；$\boldsymbol{T}$ 为期望输出矩阵；$[\cdot]^{+}$ 为广义逆矩阵。

否则

$$\boldsymbol{W}_k^{\mathrm{out}}=([\boldsymbol{H},\Delta\boldsymbol{H}_k]^{+}\boldsymbol{T})^{\mathrm{T}}=\left(\begin{pmatrix}\boldsymbol{D}_k\\ \boldsymbol{G}_k\end{pmatrix}\boldsymbol{T}\right)^{\mathrm{T}} \tag{7-30}$$

$$\boldsymbol{G}_k=((\boldsymbol{I}-\boldsymbol{H}\boldsymbol{H}^{+})\Delta\boldsymbol{H}_k)^{+} \tag{7-31}$$

$$\boldsymbol{D}_k=\boldsymbol{H}^{+}(\boldsymbol{I}-\Delta\boldsymbol{H}_k\boldsymbol{G}_k) \tag{7-32}$$

步骤 6：使用式(7-33)计算训练误差

$$\boldsymbol{E}=[\boldsymbol{H},\Delta\boldsymbol{H}_k](\boldsymbol{W}_k^{\mathrm{out}})^{\mathrm{T}}-\boldsymbol{T} \tag{7-33}$$

步骤 7：如果满足停止条件，转到步骤 9；否则，转到步骤 8。

步骤 8：通过式(7-34)和式(7-35)更新权值矩阵和内部状态矩阵，然后转到步骤 2。

如果 $k=1$

$$\begin{aligned}&\boldsymbol{W}^{\mathrm{in}}=\Delta\boldsymbol{W}_k^{\mathrm{in}},\boldsymbol{W}=\Delta\boldsymbol{W}_k\\&\boldsymbol{W}^{\mathrm{out}}=\boldsymbol{W}_k^{\mathrm{out}},\boldsymbol{H}=\Delta\boldsymbol{H}_k\end{aligned} \tag{7-34}$$

否则

$$\boldsymbol{W}^{\text{in}}=\begin{bmatrix}\boldsymbol{W}^{\text{in}}\\ \Delta\boldsymbol{W}_k^{\text{in}}\end{bmatrix},\boldsymbol{W}=\mathbf{diag}(\boldsymbol{W},\Delta\boldsymbol{W}_k)$$
$$\boldsymbol{W}^{\text{out}}=\boldsymbol{W}_k^{\text{out}},\boldsymbol{H}=[\boldsymbol{H},\Delta\boldsymbol{H}_k] \tag{7-35}$$

步骤 9：计算测试误差。

综上可知，GESN 在 ESN 的基础上增加了自适应增长机制，能够自动设计网络的拓扑结构。这种增长机制不仅减少了人工干预，还提高了网络的适应性和灵活性。

7.4 回声状态网络的应用实例

7.4.1 数据集

1. Lorenz 混沌时间序列

Lorenz 系统是在 1963 年由 Edward Lorenz 提出的数学模型，用于描述大气对流中的不稳定性，并且是第一个被发现的混沌吸引子。这个系统由三个非线性常微分方程组成，其解生成了一个被称为 Lorenz 时间序列的数据集，展现了混沌动态的特性。

$$\begin{cases}\dfrac{\mathrm{d}\boldsymbol{x}}{\mathrm{d}n}=a(-\boldsymbol{x}+\boldsymbol{y})\\ \dfrac{\mathrm{d}\boldsymbol{y}}{\mathrm{d}n}=b\boldsymbol{x}-\boldsymbol{y}-\boldsymbol{x}\boldsymbol{z}\\ \dfrac{\mathrm{d}z}{\mathrm{d}n}=\boldsymbol{x}\boldsymbol{y}-cz\end{cases} \tag{7-36}$$

式中，a、b 和 c 通常被设为 10、28 和 8/3 以获得混沌特性。在将初始状态（$x(0),y(0),z(0)$）和步长分别设置为(12,2,9)和 0.2 之后，用四阶龙格-库塔法生成一个包含 2400 个点的序列，前 1800 个用于训练，后 600 个用于测试，如图 7-5 所示。

2. NARMA 时间序列

非线性自回归移动平均(Nonlinear Auto Regressive Moving Average，NARMA)系统是一种具有强非线性和长期记忆性的离散时间动态系统。10 阶 NARMA 时间序列由式(7-37)给出

$$z(n+1)=0.3z(n)+0.05z(n)\sum_{j=0}^{9}z(n-j)+1.5\boldsymbol{u}(n)\boldsymbol{u}(n-9)+0.1 \tag{7-37}$$

式中，输入信号是从均匀分布的区间[0,0.5]中随机生成的。利用式(7-37)生成一个包含 2400 个点的序列，前 1800 个用于训练，后 600 个用于测试，如图 7-5 所示。

3. 太阳黑子时间序列

太阳黑子时间序列是太阳上高强度磁场的动力学特征，通常用于测量太阳的散斑活动，对地球有重要影响。然而，潜在的太阳活动具有很强的不确定性和非线性，这使得太阳黑子数的预测具有很大的挑战性。因此，太阳黑子时间序列通常被用作评估 ESN 的预测能力，如图 7-5 所示。取 WDC-SILSO 从 1749 年到 2020 年的前 2400 个样本，前 1800 个用于训练网络，1800 到 2400 用于测试。在输入网络之前，对时间序列进行归一化处理，即[-1,1]。

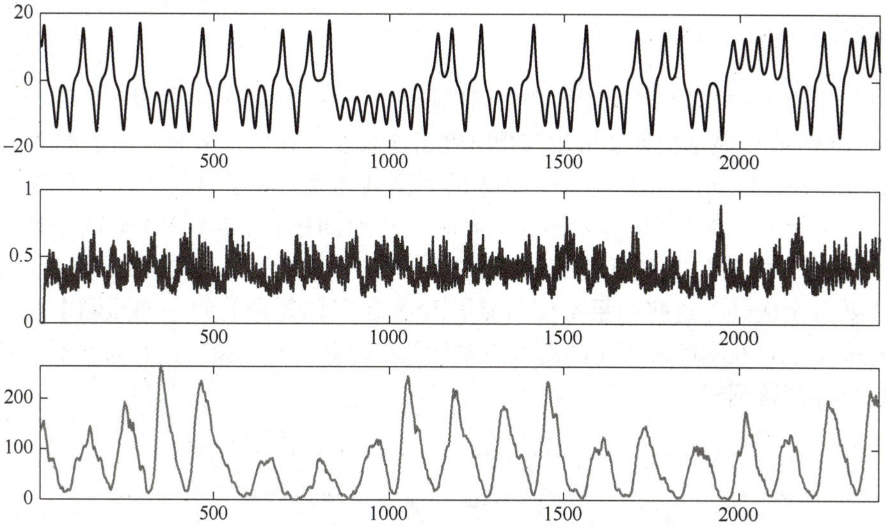

图 7-5 彩图

图 7-5　Lorenz 混沌时间序列、NARMA 时间序列和太阳黑子时间序列

7.4.2　参数设置

本节涉及在所有数据集上 ESN 的参数设置，见表 7-1，包括储备池规模、稀疏度、正则化系数、谱半径、输入缩放因子和清洗数量。

表 7-1　在所有数据集上 ESN 的参数设置

数据集	储备池规模	稀疏度	正则化系数	谱半径	输入缩放因子	清洗数量
ESN	100	0.026	10^{-9}	0.9	1	200

7.4.3　性能指标评估

根据任务类型(如回归和分类等)，选择适当的性能指标。对于时间序列预测，常用的指标包括均方误差(Mean Squared Error，MSE)、均方根误差(Root Mean Squared Error，RMSE)、平均绝对误差(Mean Absolute Error，MAE)和平均绝对百分比误差(Mean Absolute Percentage Error，MAPE)。

$$\mathrm{MSE}=\frac{1}{N_T}\sum_{t=1}^{N_T}(\boldsymbol{y}_{\mathrm{Pred}}(t)-\boldsymbol{y}_{\mathrm{Desired}}(t))^2 \tag{7-38}$$

$$\mathrm{RMSE}=\sqrt{\frac{1}{N_T}\sum_{t=1}^{N_T}(\boldsymbol{y}_{\mathrm{Pred}}(t)-\boldsymbol{y}_{\mathrm{Desired}}(t))^2} \tag{7-39}$$

$$\mathrm{MAE}=\frac{1}{N_T}\sum_{t=1}^{N_T}|\boldsymbol{y}_{\mathrm{Pred}}(t)-\boldsymbol{y}_{\mathrm{Desired}}(t)| \tag{7-40}$$

$$\mathrm{MAPE}=\frac{100\%}{N_T}\sum_{i=1}^{N_T}\left|\frac{\boldsymbol{y}_{\mathrm{Pred}}(t)-\boldsymbol{y}_{\mathrm{Desired}}(t)}{\boldsymbol{y}_{\mathrm{Pred}}(t)}\right| \tag{7-41}$$

式中，N_T、$\boldsymbol{y}_{\mathrm{Desired}}(t)$和$\boldsymbol{y}_{\mathrm{Pred}}(t)$分别为训练集或测试集中的样本数量、期望输出和预测输出。本节使用 RMSE 作为 ESN 预测能力的评判标准。

7.4.4 实验结果

Lorenz 混沌时间序列、NARMA 时间序列和太阳黑子时间序列上 ESN 的期望输出和预测输出如图 7-6 所示。图 7-6 中显示出期望输出与预测输出的高度一致性，从而说明了 ESN 具有较高的预测能力。Lorenz 混沌时间序列、NARMA 时间序列和太阳黑子时间序列上 ESN 的预测误差幅度如图 7-7 所示。图 7-7 中显示出在 Lorenz 混沌时间序列、NARMA 时间序列和太阳黑子时间序列上 ESN 的预测误差幅度分别维持在 0 附近、-0.2 到 0.2 之间以及-5 到 5 之间震荡，只有少数几个例外。这些结果不仅凸显了 ESN 在多种复杂时间序列预测中的适用性和有效性，也展示了它在实际应用中的潜力，尤其是在需要处理和预测具有高度不确定性和动态变化的时间序列数据时。

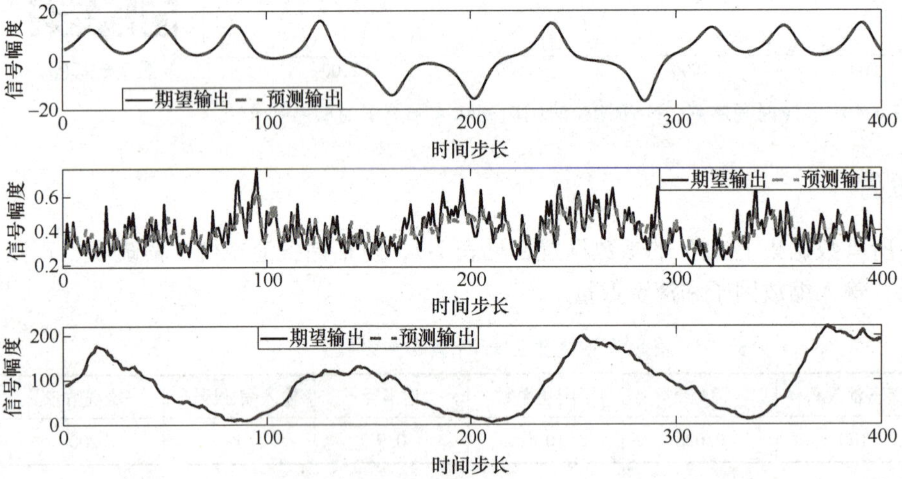

图 7-6 彩图

图 7-6　在 Lorenz 混沌时间序列、NARMA 时间序列和太阳黑子时间序列上 ESN 的期望输出和预测输出

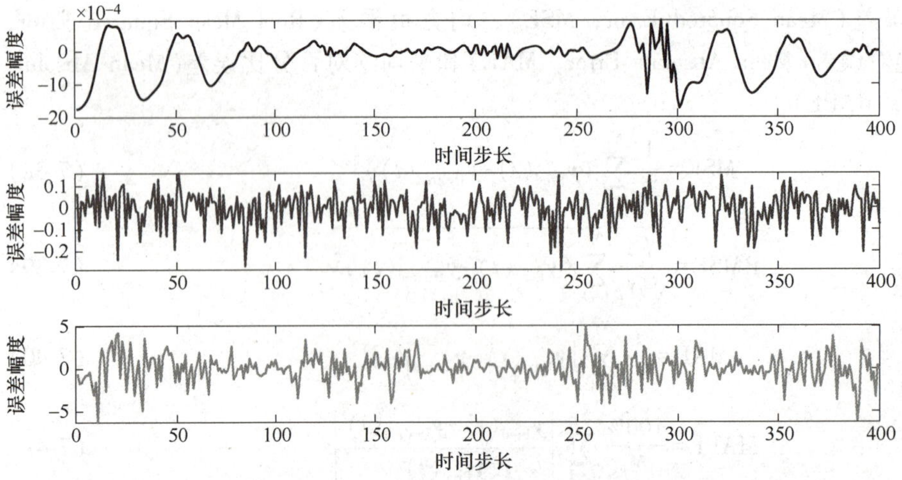

图 7-7 彩图

图 7-7　在 Lorenz 混沌时间序列、NARMA 时间序列和太阳黑子时间序列上 ESN 的预测误差

在所有数据集上，ESN 都进行了 30 次独立实验，其平均结果见表 7-2，包括训练 RMSE 和测试 RMSE 的均值和标准差。由表 7-2 可知，ESN 在所有数据集上都显示出较低的 RMSE 均值以及较小的标准差，这表明 ESN 具有较强的预测能力和稳定性。

表 7-2　在所有数据集上 ESN 的实验结果

	Lorenz 混沌时间序列		NARMA 时间序列		太阳黑子时间序列	
	训练 RMSE	测试 RMSE	训练 RMSE	测试 RMSE	训练 RMSE	测试 RMSE
均值	1.076e-04	4.276e-04	0.071	0.079	1.363	1.624
标准差	2.556e-05	1.985e-04	4.375e-04	8.303e-04	0.014	0.019

ESN 实现 Lorenz 混沌时间序列预测源代码请扫描二维码下载。

源代码 3

习题

7-1　描述 ESN 的三个主要组成部分，并解释每个部分在网络中的作用。

7-2　解释储备池层如何捕获时间序列数据中的动态特性，并讨论非线性激活函数在其中的作用。

7-3　在 ESN 中怎样才能满足 ESP？

7-4　ESN 的训练过程只涉及输出权值的调整。解释这个过程是如何进行的并讨论它为什么比传统递归神经网络训练更高效。

7-5　解释奇异值分解技术在 GESN 结构设计中的应用，并讨论 GESN 如何提高网络性能。

7-6　探讨 ESN 在处理具有长期依赖性的时间序列数据时的局限性，并提出可能的改进方法。

7-7　讨论储备池规模、稀疏度、正则化系数、谱半径和输入缩放因子等参数如何影响 ESN 的性能。

7-8　模拟改变输入权值和储备池内部权值对 ESN 性能的影响，并记录不同配置下的结果。

7-9　使用不同的优化算法（如线性回归和岭回归等）来调整输出权值，并比较它们的性能。

7-10　实现 GESN，并在相同的数据集上评估其性能与 ESN 的差异。

7-11　使用 ESN 对其他数据集进行预测，并使用 RMSE 等指标评估其预测能力。

7-12　通过调整 ESN 的参数（如储备池规模和稀疏度等），找到最优的参数组合以提高模型性能。

参考文献

[1] JAEGER H. The "echo state" approach to analysing and training recurrent neural networks-with an erratum note[J]. Bonn, Germany: German National Research Center for Information Technology GMD Technical Report, 2001, 148(34): 13.

[2] LI Y, LI F J. PSO-based growing echo state network[J]. Applied Soft Computing, 2019, 85: 105774.

[3] LI Y, LI F J. Growing deep echo state network with supervised learning for time series prediction[J]. Applied Soft Computing, 2022, 128: 109454.

[4] REN W J, MA D W, HAN M. Multivariate time series predictor with parameter optimization and feature selection based on modified binary salp swarm algorithm[J]. IEEE Transactions on Industrial Informatics, 2023, 19(4): 6150-6159.

[5] CHEN X F, LUO X, JIN L, et al. Growing echo state network with an inverse-free weight update strategy [J]. IEEE Transactions on Cybernetics, 2023, 52(2): 753-764.

[6] LIU C, ZHANG H, LIU Y H, et al. Dual heuristic programming for optimal control of continuous-time nonlinear systems using single echo state network[J]. IEEE Transactions on Cybernetics, 2022, 52(3): 1701-1712.

[7] LI L, PU Y F, LUO Z Y. Distributed functional link adaptive filtering for nonlinear graph signal processing [J]. Digital Signal Processing, 2022, 128: 103558.

[8] MUSTAQEEM K, EI SADDIK A, ALOTAIBI F S, et al. AAD-NET: advanced end-to-end signal processing system for human emotion detection and recognition using attention-based deep echo state network[J]. Knowledge-Based Systems, 2023, 270: 110525.

[9] GALLICCHIO C, MICHELI A. Echo state property of deep reservoir computing networks[J]. Cognitive Computation, 2017, 9(3): 337-350.

[10] QIAO J F, LI F J, HAN H G, et al. Growing echo-state network with multiple subreservoirs[J]. IEEE Transactions on Neural Networks and Learning Systems, 2017, 28(2): 391-404.

第 8 章　卷积神经网络

导读

卷积神经网络(Convolutional Neural Networks，CNN)的历史可以追溯到 20 世纪 60 年代。随着 21 世纪初深度学习技术的迅速发展，卷积神经网络才在图像识别和处理领域展现出显著的优势。卷积神经网络是一类包含卷积计算且具有深度结构的前馈神经网络，以其出色的性能和广泛的应用而闻名。本章将详细介绍卷积神经网络的基础知识、基本结构及其工作原理，帮助读者深入理解卷积神经网络的核心概念。同时，将探讨卷积神经网络在实际应用中的作用，为读者进一步研究深度学习和人工智能奠定坚实的基础。

本章知识点

- 卷积神经网络的基本概念
- 卷积神经网络结构与学习算法
- 卷积神经网络设计与应用

8.1　卷积神经网络基础

8.1.1　卷积运算

卷积是卷积神经网络的核心操作。通过卷积操作，卷积神经网络能够从输入数据中提取特征并逐层构建更为抽象的表示。

在数学概念上，卷积是两个函数之间的一种特殊运算。连续域中，卷积定义为两个函数的积分，可表示为

$$(x*w)(t)=\int_{-\infty}^{+\infty}x(\tau)w(t-\tau)\mathrm{d}\tau \tag{8-1}$$

式中，$x(t)$为原始函数，可以是任何给定的时间或空间函数；$w(t)$为与$x(t)$相互作用的另一个函数，通常称为卷积核或母函数；τ为积分变量，它表示在卷积过程中考虑的$x(t)$的特定点；t为卷积结果的变量，表示在特定时间点上的卷积结果。

连续卷积可以理解为：在每个时间点 t，函数 x 和 w 的乘积被"翻转"（这是由于 $w(t-\tau)$ 中的负号导致的）并"平移"（平移量为 $t-\tau$），然后对这个乘积进行积分。这个操作的结果是一个新函数，它描述了一个函数通过一个线性时不变系统时的输出。

例 8-1 假设有两个连续时间函数 $f(t)$ 和 $g(t)$，它们分别定义如下：$f(t)=\mathrm{e}-|t|$，$g(t)=\delta(t-1)$。计算这两个函数的卷积 $(f*g)(t)$。

解： 根据卷积的定义，将 $f(t)$ 和 $g(t)$ 的卷积表达为积分形式

$$(f*g)(t)=\int_{-\infty}^{+\infty} f(\tau)g(t-\tau)\mathrm{d}\tau$$

将给定的函数代入卷积公式中

$$(f*g)(t)=\int_{-\infty}^{+\infty}(\mathrm{e}-|\tau|)\delta(t-1-\tau)\mathrm{d}\tau$$

式中，$\delta(t-1-\tau)$ 是一个单位脉冲函数，它在 $\tau=t-1$ 时取值为 1，可以将积分简化为在 $\tau=t-1$ 时的值

$$(f*g)(t)=\mathrm{e}-|t-1|$$

式中，$\mathrm{e}-|t-1|$ 为卷积结果，即 $f(t)$ 经过 $g(t)$ 卷积后的结果。

在离散域中，卷积定义为两个序列的逐点乘积后的求和，可表示为

$$(x*w)[n]=\sum_{m=-\infty}^{+\infty} x[m]w[n-m] \tag{8-2}$$

式中，$x[n]$ 为输入序列，它可以代表一个离散时间信号或任何其他的离散数据序列；$w[n]$ 为卷积核或滤波器序列，它定义了系统的特性或所应用的变换；n 为输出序列的索引，它表示卷积结果中元素的位置；m 为求和变量，用于遍历所有可能的卷积组合。

离散卷积可以理解为：对于输出序列中的每一个元素，都将输入序列 $x[n]$ 与卷积核 $w[n]$ 进行对齐，然后将对应的元素相乘，并将所有乘积求和得到当前位置的输出值。这个过程对所有可能的对齐方式进行，从而得到输出序列的每一个元素。

例 8-2 假设有两个离散时间序列 $f[n]$ 和 $g[n]$，定义如下：$f[n]=\{1,2,3\}$，$g[n]=\{4,5\}$。这里，$f[n]$ 是一个长度为 3 的序列，而 $g[n]$ 是一个长度为 2 的序列。计算这两个序列的卷积 $(f*g)[n]$。

解： 根据离散卷积的定义，将 $f[n]$ 和 $g[n]$ 的卷积表达为求和形式

$$(f*g)[n]=\sum_{k=-\infty}^{+\infty} f[k]\cdot g[n-k]$$

由于序列是有限的，可以将求和限制在序列的有效范围内。对于本例，$f[n]$ 的有效范围是 $n=0$ 到 $n=2$，$g[n]$ 的有效范围是 $n=0$ 到 $n=1$。因此，卷积的有效范围是 $n=0$ 到 $n=3$。

计算每个 n 值的卷积结果。

当 $n=0$ 时：$(f*g)[0]=f[0]\cdot g[0]=1\times4=4$

当 $n=1$ 时：$(f*g)[1]=f[0]\cdot g[1]+f[1]\cdot g[0]=1\times5+2\times4=5+8=13$

当 $n=2$ 时：$(f*g)[2]=f[1]\cdot g[1]+f[2]\cdot g[0]=2\times5+3\times4=10+12=22$

当 $n=3$ 时：$(f*g)[3]=f[2]\cdot g[1]=3\times5=15$

由于 $g[n]$ 的长度为 2，当 $n>2$ 时，卷积结果为 0，因为 $g[n-k]$ 中的 k 不再在 $g[n]$ 的有效范围内。

因此，序列$f[n]$和$g[n]$的卷积结果为：$(f*g)[n]=\{4,13,22,15,0,0,\cdots\}$。这里只展示了卷积结果的有效部分，即$n=0$到$n=3$。

如果将一张图像或其他二维数据作为输入，使用一个二维的卷积核w，则卷积运算的输出可表示为

$$(x*w)[m,n]=\sum_{i=-\infty}^{+\infty}\sum_{j=-\infty}^{+\infty}x[i,j]w[m-i,n-j] \tag{8-3}$$

式中，x为一个离散图像信号或任何其他的二维离散数据；w为二维卷积核；m，n为输出序列的索引，表示卷积结果中元素的位置；i，j为求和变量，用于遍历所有可能的卷积组合。此处卷积可以看作借助二维卷积核对信号进行内积运算，这便是卷积神经网络中卷积操作的基础，具体可视化的卷积操作将在 8.1.2 小节中进行介绍。

8.1.2　卷积神经网络的基本概念

和普通神经网络相比，卷积神经网络有着独特的卷积层(Convolutional Layer)和池化层(Pooling Layer)，本小节将通过卷积层和池化层对卷积神经网络中的基本概念进行介绍。

1. 卷积层

卷积层是卷积神经网络中最关键的一层，也是“卷积神经网络”名字的由来。卷积核(Convolutional Kernel)是一个新的概念，整个卷积运算便是通过它来实现的。卷积核是一个小的权值矩阵，它在输入数据(如图像)上滑动，计算核与数据局部区域之间的点积，从而产生特征图(Feature Map)。这个过程可以形象地理解为，卷积核像是一个过滤器，通过它可以捕捉到输入数据中的特定模式或特征。

局部感受野(Local Receptive Field)指的是卷积核覆盖的输入数据的局部区域。局部感受野的概念强调了卷积运算的局部连接特性，即每个卷积核只与输入数据的一小部分相连接。这种局部连接模式有助于网络有效地学习空间层次结构，并且可以显著减少参数数量，从而减轻过拟合的风险。当使用卷积核在同一输入数据的不同空间位置上进行卷积时，采取的是权值共享(Weight Sharing)的模式，即卷积核的权值在整个数据上是共享的。局部连接和权值共享结构大大减少了网络的复杂性，不仅带来了明显的计算优势，而且使得网络对于输入数据的平移具有不变性。

步长(Stride)是卷积神经网络中的一个重要概念，它指的是卷积核在输入数据上滑动的步幅。步长决定了卷积核移动的间距，从而影响到输出特征图的大小和计算效率。

例 8-3　假设有一个 5×5 的输入矩阵，以及一个 3×3 的卷积核(如图 8-1 所示)。在步长为 1 和 2 时，分别进行卷积操作。

解： 将卷积核在输入矩阵上按照步长进行滑动。对于每一次滑动，计算对应位置的元素相乘并求和，填入输出矩阵 R 中对应位置。以第一个元素为例，$R[0,0]=(1\times1)+(0\times2)+(0\times3)+(0\times6)+(1\times7)+(0\times8)+(0\times11)+(0\times12)+((-1)\times13)=1+0+0+0+7+0+0+0-13=-5$，之后的其他元素可依次得到。当步长为 1 时，卷积后结果的尺寸为 3×3；当步长为 2 时，卷积结果的尺寸为 2×2。

为了控制卷积输出的尺寸，一般会使用填充(Padding)操作。在实际应用中，常见的填充方法为按 0 填充和重复边界值填充。例如，如果卷积核的大小为 3×3，可能会在输入矩阵

的上下边界各添加一排零，左右边界也各添加一排零。此时卷积核的滑动便能够覆盖边界上的元素。这种处理方式不仅保持了输出尺寸，还使得卷积运算更加灵活和可控。在卷积神经网络框架中，填充是卷积层的一个可配置参数，可以根据需要进行调整。这种灵活性使得卷积神经网络能够适应各种不同的任务和数据集。

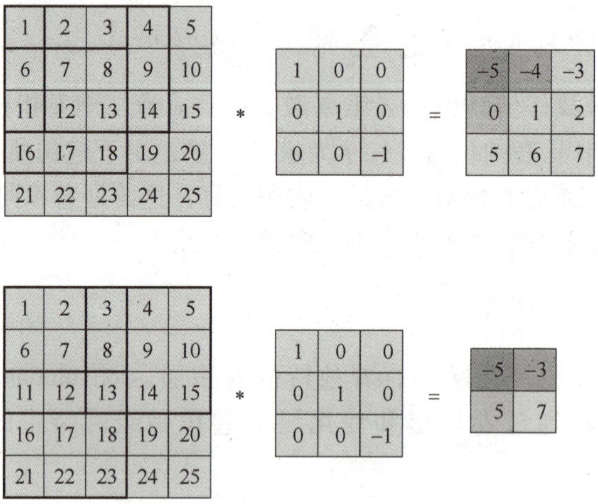

图 8-1 彩图

图 8-1　步长为 1 和 2 的卷积示例

例 8-4　假设有一个 3×3 的输入矩阵，以及一个 2×2 的卷积核，在输入矩阵周边做 1 行或 1 列 0 填充（如图 8-2 所示），步长为 1，进行卷积操作。

解：

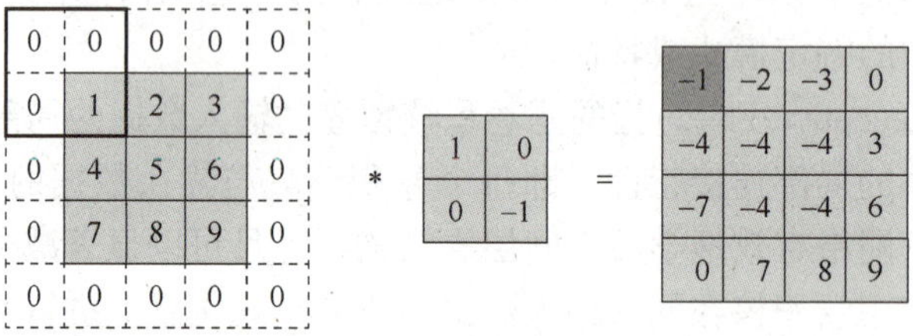

图 8-2　带填充的卷积示例

图 8-2 彩图

将 3×3 输入图的 4 个边界填充 0 后，卷积输出的尺寸变为 4×4，分辨率没有降低。

卷积层中的特征图通常由多个图组成，如图 8-3 所示。图 8-3 中的特征图大小为 $C\times H\times W$，由 C 个 $H\times W$ 大小的特征构成。C 即为通道数（Channel），指代特征的数量或深度。通道数的大小直接影响了卷积神经网络的特征提取能力和计算复杂度。通过增加通道数，可以增强卷积神经网络的特征提取能力，但也会增加计算复杂度。

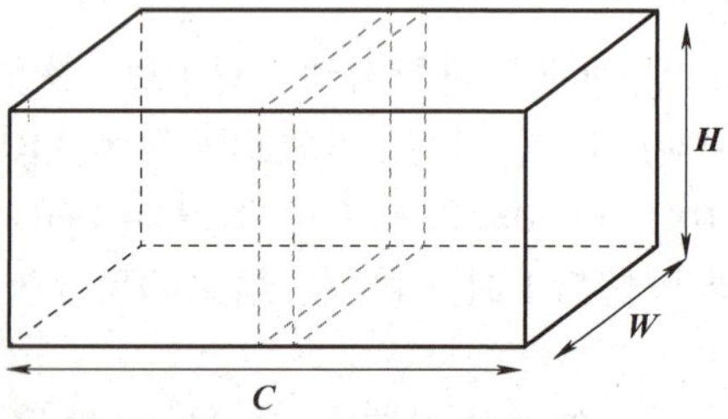

图 8-3　卷积层示意图

图 8-3 彩图

在卷积神经网络中，要实现的是多通道卷积。假设输入特征图大小是 $C_i \times H_i \times W_i$，输出特征图大小是 $C_o \times H_o \times W_o$。则每个输出特征图都由 C_i 个卷积核与通道数为 C_i 的输入特征图进行逐通道卷积，然后将结果相加，一共需要 $C_i \times C_o$ 个卷积核，每 C_i 个为一组，共 C_o 组。

了解上述概念后，便可以计算一个卷积层中输入和输出的关系了。在卷积层中，用卷积核对输入特征映射进行卷积，然后将卷积结果相加，并加上一个标量偏置，再经过非线性激活函数后得到输出特征映射。通过这一系列操作，卷积层能够从输入数据中提取特征，并通过激活函数增强网络的非线性表达能力。

2. 池化层

池化层可以实现特征图的降采样。图像中的相邻像素之间很大程度上具有相似性，通过池化操作，不仅减少计算负担，也让网络对位置变化不敏感，增强了特征的泛化能力。

常见的池化方法有两种：最大池化(Max Pooling)和平均池化(Average Pooling)。

1）最大池化：最大池化是最常用的池化操作之一。它在特征图的局部区域内取最大值作为该区域的代表。这种操作可以突出显示特征图中的显著特征，并且对小的平移和变形具有一定的不变性。

2）平均池化：平均池化计算特征图局部区域内所有值的平均值。与最大池化相比，平均池化更加平滑，但可能会丢失一些特征细节。

例 8-5　特征图 $\boldsymbol{F}$ 如图 8-4 所示，使用 3×3 的最大池化窗口，步长为 3，不使用填充，对特征图 $\boldsymbol{F}$ 进行最大池化操作，并给出池化后的特征图 $\boldsymbol{F}'$。

1	2	3	4	5	6
7	8	9	10	11	12
13	14	15	16	17	18
19	20	21	22	23	24
25	26	27	28	29	30
31	32	33	34	35	36

图 8-4　特征图 $\boldsymbol{F}$

图 8-4 彩图

解：整体操作共分为四步，具体如下。

a）确定池化窗口，使用 3×3 的窗口进行最大池化。

b）遍历特征图，以 3×3 的窗口和步长为 3 遍历整个特征图 $\boldsymbol{F}$。

c）选择最大值，在每个 3×3 的区域内，选择最大的数值。

d）构建新的特征图，将所有最大值放入新的特征图 $\boldsymbol{F}'$，完成最大池化。

最大池化后结果如图 8-5 所示。

例 8-6　特征图 $\boldsymbol{F}$ 如图 8-4 所示，使用 3×3 的最大池化窗口，步长为 3，不使用填充，对特征图 $\boldsymbol{F}$ 进行平均池化操作，并给出池化后的特征图 $\boldsymbol{F}'$。

解：整体操作共分为四步，具体如下。

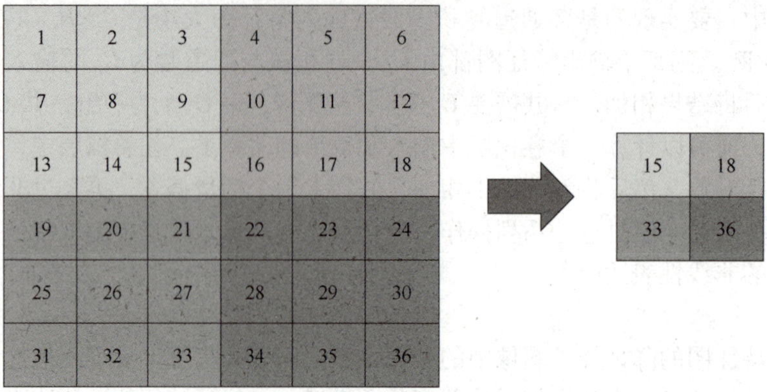

图 8-5　最大池化结果图

图 8-5 彩图

a）确定池化窗口，使用 3×3 的窗口进行平均池化。

b）遍历特征图，以 3×3 的窗口和步长为 3 遍历整个特征图 $\boldsymbol{F}$。

c）计算平均值，在每个 3×3 的区域内，计算所有数值的平均值。

d）构建新的特征图，将所有平均值放入新的特征图 $\boldsymbol{F}'$，完成平均池化。

平均池化后结果如图 8-6 所示。

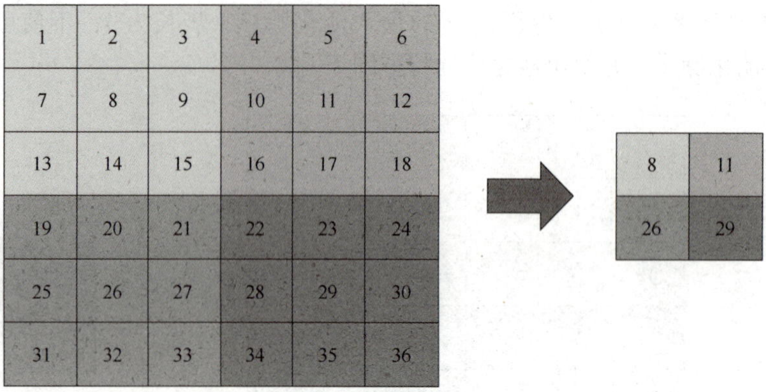

图 8-6　平均池化结果图

图 8-6 彩图

全局池化可对整个特征图进行池化操作，只输出一个单一的值。全局最大池化或全局平均池化通常用于网络的最后几层，以便将空间信息压缩成一个单一的特征值。

池化层可以在一定程度上保持特征的尺度不变性。池化操作就是图像的“resize”，平时一张狗的图像被缩小了一倍还能认出这是一张狗的照片，这说明这张图像中仍保留着狗最重要的特征，图像压缩时去掉的信息只是一些无关紧要的信息，而留下的信息则具有尺度不变性的特征，是最能表达图像特征的信息。

8.2　卷积神经网络结构及其学习算法

8.2.1　卷积神经网络结构

在介绍了卷积神经网络的基本概念之后，可以搭建一个卷积神经网络。本小节将介绍卷积神经网络的结构，包括输入层、卷积层、池化层和全连接层等组成部分。通过了解每个组件的组成与作用，读者能够更好地理解 CNN 的整体架构。

一个卷积神经网络主要由以下几部分组成(如图 8-7 所示)。

- 输入层/Input Layer
- 卷积层/Convolutional Layer
- 池化层/Pooling Layer
- 全连接层/Full Connection Layer
- 输出层/Output Layer

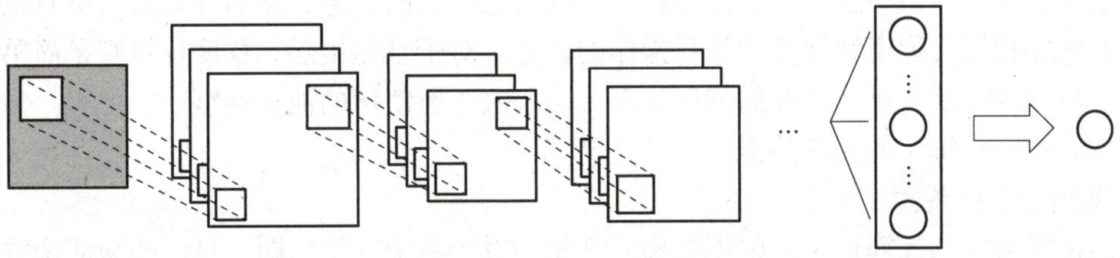

图 8-7　卷积神经网络结构图

1. 输入层

输入层是网络的第一层，负责接收原始数据，例如图像的像素值。输入层的维度通常与数据的原始维度相匹配。

2. 卷积层

卷积层使用一组可学习的卷积核来提取输入数据的特征。卷积神经网络一般包含多个卷积层，一个卷积层可以有多个不同的卷积核。每个卷积核负责检测输入数据中的特定模式或特征。组成卷积核的每个元素类似于一个前馈神经网络的神经元。

3. 池化层

池化层通常跟在卷积层之后。池化操作的目的是对特征图进行下采样，减少数据的空间尺寸，从而减少后续层的参数数量和计算量。这不仅提高了计算效率，还增强了网络对输入数据的小变化的鲁棒性，使模型对特征的位置、大小和方向有一定程度的不变性。

4. 全连接层

全连接层是卷积神经网络中的一个关键组成部分，通常位于网络的末端。在这一层中，每个神经元都与前一层的所有激活值相连，形成了一个完全连接的网络结构。这种连接方式与传统的神经网络中的连接方式相同，因此得名“全连接层”。

5. 输出层

根据任务的需求，输出层可以是 Softmax 层、Sigmoid 层或线性层，它们将网络的内部表示转化为需要的输出，如类别标签或连续值。

8.2.2　卷积神经网络学习算法

卷积神经网络的反向传播算法是训练过程中的一个关键步骤，类比于经典的多层感知机网络反向传播的算法，卷积神经网络同样通过正向传播-反向传播的步骤来更新网络，使网络通过梯度下降方法来调整权值和偏置，以最小化损失函数。

具体步骤如下。

1）前向传播：输入数据在卷积神经网络中从输入层开始，经过卷积层、激活函数、池化层、全连接层，最终到达输出层。在这个过程中，每一层的输出都是下一层的输入，同时计算得到每个样本的预测值。

2）计算损失：使用损失函数（如交叉熵损失）来衡量网络的预测输出与真实标签之间的差异。损失函数的选择取决于具体的任务，例如分类问题常用交叉熵损失。

3）反向传播：从输出层开始，计算损失函数关于网络中每个权值的梯度。这个过程涉及链式法则，即对于每一层，需要计算损失函数对激活值的导数，然后计算激活值对权值的导数。对于卷积层，梯度计算涉及卷积操作的转置。对于全连接层，梯度计算则是简单的矩阵乘法。对于池化层，反向传播的梯度计算方法取决于所使用的池化类型。

下面具体介绍每层的反向传播。

1. 输出层反向传播

反向传播通常从计算输出层的损失梯度开始。对于一个分类问题，最后的激活函数可能是 Softmax，而损失函数可能是交叉熵损失。对于回归问题，损失函数可能是均方误差。

（1）损失函数对输出的梯度

根据所使用的损失函数，计算损失 L 对输出 $\hat{y}$ 的梯度 $\partial L/\partial\hat{y}$。例如，对于二元分类的交叉熵损失，这个梯度表示为

$$\frac{\partial L}{\partial \hat{y}}=-\frac{y}{\hat{y}}+\frac{1-y}{1-\hat{y}} \tag{8-4}$$

式中，y 为真实标签；$\hat{y}$ 为网络预测的概率。

（2）激活函数梯度

计算输出 $\hat{y}$ 对加权输入 z 的梯度，这通常涉及激活函数的导数。对于 Sigmoid 函数，导数是

$$\sigma'(z)=\hat{y}\cdot(1-\hat{y}) \tag{8-5}$$

（3）权值和偏置梯度

应用链式法则计算损失函数 L 对权值 w 和偏置 b 的梯度

$$\frac{\partial L}{\partial w}=\frac{\partial L}{\partial \hat{y}}\frac{\partial \hat{y}}{\partial w}=\frac{\partial L}{\partial \hat{y}}\cdot\sigma'(z)\cdot a \tag{8-6}$$

$$\frac{\partial L}{\partial b}=\frac{\partial L}{\partial \hat{y}}\frac{\partial \hat{y}}{\partial b}=\frac{\partial L}{\partial \hat{y}}\cdot\sigma'(z) \tag{8-7}$$

式中，a 为前一层的激活值。

2. 全连接层反向传播

全连接层的反向传播涉及计算损失函数关于这一层权值和偏置的梯度。

（1）损失函数关于激活值的梯度

需要计算损失函数 L 相对于全连接层输出激活值 a_{prev} 的梯度 $\partial L/\partial a_{\mathrm{prev}}$。这通常依赖于后一层（可能是输出层或另一个全连接层）传递回来的梯度。

（2）激活函数的导数

计算全连接层激活函数 σ 的导数 $\sigma'(z)$。这里的 z 是全连接层的加权输入加上偏置，即

$$z = w \cdot a_{\text{prev}} + b \tag{8-8}$$

式中，a_{prev} 为前一层的激活值。激活函数的类型（如 ReLU、Sigmoid 或 tanh）决定了其导数的形式。

（3）权值的梯度

利用链式法则，计算损失函数 L 相对于全连接层权值 w 的梯度 $\partial L/\partial w$，

$$\frac{\partial L}{\partial w} = \frac{\partial L}{\partial a} \cdot \sigma'(z) \cdot a_{\text{prev}}^{\text{T}} \tag{8-9}$$

式中，$a_{\text{prev}}^{\text{T}}$ 为前一层激活值的转置。

（4）偏置的梯度

同样使用链式法则，计算损失函数 L 相对于偏置 b 的梯度 $\partial L/\partial b$

$$\frac{\partial L}{\partial b} = \sum_i \frac{\partial L}{\partial a_i} \cdot \sigma'(z_i) \tag{8-10}$$

式中，a_i 为第 i 个输出激活值；z_i 为对应的加权输入。

（5）输入的梯度

计算损失函数 L 相对于前一层激活值 a_{prev} 的梯度 $\partial L/\partial a_{\text{prev}}$，这将作为前一层的反向传播输入

$$\frac{\partial L}{\partial a_{\text{prev}}} = \frac{\partial L}{\partial a} \cdot \sigma'(z) \cdot w \tag{8-11}$$

例 8-7　假设有一个全连接层，输入 $\boldsymbol{A}_{\text{prev}}$ 是 $m \times n$ 矩阵，权值 $\boldsymbol{W}$ 是 $n \times p$ 矩阵，偏置 $\boldsymbol{b}$ 是一个 $p \times 1$ 向量，激活值 $\boldsymbol{A}$ 是 $m \times p$ 矩阵，计算其反向传播梯度。

解： 损失函数 L 相对于激活值 $\boldsymbol{A}$ 的梯度是一个 $m \times p$ 矩阵。权值梯度 $\partial L/\partial \boldsymbol{W}$ 将是一个 $n \times p$ 矩阵，计算方式是 $\partial L/\partial \boldsymbol{A}$ 和 $\boldsymbol{A}_{\text{prev}}$ 的矩阵乘法结果与 $\sigma'(z)$ 的逐元素乘积。偏置梯度 $\partial L/\partial \boldsymbol{b}$ 将是一个 $p \times 1$ 向量，是 $\partial L/\partial \boldsymbol{A}$ 中每个元素的 $\sigma'(z)$ 加权和。

3. 卷积层反向传播

卷积层反向传播是一个复杂的过程，涉及对卷积核权值、偏置以及输入特征图的梯度计算。

（1）损失函数 L 关于输出特征图的梯度

需要从后一层（可能是全连接层或另一个卷积层）获取损失函数 L 相对于当前卷积层输出特征图 $\boldsymbol{O}$ 的梯度 $\partial L/\partial \boldsymbol{O}$。

（2）卷积核权值的梯度

利用链式法则，计算损失函数 L 相对于卷积核权值 $\boldsymbol{W}$ 的梯度 $\partial L/\partial \boldsymbol{W}$。这涉及将输出梯度与输入特征图进行互相关操作（与正向传播中的卷积操作相对应）。

$$\frac{\partial L}{\partial \boldsymbol{W}} = \text{Conv}\left(\frac{\partial L}{\partial \boldsymbol{O}}, \boldsymbol{I}^{\text{T}}\right) \tag{8-12}$$

式中，$\boldsymbol{I}$ 为输入特征图；$\boldsymbol{I}^{\text{T}}$ 为输入特征图的转置；Conv 为互相关操作。

（3）偏置的梯度

损失函数 L 相对于偏置 $\boldsymbol{b}$ 的梯度 $\partial L/\partial \boldsymbol{b}$ 可以通过对输出梯度在特征图每一个通道上求和得到

$$\frac{\partial L}{\partial \boldsymbol{b}} = \sum_{x,y} \frac{\partial L}{\partial \boldsymbol{O}(x,y)} \tag{8-13}$$

（4）输入特征图的梯度

损失函数 L 相对于输入特征图 $\boldsymbol{I}$ 的梯度 $\partial L/\partial \boldsymbol{I}$ 可以通过将输出梯度与卷积核进行卷积操作计算得到

$$\frac{\partial L}{\partial \boldsymbol{I}}=\mathrm{Conv}\left(\frac{\partial L}{\partial \boldsymbol{O}},\boldsymbol{W}^{\mathrm{T}}\right) \tag{8-14}$$

式中，$\boldsymbol{W}^{\mathrm{T}}$ 为卷积核权值的转置。

（5）激活函数的影响

如果卷积层使用了激活函数（如 ReLU），则需要考虑激活函数的导数。对于 ReLU 激活函数，其导数是一个指示函数，当输入为正时为 1，否则为 0。这意味着在反向传播过程中，只有当正向传播的输出为正时，梯度才会向后传递。

例 8-8 假设卷积层有一个 3×3 的卷积核，输入特征图 $\boldsymbol{I}$ 大小为 $m\times n$，输出特征图 $\boldsymbol{O}$ 大小为 $m'\times n'$，计算其反向传播梯度。

解： 损失函数 L 相对于 $\boldsymbol{O}$ 的梯度是一个 $m'\times n'$ 的矩阵。权值梯度 $\partial L/\partial \boldsymbol{W}$ 的计算涉及将 $\partial L/\partial \boldsymbol{O}$ 与 $\boldsymbol{I}$ 进行互相关操作。偏置梯度 $\partial L/\partial \boldsymbol{b}$ 是 $\partial L/\partial \boldsymbol{O}$ 中每一个通道上所有元素的和。输入梯度 $\partial L/\partial \boldsymbol{I}$ 的计算涉及将 $\partial L/\partial \boldsymbol{O}$ 与卷积核 $\boldsymbol{W}$ 进行卷积操作。

4. 池化层反向传播

池化层的作用是降采样，减少数据的空间尺寸。在反向传播中，池化层的反向传播相对简单，因为它不包含可学习的权值。

（1）接收梯度

池化层从后续层接收损失函数的梯度。

（2）应用池化规则

对于最大池化，将接收到的梯度 $\partial L/\partial \boldsymbol{O}$ 仅应用到正向传播中的最大值位置；对于平均池化，将接收到的梯度 $\partial L/\partial \boldsymbol{O}$ 均匀分配到所有对应的输入元素上。

（3）传播梯度

将计算得到的梯度传递给前一层，作为前一层权值更新的依据。

对于最大池化，如果 $\boldsymbol{O}$ 是正向传播的输出特征图，$\boldsymbol{I}$ 是输入特征图，损失函数关于输出的梯度是 $\partial L/\partial \boldsymbol{O}$，则损失函数关于输入的梯度

$$\frac{\partial L}{\partial \boldsymbol{I}}=\boldsymbol{mask}\frac{\partial L}{\partial \boldsymbol{O}} \tag{8-15}$$

式中，$\boldsymbol{mask}$ 为一个与 $\boldsymbol{I}$ 形状相同的矩阵，仅在 $\boldsymbol{I}$ 中最大值的位置处为 1，其余位置为 0。

对于平均池化，损失函数关于输入的梯度

$$\frac{\partial L}{\partial \boldsymbol{I}}=\frac{1}{n}\cdot\frac{\partial L}{\partial \boldsymbol{O}} \tag{8-16}$$

式中，n 为参与平均的输入元素的数量。

例 8-9 考虑一个 6×6 的特征图如图 8-8 所示，使用 3×3 的最大池化窗口，步长为 3，不使用填充。最大池化后的特征图如图 8-8 所示，求反向传播梯度。

解： 假设损失函数 L 对 $\boldsymbol{F}$ 的梯度为 $\partial L/\partial \boldsymbol{F}=[\mathrm{d}1,\mathrm{d}2;\mathrm{d}3,\mathrm{d}4]$，因为梯度只传递给正向传播中的最大值位置，所以，d1、d2、d3 和 d4 分别为 $\boldsymbol{F}$ 中 15、18、33 和 36 的梯度。最大池化反向传播梯度如图 8-9 所示。

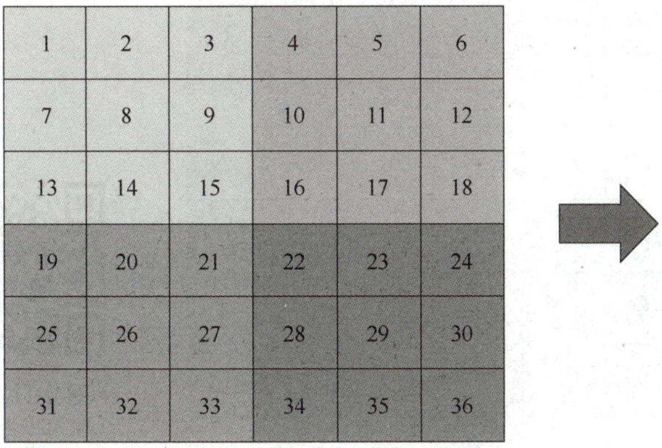

图 8-8 彩图

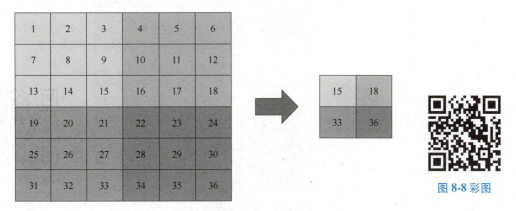

图 8-8　正向最大池化图

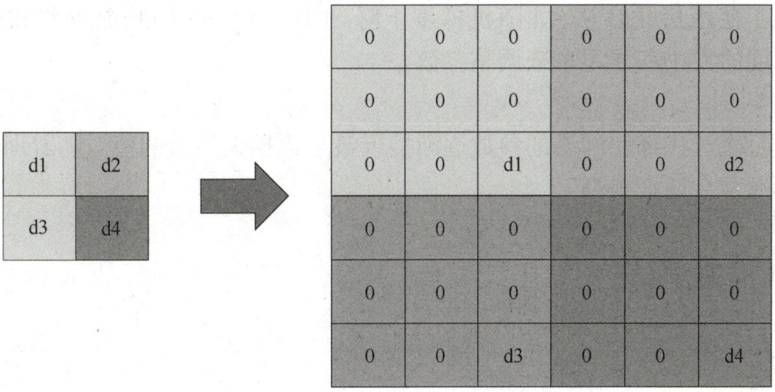

图 8-9 彩图

图 8-9　最大池化反向传播梯度

例 8-10　考虑一个 6×6 的特征图如图 8-10 所示，使用 3×3 的平均池化窗口，步长为 3，不使用填充。平均池化后的特征图如图 8-10 所示，求反向传播梯度。

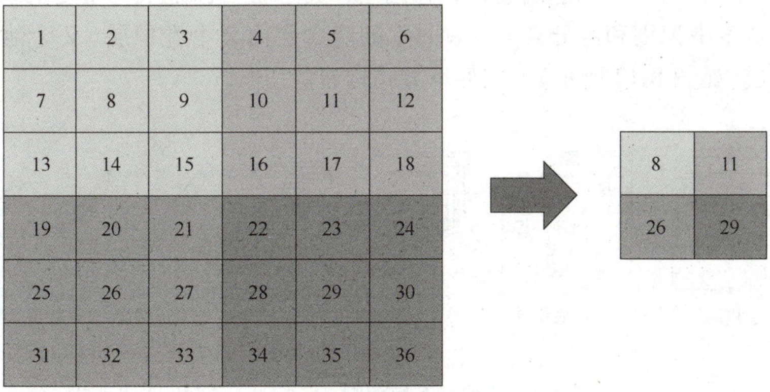

图 8-10 彩图

图 8-10　正向平均池化图

解：假设损失函数 L 对 $\boldsymbol{F}$ 的梯度为 $\partial L/\partial \boldsymbol{F}=[\mathrm{d}1,\mathrm{d}2;\mathrm{d}3,\mathrm{d}4]$，则梯度平均分配给所有输入，分别为 d1/9、d2/9、d3/9 和 d4/9。平均池化反向传播梯度如图 8-11 所示。

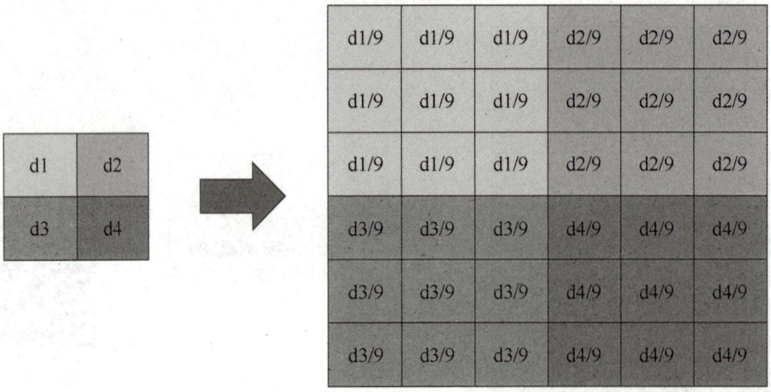

图 8-11 彩图

图 8-11　平均池化反向传播梯度

(4) 权值更新

计算得到梯度后，使用优化算法(如随机梯度下降 SGD、Adam 等)更新网络权值和偏置，本过程会根据梯度的大小和学习率来调整参数。

(5) 迭代优化

重复上述步骤，每次迭代都使网络的参数逐渐接近最小化损失函数的值。随着训练的进行，网络的预测性能通常会逐渐提高。

8.3　典型卷积神经网络

8.3.1　LeNet-5

LeNet-5 是一个经典的深度卷积神经网络，由 Yann LeCun 在 1998 年提出，旨在解决手写数字识别问题，被认为是卷积神经网络的开创性工作之一。该网络是第一个被广泛应用于数字图像识别的神经网络之一，也是深度学习领域的里程碑之一。

LeNet-5 是一个应用于图像分类问题的卷积神经网络，其学习目标是从一系列由 32×32×1 灰度图像表示的手写数字中识别和区分 0-9。LeNet-5 的隐含层由 2 个卷积层、2 个池化层构筑和 2 个全连接层组成(如图 8-12 所示)，按如下方式构建。

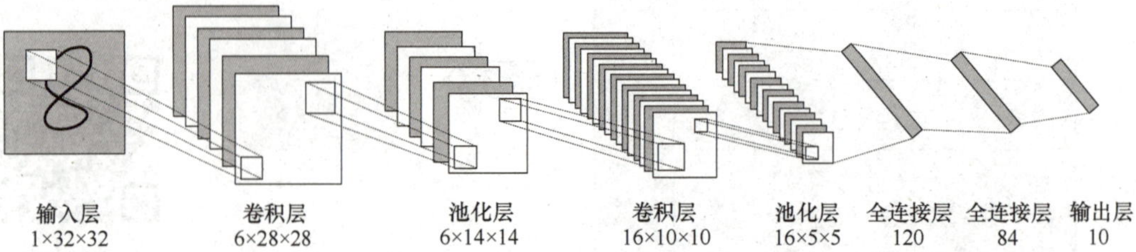

图 8-12　LeNet-5 结构图

1) (3×3)×1×6 的卷积层(步长为 1，无填充)，2×2 均值池化(步长为 2，无填充)，tanh 激活函数。

2) (5×5)×6×16 的卷积层(步长为 1，无填充)，2×2 均值池化(步长为 2，无填充)，

tanh 激活函数。

3）2 个全连接层，神经元数量为 120 和 84。

从深度学习的观点来看，LeNet-5 规模很小，但考虑 Yann LeCun 提出时的数值计算条件，LeNet-5 在该时期仍具有相当的复杂度。LeNet-5 使用双曲正切函数作为激活函数，使用均方差作为误差函数并对卷积操作进行了修改以减少计算开销，这些设置在随后的卷积神经网络算法中已被更优化的方法取代。

8.3.2　AlexNet

AlexNet 是 2012 年 ILSVRC 图像分类和物体识别算法的优胜者，也是 LeNet-5 之后受到人工智能领域关注的现代卷积神经网络算法。它的深层网络结构和使用 ReLU 激活函数等创新点，显著提高了图像识别的准确率，并引发了深度学习的热潮。

AlexNet 的隐含层由 5 个卷积层、3 个池化层和 3 个全连接层组成（如图 8-13 所示），按如下方式构建。

1）(11×11)×3×96 的卷积层（步长为 4，无填充，ReLU），3×3 极大池化（步长为 2、无填充），LRN。

2）(5×5)×96×256 的卷积层（步长为 1，相同填充，ReLU），3×3 极大池化（步长为 2、无填充），LRN。

3）(3×3)×256×384 的卷积层（步长为 1，相同填充，ReLU）。

4）(3×3)×384×384 的卷积层（步长为 1，相同填充，ReLU）。

5）(3×3)×384×256 的卷积层（步长为 1，相同填充，ReLU），3×3 极大池化（步长为 2、无填充）。

6）3 个全连接层，神经元数量为 4096、4096 和 1000。

图 8-13 彩图

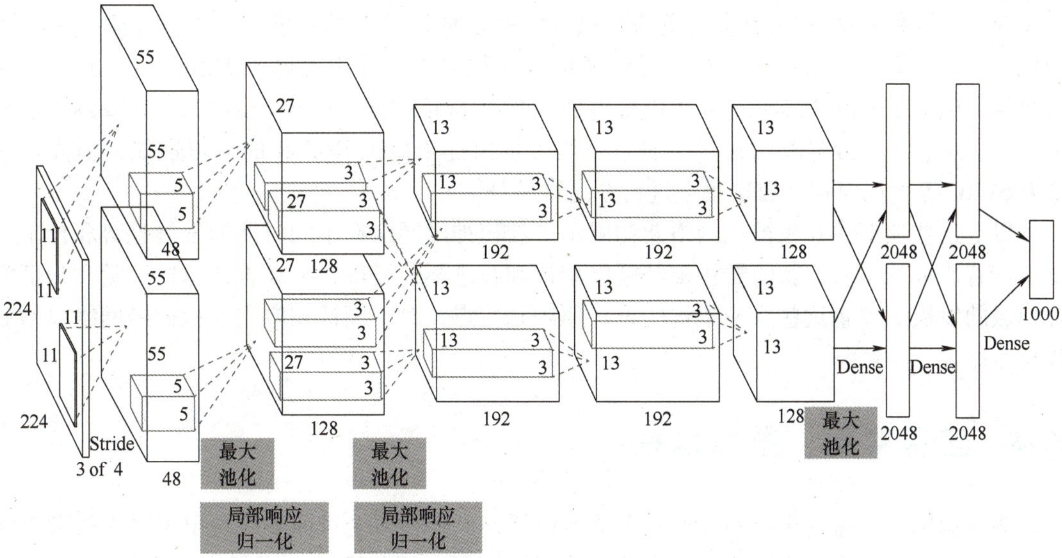

图 8-13　AlexNet 结构图

AlexNet 在卷积层中选择 ReLU 作为激活函数，使用了随机失活和数据增强（Data Augmentation）技术，这些策略在其后的卷积神经网络中被保留和使用。AlexNet 也是首个基于

GPU 进行学习的卷积神经网络。此外 AlexNet 的 1-2 部分使用了局部响应归一化(Local Response Normalization, LRN)，在 2014 年后出现的卷积神经网络中，LRN 已由批量归一化(Batch Normalization, BN)取代。

8.3.3 ResNet

ResNet 来自微软的人工智能团队 Microsoft Research，是 2015 年 ILSVRC 图像分类和物体识别算法的优胜者，其表现超过了 GoogLeNet 的第三代版本 Inception v3。ResNet 是使用残差块建立的大规模卷积神经网络，其规模是 AlexNet 的 20 倍。

ResNet 团队开创性的一点是，他们在 ResNet 模块中增加了快捷连接分支，在线性转换和非线性转换之间寻求一个平衡。按照这个思路，他们分别构建了带有“快捷连接”(Shortcut Connection)的 ResNet 构建块，以及降采样的 ResNet 构建块，区降采样构建块的主杆分支上增加了一个 1×1 的卷积操作，如图 8-14 所示。

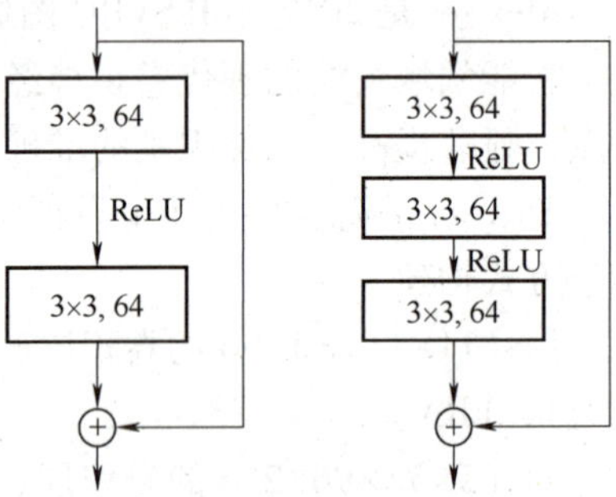

图 8-14　残差卷积块示意图

在 ResNet 的原始版本中，其残差块由 2 个卷积层、1 个跳跃连接、BN 和激活函数组成，ResNet 的隐含层共包含 16 个残差块。

残差块的堆叠缓解了深度神经网络普遍出现的梯度消失(Gradient Vanishing)问题，被其后的诸多算法使用，包括 GoogLeNet 中的 Inception v4。

在 ResNet 的基础上诸多研究尝试了改进算法，包括预激活 ResNet(Pre-activation ResNet)、宽 ResNet(Wide ResNet)、随机深度 ResNet(Stochastic Depth ResNet, SDR)和 RiR(ResNet in ResNet)等。预激活 ResNet 将激活函数和 BN 计算置于卷积核之前以提升学习表现和更快的学习速度；宽 ResNet 使用更多通道的卷积核以提升原 ResNet 的宽度，并尝试在学习中引入随机失活等正则化技术；SDR 在学习中随机使卷积层失活并用等值函数取代以达到正则化的效果；RiR 使用包含跳跃连接和传统卷积层的并行结构建立广义残差块，对 ResNet 进行了推广。尽管上述改进算法在多个研究中均表现出优于传统 ResNet 的学习性能，但尚未在如 ILSVRC 等大规模基准数据集上进行系统性验证。

以上这些典型的卷积神经网络架构展示了卷积神经网络在不同时期的发展趋势和技术进步。随着研究的深入，新的卷积神经网络架构和改进不断涌现，推动着计算机视觉和深度学习领域的发展。理解这些典型架构的设计原则和特点，对于设计和应用卷积神经网络模型非常有帮助。

8.4 应用实例：图像识别

图像识别作为深度学习领域的一个重要应用，已经在多个行业中展现出了巨大的潜力和价值。手写数字识别作为图像识别中的一个经典问题，不仅因它在实际生活中的应用广泛，如邮政编码、银行支票处理等，而且因为它相对简单的数据特性，成为研究和教学深度网络的理想选择。

在本章中，将重点关注基于卷积神经网络的手写数字识别过程。将详细介绍手写数字识别的方法和流程，包括数据集的收集、数据预处理、网络的训练与评估，以及探究不同参数对网络性能的影响。

手写数字的数据来源于 MNIST，它是一个经典的手写数字数据，也是一个公开的小型数据，可以从网上找到。MNIST 中的图像每个都是 28×28 = 784 的大小，并且为灰度图，值为 0~255。它包含 60000 个训练样本和 10000 个测试样本。每个样本分为图片和标签，标签是 0~9 一共 10 种数字。每个样本的格式为[data,label]。

打印其中一张图像，如图 8-15 所示。

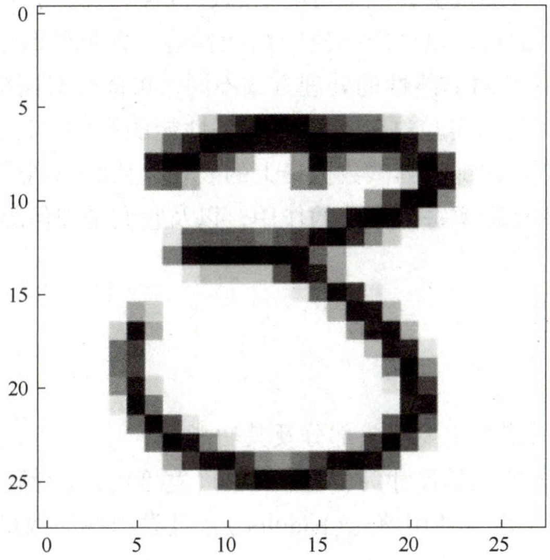

图 8-15　随机数字显示

接下来开始正式的实践，基于 PyTorch 框架搭建一个 CNN 神经网络实现手写数字识别。我将详细写出每部分代码及其注释。

CNN 实现手写数字识别源代码请扫描二维码下载。

源代码 4

回顾搭建运行的过程，在构建和运行的卷积神经网络脚本中，有许多超参数和设置可以根据具体任务进行调整。这些可调整的参数对于优化网络性能和适应不同类型的数据集至关重要。

以下是一些关键的可调整参数。

卷积核大小：卷积核(或滤波器)的大小决定了感受野的大小，即网络能够“看到”的输入数据的局部区域。较大的卷积核可以捕捉更广泛的上下文信息，而较小的卷积核则更专注于局部特征。

卷积核的个数：卷积层中卷积核的数量决定了输出特征图的深度。每个卷积核可以捕捉输入数据的不同特征，多个卷积核可以提高网络对数据的理解能力。

池化大小：池化层的池化大小影响特征图的空间维度。较大的池化大小可以更有效地降低特征图的尺寸，但可能会丢失一些细节信息。

学习率：学习率是优化算法中的一个关键参数，它决定了在每次迭代中权值更新的幅度。较高的学习率可能导致快速收敛，但也容易引起震荡或发散；较低的学习率则可能导致训练过程缓慢且容易陷入局部最小值。

训练轮数：训练轮数(或称为 epoch 数)决定了整个训练数据集被遍历的次数。更多的训练轮数可以给网络更多学习的机会，但也可能引起过拟合。

激活函数：激活函数的选择也会影响模网络的性能。常见的激活函数有 ReLU、tanh 和 Sigmoid 等，不同的激活函数对非线性的处理方式不同，可能会对网络的学习效果产生影响。

留给读者的任务是观察和实验这些参数对网络性能的影响。读者可以尝试调整这些参数，观察不同设置下网络在训练和测试数据集上的表现，从而找到最佳的参数组合。通过这个过程，读者可以更深入地理解每个参数的作用，以及它们是如何影响网络的学习和最终结果的。

习题

8-1 描述卷积神经网络的主要组成部分及其功能。

8-2 假设有一个输入图像的尺寸为(32×32× 3)(宽度×高度×颜色通道)，使用的卷积核大小为(5×5)，步长为 1，没有使用填充(padding)，且卷积核的数量为 6。计算卷积层的输出尺寸。

8-3 解释最大池化和平均池化的区别及其在卷积神经网络中的作用。

8-4 在训练卷积神经网络时，遇到梯度消失问题，你会采取哪些策略来解决或缓解这一问题?

8-5 考虑一个图像分类任务，你需要设计一个卷积神经网络模型来识别图片中的猫和狗。请简述你会如何设计网络的结构(包括卷积层、池化层和全连接层等)以及你会选择哪些优化技术来提高网络的性能。

8-6 使用任意深度学习框架，如 TensorFlow 或 PyTorch，实现一个简单的卷积神经网络模型，并在 MNIST 手写数字识别数据集上进行训练和测试。描述模型的结构、训练过程中的关键参数(如学习率、批次大小等)，以及测试集上的性能。

参考文献

[1] LECUN Y, BOTTOU L. Gradient-based learning applied to document recognition[J]. Proceedings of the IEEE, 1998, 86(11): 2278-2324.

[2] KRIZHEVSKY A, SUTSKEVER I, HINTON G E. Imagenet classification with deep convolutional neural networks[J]. Advances in Neural Information Processing Systems, 2012, 25.

[3] HE K, ZHANG X, REN S, et al. Deep Residual Learning for Image Recognition[C]//IEEE Conference on Computer Vision and Pattern Recognition. Miami: IEEE, 2016.

[4] HE K, ZHANG X, REN S, et al. Identity Mappings in Deep Residual Networks[J]. Springer, Cham, 2016.

[5] ZAGORUYKO S, KOMODAKIS N. Wide residual networks[C]//British Machine Vision Conference 2016. York: British Machine Vision Association, 2016.

[6] HUANG G, LIU Z, LAURENS V D M, et al. Densely Connected Convolutional Networks[J]. IEEE Computer Society, 2016.

[7] TARG S, ALMEIDA D, LYMAN K. Resnet in Resnet: Generalizing Residual Architectures[J]. ArXiv, 2016, abs/1603. 08029.

第 9 章　深度信念网络

导读

2006 年，Geoffrey Hinton 教授及其同事提出了深度信念网络(Deep Belief Networks，DBN)。在此之前，尽管神经网络研究已经取得长足发展，但深层网络的训练仍然面临着巨大的挑战，主要是因为梯度在多层网络中传播时易于消失或爆炸，导致网络的训练效果难以保证。为此，Hinton 教授等人借助受限玻尔兹曼机(Restricted Boltzmann Machine，RBM)对网络进行逐层预训练，解决了深层神经网络训练问题，对神经网络的发展产生了深远的影响。

本章知识点

- 受限玻尔兹曼机的结构与工作原理
- 深度信念网络的结构与工作原理
- 深度信念网络设计与应用

9.1　受限玻尔兹曼机

9.1.1　玻尔兹曼机与受限玻尔兹曼机

玻尔兹曼机(Boltzmann Machine，BM)是一种由二值随机神经元构成的全连接对称神经网络，包括可见层和隐含层。可见层用于表示输入数据的特征，隐含层用于捕捉数据中的隐含特征。神经元相互连接构成全连接概率图模型，通过调整神经元之间的连接权值实现似然值最大化，从而建立数据的分布关系。

在玻尔兹曼机中，可见单元和隐含单元之间的连接是任意的。例如，任意两个隐含单元可能存在连接，任意两个可见单元也可能存在连接。因此，易导致玻尔兹曼机计算复杂性较高。受限玻尔兹曼机应运而生。

受限玻尔兹曼机是一个二分图结构的无向图模型，如图 9-1 所示。与玻尔兹曼机类似，受限玻尔兹曼机也由可见层与隐含层组成。不同的是，受限玻尔兹曼机的可见单元或者隐含单元之间没有连接。受限玻尔兹曼机也被称为簧风琴(Harmonium)。

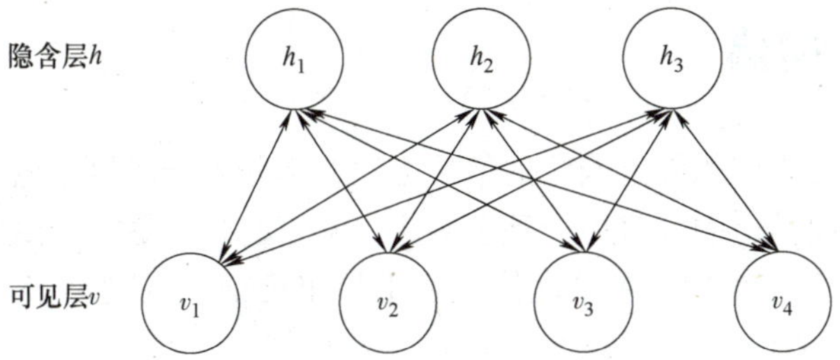

图 9-1　受限玻尔兹曼机结构

假设一个受限玻尔兹曼机由 K_v 个可见单元和 K_h 个隐含单元组成，定义如下。

1）可见单元的状态构成随机向量 $\boldsymbol{v}\in\mathrm{R}^{K_v}$。

2）隐含单元的状态构成随机向量 $\boldsymbol{h}\in\mathrm{R}^{K_h}$。

3）权值矩阵 $\boldsymbol{W}\in\mathrm{R}^{K_v\times K_h}$，其中元素 w_{ij} 为可见单元 v_i 和隐含单元 h_j 之间边的权值。

4）偏置 $\boldsymbol{a}\in\mathrm{R}^{K_v}$ 和 $\boldsymbol{b}\in\mathrm{R}^{K_h}$，其中 a_i 为可见单元 v_i 的偏置，b_j 为隐含单元 h_j 的偏置。

受限玻尔兹曼机结构相对简单，可以根据具体任务的需求选择使用有监督或者无监督的学习方式，广泛应用于降维、分类、回归、协同过滤、特征学习以及主题建模等领域。2006 年，Geoffrey Hinton 基于受限玻尔兹曼机提出了深度信念网络（Deep Belief Network，DBN），引领了深度学习的发展。

9.1.2　能量最小化

类似于 Hopfield 神经网络，玻尔兹曼机和受限玻尔兹曼机会为网络定义一个“能量函数”，当能量达到最小值时，网络达到最优状态。

受限玻尔兹曼机的能量函数定义如下

$$E(\boldsymbol{v},\boldsymbol{h})=-\sum_i\sum_j v_i w_{ij} h_j-\sum_i a_i v_i-\sum_j b_j h_j \tag{9-1}$$

式中，$\boldsymbol{v}=(v_1,v_2,\cdots,v_n)$ 为可见单元的状态向量；$\boldsymbol{a}=(a_1,a_2,\cdots,a_n)$ 为可见单元的偏置向量；$\boldsymbol{h}=(h_1,h_2,\cdots,h_m)$ 为隐含单元的状态向量；$\boldsymbol{b}=(b_1,b_2,\cdots,b_m)$ 为隐含单元的偏置向量；w_{ij} 为可见单元 i 与隐含单元 j 之间的连接权值；$\boldsymbol{W}$ 为可见层与隐含层之间的权值矩阵。若将能量函数写成向量形式，则表示如下

$$E(\boldsymbol{v},\boldsymbol{h})=-\boldsymbol{v}^{\mathrm{T}}\boldsymbol{W}\boldsymbol{h}-\boldsymbol{a}^{\mathrm{T}}\boldsymbol{v}-\boldsymbol{b}^{\mathrm{T}}\boldsymbol{h} \tag{9-2}$$

基于能量函数，可以得到联合概率分布

$$P(\boldsymbol{v},\boldsymbol{h})=\frac{\mathrm{e}^{-E(\boldsymbol{v},\boldsymbol{h})}}{Z} \tag{9-3}$$

式中，Z 为配分函数，也称归一化因子。

$$Z=\sum_v\sum_h \mathrm{e}^{-E(\boldsymbol{v},\boldsymbol{h})} \tag{9-4}$$

因此，通过对概率函数求极值，可以得到网络的最佳参数。然而，根据式(9-4)，配分函数的计算涉及对所有可能状态的指数级求和，这在大多数情况下是不可行的。因此，马尔可夫链蒙特卡洛（Markov Chain Monte Carlo，MCMC）和对比散度（Contrastive Divergence，CD）等方法被提出，以有效训练受限玻尔兹曼机。

9.2 深度信念网络

误差反向传播算法是训练神经网络的常用方法，但随着神经网络隐含层数量的增加，误差在从输出层逐层前向传递的过程中会逐渐减小，甚至趋近于零，导致梯度消失，从而使神经网络得不到有效训练。因此，在深度信念网络提出之前，深度神经网络一度被认为难以训练。

9.2.1 深度信念网络结构

深度信念网络是一种由多个堆叠的概率生成模型(通常是受限玻尔兹曼机)组成的深层神经网络。最底层为可见单元，其他层为隐含单元，如图 9-2 所示。

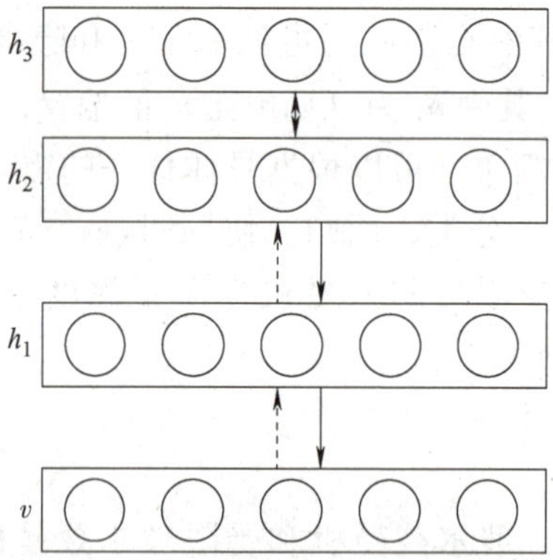

图 9-2 深度信念网络结构图

深度信念网络可以看作由多个受限玻尔兹曼机堆叠而成。因此，可以以受限玻尔兹曼机的训练方式为基础，通过逐层训练的方式对深度信念网络参数进行调整，这种方法被称为贪心逐层训练算法。如图 9-3 所示，首先将输入向量 $\boldsymbol{v}$ 和第一个隐含层 h_1 作为受限玻尔兹曼机的可见层和隐含层，通过训练获得当前受限玻尔兹曼机的最佳参数，包括可见层和隐含层之间的权值、各神经元的偏置等。然后，将当前的隐含层 h_1 作为下一层的可见层，将隐含层 h_2 作为新的受限玻尔兹曼机，训练该受限玻尔兹曼机并获得参数，即第二个受限玻尔兹曼机被训练为模拟第一个受限玻尔兹曼机的隐含单元定义的分布。同理，将当前的隐含层 h_2 作为可见层，将隐含层 h_3 作为新的受限玻尔兹曼机隐含层，依次逐层训练。在各受限玻尔兹曼机具体训练过程中，可以采用对比散度算法进行训练。

上述逐层进行训练的过程被称作预训练过程。在完成预训练后，可以执行反向传播算法对网络进行微调，以进一步提高神经网络性能。训练完成的深度信念网络则可直接用作生成模型。

除用作生成模型外，深度信念网络是否可以产生特定的输出?

通常情况下，可以在深度信念网络的顶层增加一层全连接层(Softmax 层或线性层)来产生特定的输出。全连接层实现将逐层提取的特征映射到期望输出，例如在分类任务中的类别标签，或者在回归任务中的数值预测。由于在无监督预训练过程中已经获得了权值和偏置的

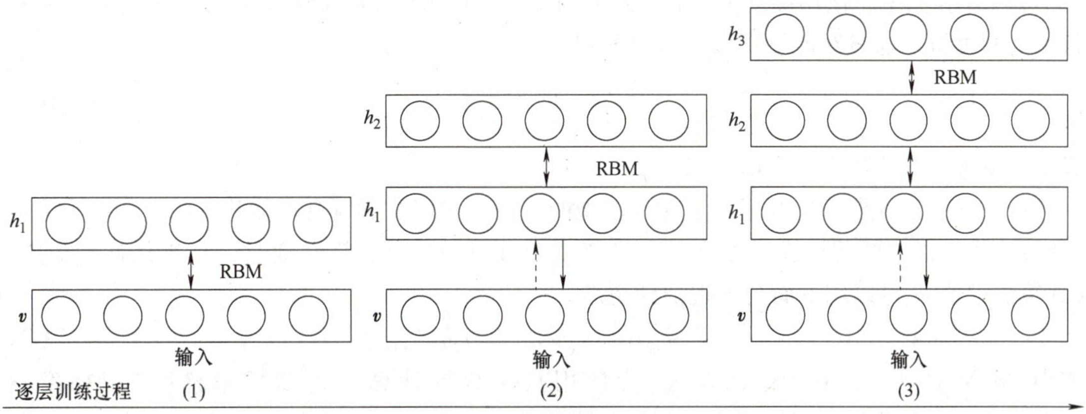

图 9-3　深度信念网络逐层训练过程

初始值，因此可以通过反向传播算法进一步优化全连接层的参数，从而提高模型在特定任务中的性能。

9.2.2　对比散度算法

对比散度(Contrastive Divergence，CD)算法是训练受限玻尔兹曼机的标准方法，该算法通过从数据样本中进行采样，显著降低了传统吉布斯采样所需的计算成本。CD 算法的效率提升主要得益于其独特的采样过程：它使用一个训练样本作为可见单元的初始状态，随后通过交替对可见单元和隐含单元进行吉布斯采样来更新状态。与传统的吉布斯采样不同，CD 算法通常只需进行有限步数的采样(即 CD-k 算法)，而无须等待采样过程完全收敛，从而大幅减少了计算量。

受限玻尔兹曼机是一种由随机二值神经元组成的网络结构，每个神经元要么处于激活状态(1)，要么处于非激活状态(0)。在受限玻尔兹曼机中，单元状态的激活概率是通过能量函数来定义的。能量函数的值越低，表示对应的状态在概率分布中越有可能被实现。为了从能量函数映射到概率分布，引入了逻辑函数，它能够将能量函数的输出转换为概率形式，即计算给定输入条件下某个单元处于激活状态的概率。逻辑函数的应用，使得受限玻尔兹曼机能够以概率的形式表达单元状态的激活可能性，为模型的训练和预测提供了数学基础。

单步对比散度的步骤大致如下。

1）根据训练集中的样本设置可见单元 v_i，使用式(9-5)计算隐含单元 h_j 的条件概率 $p(h_j=1|\boldsymbol{v})$。

$$p(h_j=1|\boldsymbol{v})=\sigma\left(b_j+\sum_i w_{ij}v_i\right) \tag{9-5}$$

式中，σ 为逻辑函数，$\sigma(x)=\frac{1}{1+\mathrm{e}^{-x}}$；$b_j$ 为隐含单元 h_j 的偏置；w_{ij}为可见单元 v_i 和隐含单元 h_j 之间边的权值。随后，在这一概率分布中通过随机采样获取隐含单元 h_j。

2）计算 v_i 与 h_j 的外积 $v_ih_j^{\mathrm{T}}$，此结果称为正梯度。

在 CD 算法中，使用梯度上升算法更新权值，受限玻尔兹曼机能量函数定义为式(9-1)，权值的梯度可以通过对能量函数求偏导得到。

$$\frac{\partial E}{\partial w}=-\sum_i\sum_j v_i h_j \tag{9-6}$$

式中，偏置项与权值无关，所以忽略。

由于直接计算期望梯度通常是非常困难的，因为它涉及对所有可能状态的求和。为了使 CD 算法能够以较低的计算成本有效地训练受限玻尔兹曼机，算法通过采样来估计期望值。CD 算法权值 w_{ij} 可以用下面公式近似地更新。

$$w_{ij}\leftarrow w_{ij}+\alpha(\langle v_i h_j\rangle_{\text{data}}-\langle v_i h_j\rangle_{\text{model}}) \tag{9-7}$$

式中，α 为学习率，$\alpha>0$；$\langle v_i h_j\rangle_{\text{data}}$ 为使用真实数据计算的近似期望梯度（正梯度）；$\langle v_i h_j\rangle_{\text{model}}$ 为使用重构数据计算的近似期望梯度（负梯度）。这个更新方法的一个特点是仅使用了局部信息。即虽然优化目标是整个网络的能量最低，但是每个权值的更新只依赖于它连接的相关变量的状态。

3）根据 h_j，由式(9-8)计算可见单元 v_i' 的条件概率 $p(v_i'=1|\boldsymbol{h})$，并从中随机采样获取一个重构的可见单元 v_i'，根据 v_i'，由式(9-5)计算隐含单元 h_j' 的条件概率 $p(h_j'=1|\boldsymbol{v})$。

$$p(v_i'=1|\boldsymbol{h})=\sigma\left(a_i+\sum_j w_{ij}h_j\right) \tag{9-8}$$

式中，a_i 为可见单元 v_i 的偏置。之后，根据这一概率分布获取隐含单元 h_j'。

4）同理，计算 v_i' 与 h_j' 的外积 $v_i' h_j'^{\mathrm{T}}$，此结果称为负梯度。

5）使用正梯度和负梯度的差值并结合学习率，根据式(9-9)～式(9-11)调整更新权值 w_{ij}，以及偏置 a_i 和 b_j。

$$w_{ij}=w_{ij}+\alpha(v_i h_j^{\mathrm{T}}-v_i' h_j'^{\mathrm{T}}) \tag{9-9}$$

$$a_i=a_i+\alpha(v_i-v_i') \tag{9-10}$$

$$b_j=b_j+\alpha(h_j-h_j') \tag{9-11}$$

9.3 深度信念网络设计

DBN 通过层层递进的方式提取样本数据中的特征，层数是影响网络性能的关键因素。层数的增加可以提高网络的学习能力，进而提升泛化性能。然而，网络层数的增加必然会导致计算成本的增加，且过多的层数也会导致过拟合。因此，如何选择合适的层数也是深度信念网络研究和应用中的难点问题。

在目前的 DBN 研究中，多是凭借经验或者试凑法确定网络的层数，难以快速确定网络最佳结构。本节主要介绍一种基于重构误差的网络层数（深度）确定方法。

首先，引入两条引理作为理论依据。

1）RBM 的训练精度随着深度的增加而提高。

2）在 DBN 网络训练中，通过无监督学习，网络权值已处于较好的位置，而基于梯度下降的反向运算只是在某些小的方面调节权值。

在 DBN 训练过程中，每个 RBM 被训练为捕捉输入数据的不同层次特征，每一层 RBM

都会尝试对上一层的输出进行重构。通过最小化重构误差，RBM 可以学习到如何最好地表示数据。

具体来说，输入数据首先通过 RBM 的可见层转化为隐含层表示，然后再从隐含层重构出可见层数据。重构误差就是评估这个重构的可见层与原始输入的相似度，可由下式评价

$$\text{RError}=\frac{\sum_{i=1}^{n}\sum_{j=1}^{m}(p_{i,j}-d_{i,j})^2}{nmp_x^2} \tag{9-12}$$

式中，n 为样本个数；m 为像素个数；p 为网络计算的值；d 为真实值；p_x 为取值个数或范围。规则如下所示

$$\begin{cases}L=N_{\text{RBM}}+1, & \text{RError}>\grave{o}\\ L=N_{\text{RBM}}, & \text{RError}<\grave{o}\end{cases} \tag{9-13}$$

式中，$\grave{o}$为目标重构误差预设值；L 为隐含层层数。如果此时网络通过训练，重构误差达到目标，即低于预设值，则开始进行梯度反向微调；否则，令网络深度自动加一，继续进行训练。

9.4　应用实例：手写数字识别

MNIST 数据库是一个包含手写数字的大型数据库，由 60000 张训练图像和 10000 张测试图像组成。每张图像都是从 0 到 9 的手写数字的扫描，这些数字是由美国人口普查局的雇员和美国高中生手写的，不同的书写风格会带来图像上的差异。由于这个数据集已经被广泛应用于各种模式识别技术的测试，因此被公认为是评估新算法性能的标准基准。在 MNIST 学习任务的基本版本中，由于没有提供几何知识，也没有进行特殊的预处理或数据增强，即使像素点的位置被随机且固定地排列，这也不会显著影响学习算法的性能。

本节实验从数据库中取 5000 个样本用于无监督学习，从中取出 1000 个样本用于有监督学习，再取 1000 个样本进行测试。数据库所含样本为 0~9 的阿拉伯数字，均为手写体，每个图像为 28×28 的像素，5000 个样本分为 50 批次，每批 100 个样本，因此每层的神经元默认 100 个，重构误差条件设定正确率为 99%以上，通过计算得出 RError = 1. 22e−5。

网络在隐含层层数达到 3 时停止增加，此时通过测试 1000 个样本，产生了 75 处错误，原图像和产生的错误分别如图 9-4a 和图 9-4b 所示。通过分析图中数字，可进一步统计出网络容易在判断什么样的图像、提取什么样的特征时产生错误，这有助于对进一步提高网络性能提供参考。

网络产生的权值图像如图 9-4c、图 9-4d 所示。图 9-4c 为网络训练产生的最底层(即第一层)RBM 的权值，图 9-4d 为最顶层(即最后一层)RBM 的权值。这两张图显示的是 DBN 训练到的权值具象化，可以看出，随着深度的增加，网络权值越加抽象，表明网络识别的信息是对这些抽象数据的组合(实际上这种组合具有稀疏特性)。

图 9-5a、图 9-5b 为网络重构误差曲线图。图 9-5a 为第一层 RBM 得到的重构误差，图 9-5b 为最后一层 RBM 得到的重构误差，从中可以看出重构误差在每一层 RBM 中呈下降趋势。将三个 RBM 的重构误差放到同一张图里，如图 9-5c 所示。

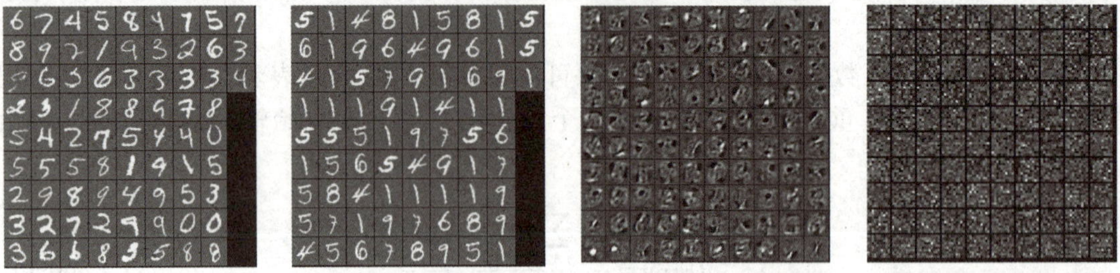

a) 三隐含层DBN的分类错误　b) 三隐含层DBN的错误识别　c) 底层RBM训练权值　d) 顶层RBM训练权值

图 9-4　训练结果

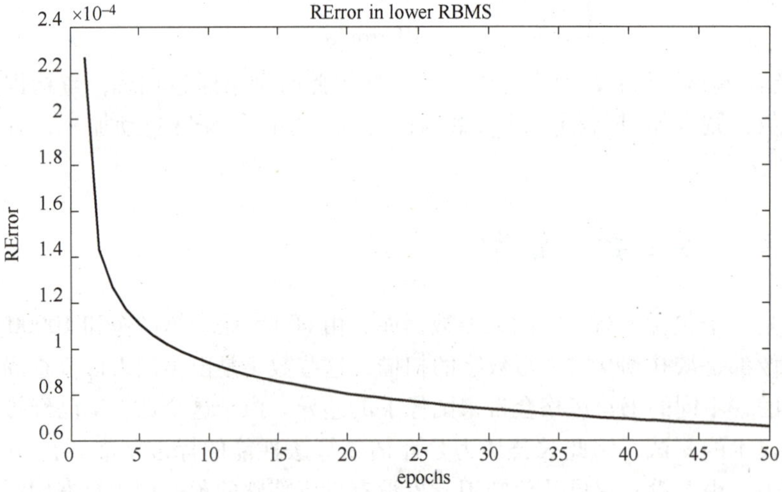

a) 底层RBM重构误差

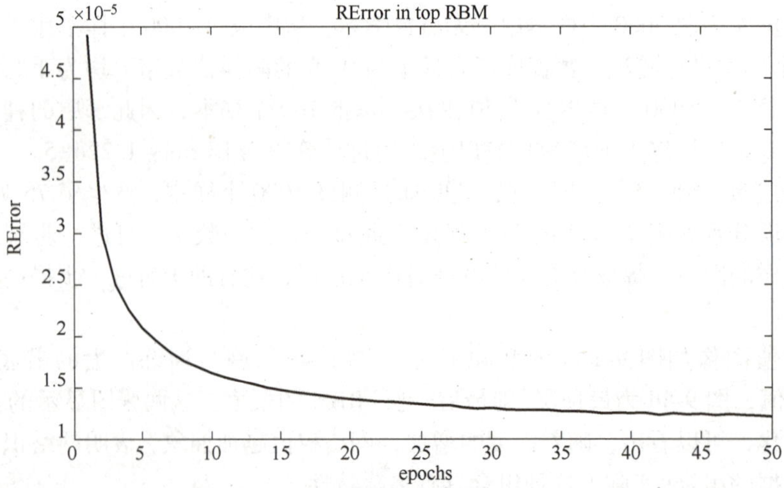

b) 顶层RBM重构误差

图 9-5　重构误差曲线

图 9-5 彩图

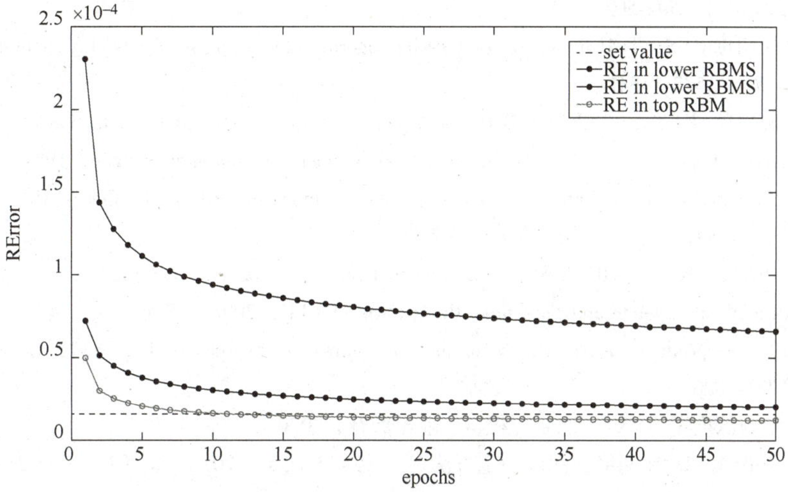

c) 各个RBM重构误差

图 9-5　重构误差曲线(续)

图 9-5c 中红色的曲线为最后一层 RBM 重构误差，此时已经达到预设的目标。关于为什么每次 RBM 重构误差的初始值比上一个 RBM 的终值高，这是因为每增加一层 RBM，其初始权值是随机给定的，故开始的重构误差处于较高的状态。而如何更有效地利用先验知识对其后一层 RBM 初始化，也值得进一步研究，这将有助于提高网络性能。

实现手写数字识别源代码请扫描二维码下载。

源代码 5

习题

9-1　计算“高斯-伯努利”受限玻尔兹曼机和“伯努利-高斯”受限玻尔兹曼机的条件概率 $p(\boldsymbol{v}=1|\boldsymbol{h})$ 和 $p(\boldsymbol{h}=1|\boldsymbol{v})$。

9-2　用 MATLAB、Python 或者其他编程语言实现 RBM 的对比散度算法。

9-3　试讨论如何利用 RBM 完成分类任务。

9-4　说明深度信念网络是如何利用多个层次来表示数据的，每一层的作用是什么。

9-5　在深度信念网络中，试分析逐层训练背后的理论依据。

9-6　试设计一个深度信念网络来解决人脸识别问题。

参考文献

[1]　HINTON G E, SALAKHUTDINOV R R. Reducing the dimensionality of data with neural networks[J]. Sci-

ence, 2006, 313(5786): 504-507.

[2] HINTON G E, OSINDERO S, TEH Y W. A fast learning algorithm for deep belief nets[J]. Neural Computation, 2006, 18(7): 1527-1554.

[3] HINTON G E, SEJNOWSKI T J, ACKLEY D H. Boltzmann machines: constraint satisfaction networks that learn[R]. Pittsburgh, PA: Carnegie-Mellon University, Department of Computer Science, 1984: 84-119.

[4] SMOLENSKY P. Information processing in dynamical systems: foundations of harmony theory[R]. Boulder, CO: Dept of Computer Science, Colorado Univ, 1986.

[5] CARREIRA-PERPIÑÁN M Á, HINTON G E. On contrastive divergence learning [C]//International Conference on Artificial Intelligence and Statistics. Bridgetown: PMLR, 2005: 33-40.

[6] HINTON G E. Training products of experts by minimizing contrastive divergence[J]. Neural Computation, 2002, 14(8): 1771-1800.

[7] 邱锡鹏. 神经网络与深度学习[M]. 北京：机械工业出版社，2020.

[8] 潘广源，柴伟，乔俊飞. DBN 网络的深度确定方法[J]. 控制与决策，2015，30(02)：256-260.

第 10 章　人工神经网络应用

导读

随着人工神经网络的不断发展，相关技术已经在众多领域得到广泛应用，具体应用实例不胜枚举。在全球生态文明建设大背景下，本章将重点讨论人工神经网络是如何赋能污染治理过程的，具体介绍基于人工神经网络的污染物排放智能检测和污染治理过程智能控制两个实例。这些实例代表了众多神经网络应用的典型案例，通过阅读和学习本章内容，读者将从人工神经网络的设计及应用中有所启发。

本章知识点

- 基于人工神经网络的污染物排放智能检测
- 基于人工神经网络的污染治理过程智能控制

10.1　基于人工神经网络的污染物排放智能检测

城市污水处理利用微生物的凝聚、吸附和氧化功能分解去除污水中的有机污染物，是一个复杂的、大滞后的生物化学反应过程，具有随机性、不确定性、强耦合性、高度非线性、大时变等特征，出水水质参数的实时检测是实现城市污水处理厂稳定高效运行的重要前提。为了推进这一目标，借助人工神经网络构建智能检测模型，实现出水水质在线检测，已成为当前城市污水处理厂智能检测发展的重要方向。本节将介绍如何使用人工神经网络建立出水水质智能检测模型，从而实现出水水质实时检测。

10.1.1　城市污水处理系统

活性污泥工艺是当前城市污水处理中较成熟且应用最为广泛的一种生物处理工艺，其基本流程由初沉池、曝气池、二沉池、曝气设备以及回流设备组成，如图 10-1 所示。

1）初沉池：可清除污水中的部分有机物和悬浮物，降低后续处理工艺的负荷，为活性污泥法的后续处理过程提供基础保障。

2）曝气池：为工艺核心，进行好氧和厌氧生物降解，使污水得到净化。

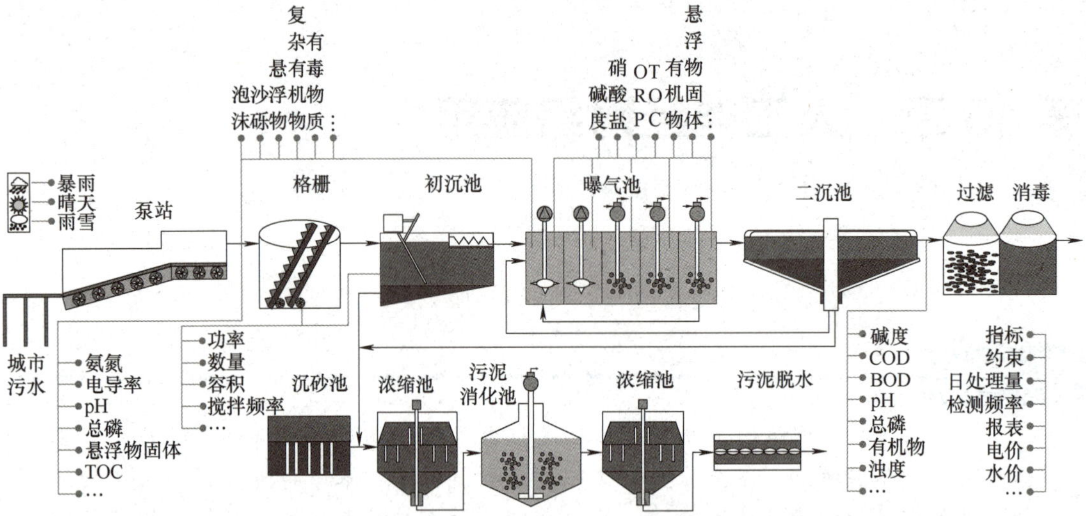

图 10-1　活性污泥法城市污水处理工艺流程图

3）二沉池：实现出水泥水分离以及活性污泥浓缩和回流，上层澄清水被排入到受纳水体中，下层微生物固体被沉淀。

4）曝气设备：污水处理工艺中向曝气池供氧，使池内有机物与溶解氧充分接触，是活性污泥处理系统重要组成部分，一般分为鼓风曝气和机械曝气两种。

5）回流设备：将二沉池中的部分污泥送回到曝气池，不仅可以保持污泥的活性，还可以提高整个系统的处理效率和稳定性。

生化需氧量（Biochemical Oxygen Demand，BOD）和总磷（Total Phosphorus，TP）是反映出水水质的关键指标参数，对其进行实时检测至关重要。本节旨在设计一个神经网络水质智能检测模型，该模型可以建立 BOD、TP 等待测变量与其他特征变量间的非线性映射关系，进而可以根据特征变量预测 BOD 和 TP 的排放值。

10.1.2　数据收集与预处理

基于获取到的北京某污水厂（活性污泥处理工艺）2014 年的数据，对其进行预处理后按每天一组进行采样，得到 365 组数据，其中每组中的数据为各变量同一时间段获取的值，所包含的参数变量见表 10-1。将 365 组数据分为三组：183 组作为训练样本；91 组作为验证样本；91 组作为测试样本。训练样本用于设计 RBF 神经网络来构建出水 BOD 和出水 TP 智能检测模型，验证样本和测试样本用于对所设计的神经网络性能进行评估。

由于城市污水处理过程呈现出高度的非线性特征，经典的线性相关性分析方法难以有效衡量变量间的相关性，因此引入互信息对参数变量间的相关性进行度量。给定两个随机变量 X 和 Y，假定其边缘概率分布和联合概率分布分别为 $p(x)$、$p(y)$ 和 $p(x,y)$，则两变量间的互信息 $I(X;Y)$ 可计算如下

$$I(X;Y)=\sum_{x}\sum_{y}p(x,y)\log\frac{p(x,y)}{p(x)p(y)} \tag{10-1}$$

表 10-1　特征变量候选变量

变量名	单位	变量名	单位
进水 PH	—	曝气池 DO	mg/L
出水 PH	—	进水 NH4-N	mg/L
进水 SS	mg/L	出水 NH4-N	mg/L
出水 SS	mg/L	进水色度	(稀释)倍数
进水 BOD	mg/L	出水色度	(稀释)倍数
出水 BOD	mg/L	进水总氮	mg/L
进水 COD	mg/L	出水总氮	mg/L
出水 COD	mg/L	进水 TP	mg/L
进水油类	mg/L	出水 TP	mg/L
出水油类	mg/L	进水水温	℃
曝气池 SV	mg/L	出水水温	℃
曝气池 MLSS	mg/L		

注：固体悬浮物浓度(Suspended Solids，SS)；污泥沉降比(Settling Velocity，SV)；混合悬浮固体浓度(Mixed Liquid Suspended Solid，MLSS)；溶解氧(Dissolved Oxygen，DO)。

然后，通过式(10-1)分别计算其他变量与待测变量出水 BOD 和出水 TP 间的互信息值。最后，选取进水 TP、出水 NH4-N、曝气池 SV、出水油类、曝气池 MLSS 和进水油类作为出水 BOD 的特征变量，选取出水 NH4-N、出水水温、进水 TP、DO、出水油类以及进水油类作为出水 TP 的特征变量。

10.1.3　人工神经网络设计

由于径向基函数(RBF)神经网络具有良好的非线性映射能力，因此被广泛用于非线性系统建模中。本书第 4 章给出了 RBF 神经网络万能逼近定理的证明，并介绍了几种常用的网络设计方法。在本实例中，将选用 RBF 神经网络分别构建面向城市污水处理过程的出水 BOD 智能检测模型和出水 TP 智能检测模型。具体为：两个 RBF 神经网络的输入变量分别为 10.1.2 节中确定的 6 个特征变量，输出为出水 BOD 和出水 TP；隐含层神经元通过任务驱动的增长型结构设计方法确定；网络参数采用二阶梯度算法进行优化。

为了分析网络结构对神经网络性能的影响，图 10-2 和图 10-3 分别展示了 RBF 神经网络的训练误差、验证误差以及测试误差随隐含层神经元增长的变化情况，其中误差以均方根误差表示。从图 10-2 中可以看出，当采用 RBF 神经网络建立出水 BOD 智能检测模型时，随着神经元数量增加到 11 个，网络的验证误差和测试误差不再降低反而出现了上升，因此最终隐含层选用 10 个神经元。同样，从图 10-3 中可以看出，当采用 RBF 神经网络建立出水 TP 智能检测模型时，神经元数量增加到 6 个后，网络的验证误差和测试误差不再降低反而增加，因此最终隐含层选用 5 个神经元。由此可以得出，网络结构是影响神经网络性能的重要因素。隐含层神经元数量的增加会提高网络的学习精度，但过大的网络结构又会导致网络出现过拟合。因此在神经网络实际应用中，应根据具体任务选择合适的网络结构，以平衡网络的学习能力和泛化能力。

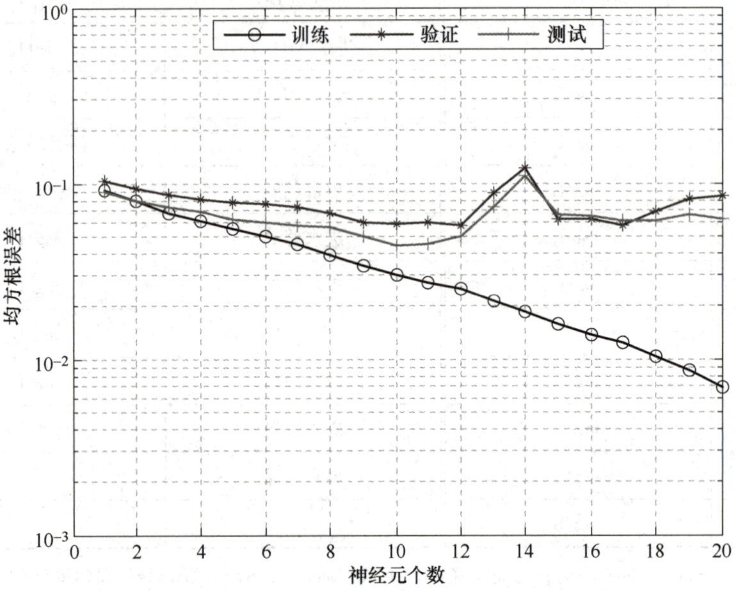

图 10-2 彩图

图 10-2　出水 BOD 智能检测网络性能与结构间的关系

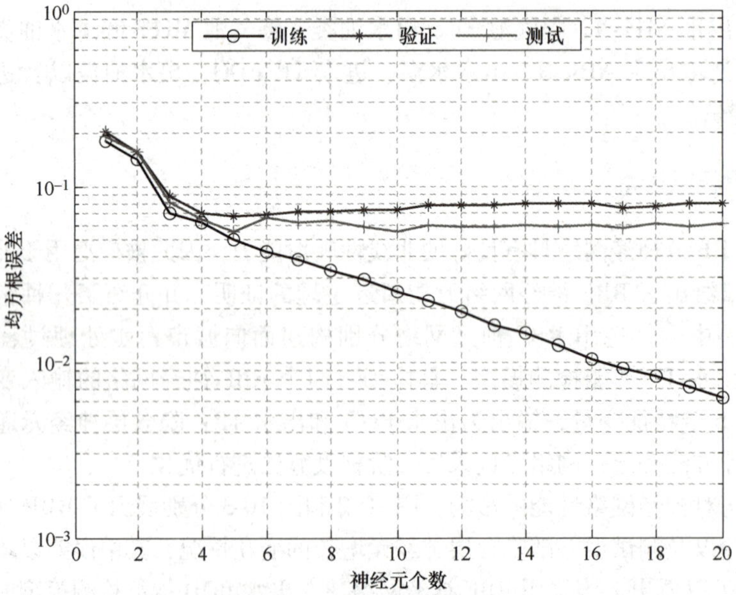

图 10-3 彩图

图 10-3　出水 TP 智能检测网络性能与结构间的关系

为了进一步展示所设计网络的性能，图 10-4 和图 10-5 分别给出了用于出水 BOD 智能检测的 RBF 神经网络实际输出与期望输出的拟合效果以及相应的拟合误差。从图中可以看出，网络实际输出值能够较好地拟合期望输出值，拟合误差在±1 之间。

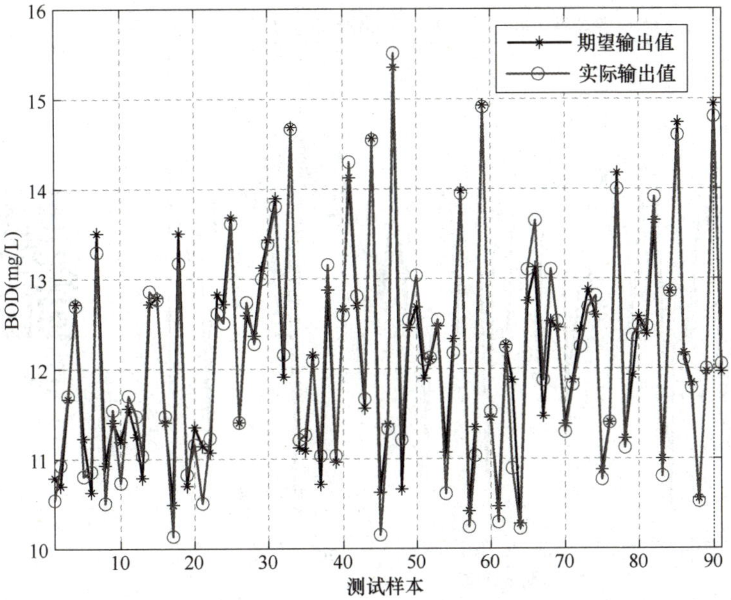

图 10-4 彩图

图 10-4　出水 BOD 智能检测效果图

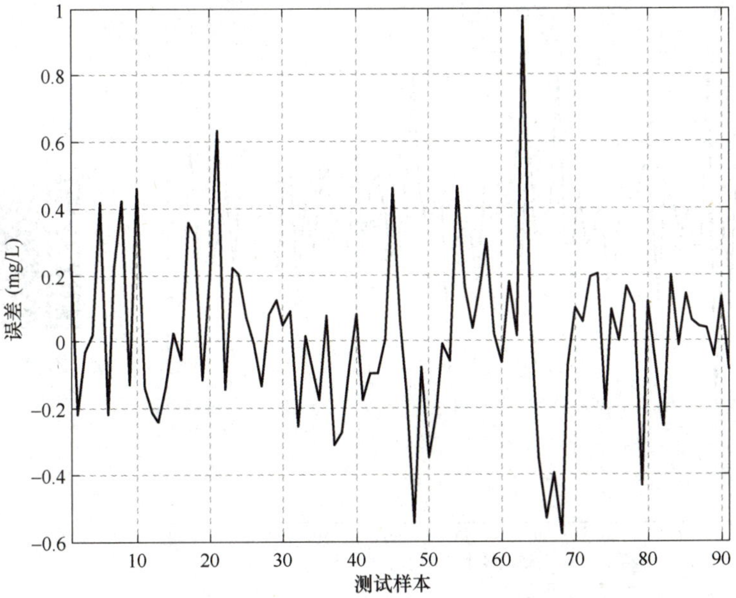

图 10-5 彩图

图 10-5　出水 BOD 智能检测拟合误差

图 10-6 和图 10-7 分别给出了用于出水 TP 智能检测的 RBF 神经网络实际输出与期望输出的拟合效果以及相应的拟合误差。从图中可以看出，网络实际输出值同样能够较好地拟合期望输出值，拟合误差在±0. 2 之间。

本实例结果表明，应用增长型 RBF 神经网络能够实现对城市污水处理出水 BOD 和出书 TP 的精准检测。尽管用于构建 RBF 神经网络的训练样本数一样，但具体任务不同导致所建立的网络隐含层神经元数并不相同，说明通过结构的自组织设计，网络能够根据待解决任务自适应地确定最佳网络结构。

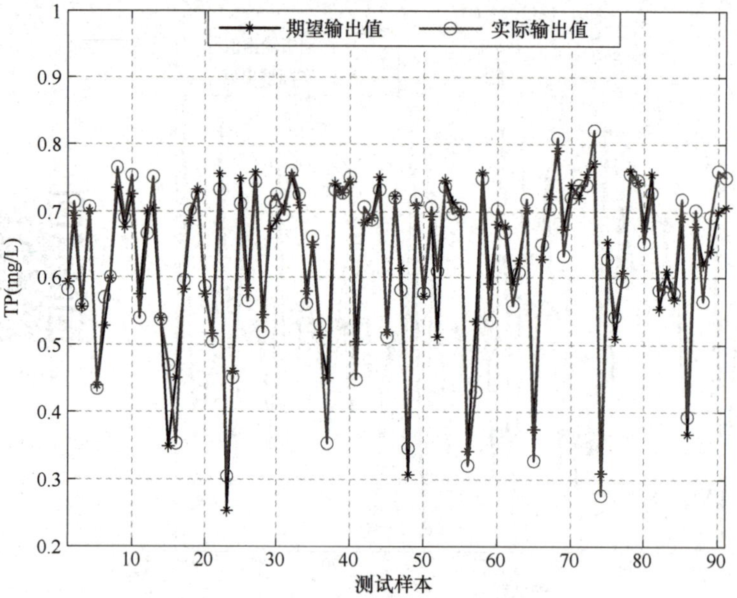

图 10-6　出水 TP 智能检测效果图

图 10-6 彩图

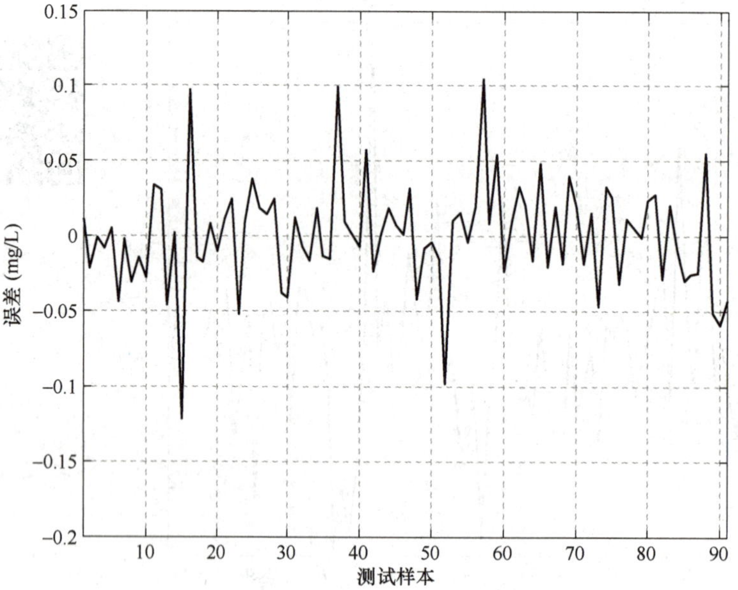

图 10-7　出水 TP 智能检测拟合误差

图 10-7 彩图

10.1.4　数据集

本节污染物排放智能检测源代码请扫描二维码下载。

源代码 6

10.2　基于人工神经网络的污染治理过程智能控制

城市固废焚烧(Municipal Solid Waste Incineration，MSWI)过程通过热解、氧化、燃烧将有机物转化为无机物并使得固废中的有毒有害物质被消除，实现城市固废减容减量的同时获得可再生能源，兼具减量化、无害化、资源化等特点。MSWI 过程内嵌着很多递进或并行的物理和化学反应，是一个具有强非线性、不确定性等特点的复杂动态系统。炉膛温度作为 MSWI 中的重要工艺参数，是保证城市固废充分燃烧、抑制污染物产生的关键。然而，由于 MSWI 过程固有的非线性和不确定性，难以实现炉膛温度的有效控制。本节将介绍如何设计一种数据驱动的模型预测控制(Data-driven Model Predictive Control，DMPC)策略，应用人工神经网络构建炉膛温度过程模型和预测模型，利用梯度下降法求解控制律，从而实现城市固废焚烧过程炉膛温度稳定高效控制。

10.2.1　城市固废焚烧系统

MSWI 过程主要包括固废储运、固废燃烧、余热发电、烟气净化等工艺环节，由固废池、焚烧炉、非选择性催化还原器、余热锅炉、汽轮机、发电机、脱酸塔、选择性催化还原器、布袋除尘器等装置组成，如图 10-8 所示。

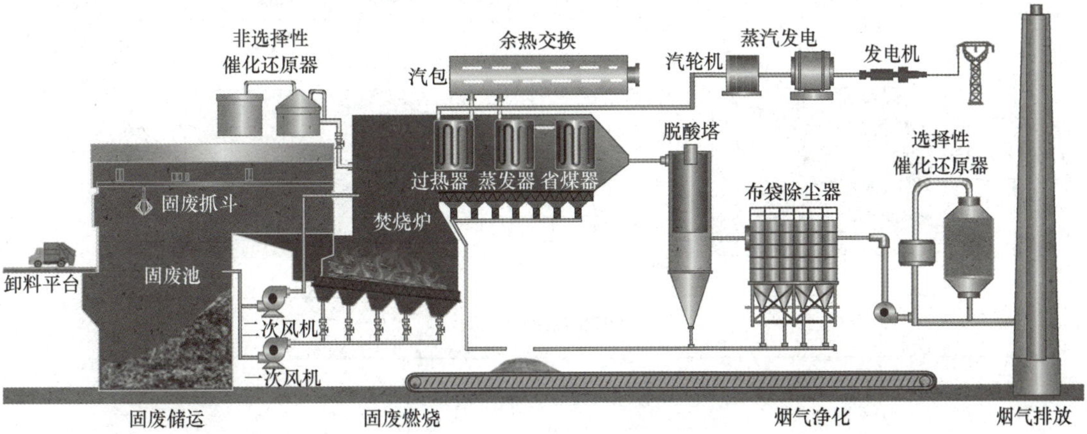

图 10-8　城市固废焚烧过程工艺流程图

首先，城市固废在固废池经过 5~7 天的发酵，能降低固废含水率、提高入炉固废的热值，从而改善固废焚烧效果。其次，城市固废被推送至液压驱动炉排，依次通过炉排的干燥段、燃烧段和燃烬段进行燃烧。同时，固废燃烧过程中产生的高温烟气通过余热锅炉进行热交换产生过热蒸汽，过热蒸汽驱动汽轮机发电，将热能转化为电能。最后，通过脱酸塔、布袋除尘器、选择性催化还原器对烟气进行烟气净化处理，实现烟气达标排放。

炉膛温度作为 MSWI 过程的重要工艺参数，与 MSWI 过程的安全稳定运行和污染物排放浓度密切相关。较高的炉温有利于城市固废在炉内的快速充分干燥和挥发分的析出，保证燃烧过程的充分，从而提高城市固废的燃烬程度。同时，较高的炉温也有利于减少二噁英的排放。但是，当温度过高时，会导致氮氧化物的排放大幅增加，同时，过高的炉温会带来相关的高温结渣增加炉体负担等问题。因此，实现炉膛温度的精准控制对 MSWI 过程安全高效稳定运行具有重要意义。

10.2.2 模型预测控制架构

模型预测控制(Model Predictive Control，MPC)是一种基于特定范围内目标函数优化的先进控制策略，可以弥补时变、干扰等引起的不确定性，能够处理有约束、多变量和多目标的控制问题，已成功应用于城市固废焚烧过程控制中，并表现出良好的效果。在本实例中，通过利用人工神经网络设计 DMPC 策略，从而实现城市固废焚烧过程中炉膛温度的智能控制。

本节介绍的面向城市固废焚烧过程中炉膛温度的 DMPC 策略由四部分组成，包括基于 BP 神经网络的被控对象过程模型、基于 LSTM 神经网络的炉膛温度预测模型、反馈校正和滚动优化，如图 10-9 所示。

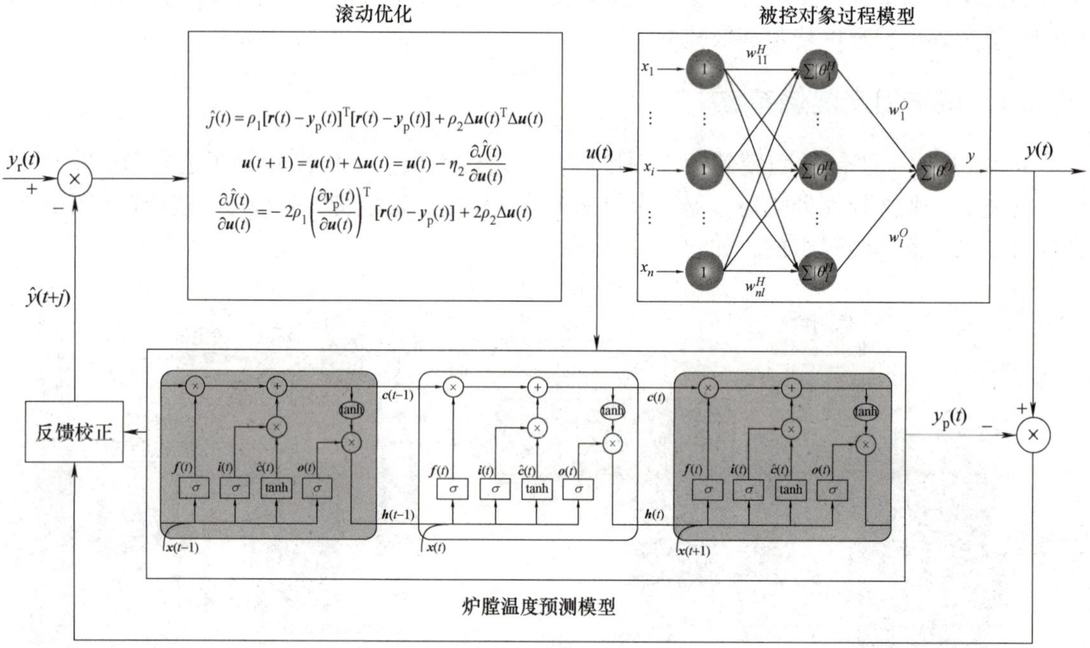

图 10-9 DMPC 控制策略结构图

图 10-9 中，y_r 为炉膛温度参考值，$\hat{y}$ 是经反馈校正后的预测值，u 是经优化后的控制量，y 是被控对象输出值，y_p 是预测模型输出值。

MPC 在每个采样时刻，利用预测模型预测未来一段时间内系统的动态行为，通过在线求解一个非线性优化问题得到控制序列，进而实现对被控变量的优化控制。MPC 的控制性能在很大程度上取决于预测模型的准确性。采用数据驱动的人工神经网络构建被控对象的过程模型和炉膛温度预测模型，能够实现对炉膛温度变化趋势的实时预测，进而实现对炉膛温度的稳定高效控制。

10.2.3 人工神经网络设计

1. 输入变量选取

MSWI 过程变量众多，为准确评估变量间的相关性以选取输入变量，选取皮尔逊相关系数(Pearson Correlation Coefficient，PCC)分析，结合现场专家的实际工程经验，筛选出与炉膛温度相关性较高的工艺变量。其中，PCC 分析是目前数学统计领域内常用的相关性分析方法，相关系数的取值范围为[-1,1]，绝对值越大，则相关性越强，可由如下公式表示

$$\rho(X,Y)=\frac{\sum_{t=1}^{n}(x_t-\bar{x})(y_t-\bar{y})}{\sqrt{\sum_{t=1}^{n}(x_t-\bar{x})^2}\sqrt{\sum_{t=1}^{n}(y_t-\bar{y})^2}} \tag{10-2}$$

式中，$\bar{x}$ 和 $\bar{y}$ 分别为变量 x 和 y 的平均值。

首先确定与炉膛温度相关的变量，具体见表 10-2。表中变量选用北京某 MSWI 厂某天内的运行数据构建炉膛温度模型的原始数据集，数据集由 3000 条样本组成。

表 10-2　候选输入变量

序号	变量名	单位	变化范围
1	一次风机入口流量	m^3/h	50625. 63~67079. 98
2	二次风机入口流量	m^3/h	7762. 05~11130. 93
3	一次风机出口压力	Pa	2449. 57~3961. 78
4	二次风机出口压力	Pa	479. 09~1628. 02
5	一次风空预器后温度	℃	195. 37~207. 52
6	二次风空预器后温度	℃	15. 74~23. 37
7	进料器速度	%	52. 907~52. 868
8	炉排速度	%	28. 151~28. 105
9	炉膛温度	℃	922. 02~1066. 37

由相关性分析结果可知，一次风量、二次风量、一次风温、进料器速度和炉排速度的 PCC 值较高，与炉膛温度的相关性较强，即上述变量变化时对于炉膛温度变化的影响较大。上述工艺变量与炉膛温度的 PCC 值见表 10-3。

表 10-3　部分工艺变量与炉膛温度的 PCC 值

序号	变量	PCC 值
1	一次风量	-0. 543
2	二次风量	-0. 197
3	进料器速度	0. 067
4	炉排速度	0. 553
5	一次风温	0. 786

进而，采用 3-σ 准则(即拉依达准则)进行异常值筛选与剔除。其原理为：假设数据集由 N 条样本组成，每条样本由 M 个变量组成。计算每一特征变量(这里以第 m 个特征变量为例)的标准差，如下

$$\sigma_m=\sqrt{\frac{1}{N-1}\sum_{n=1}^{N}(x_{m,n}-\bar{x}_m)^2} \tag{10-3}$$

并对所有样本的特征变量进行判断，当满足式(10-4)时则被标记为异常样本。

$$|x_{m,n}-\bar{x}_m|>3\sigma_m \tag{10-4}$$

依次重复上述过程，直到判断完所有特征变量，最后一次性删除全部异常样本。需要注意的是，这样做是因为如果判别出一条异常样本就立刻删除的话，会影响后续其他特征变量判断时整体的标准差和均值，进而影响异常值剔除效果。

最终，经异常值剔除后，获得炉膛温度模型的建模数据集，共包含 2629 条样本。按照 2∶1∶1 的比例，将数据集分别划分为训练集、验证集和测试集。

2. 基于 BP 神经网络的过程模型建立

由于 MSWI 过程固有的强非线性和不确定性，导致其燃烧过程机理难以用数学式表达，因此采用人工神经网络建立 MSWI 过程模型。由于反向传播(Back Propagation，BP)神经网络具有较强的非线性建模和逼近能力，因此被广泛应用于工业过程建模中。在本实例中，选用含一层隐含层 BP 神经网络构建 MSWI 过程模型，如图 3-10 所示。

本节中，设置输入层神经元个数为 5，输出层神经元个数为 1，根据本书第 3 章给出的经验公式确定隐含层神经元个数为 9，通过误差的反向传播调整网络参数，最大迭代次数为 3000，设定误差为 0.001，学习率为 0.1。本节提出的基于 BP 神经网络的炉膛温度过程模型的拟合效果如图 10-10 所示，图 10-10a、b 和 c 分别为训练集、验证集和测试集的拟合曲线。

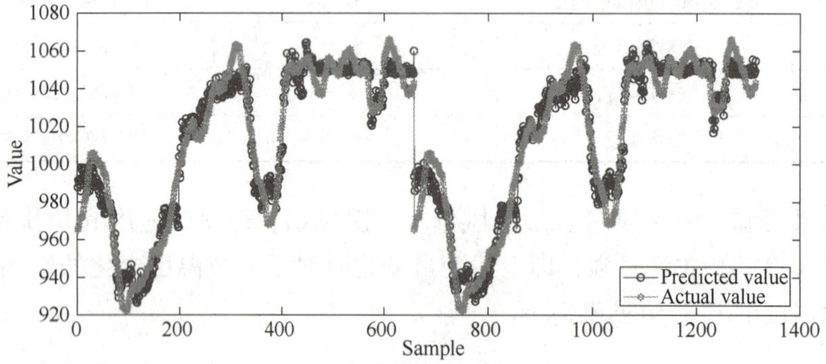

a) 训练集拟合曲线

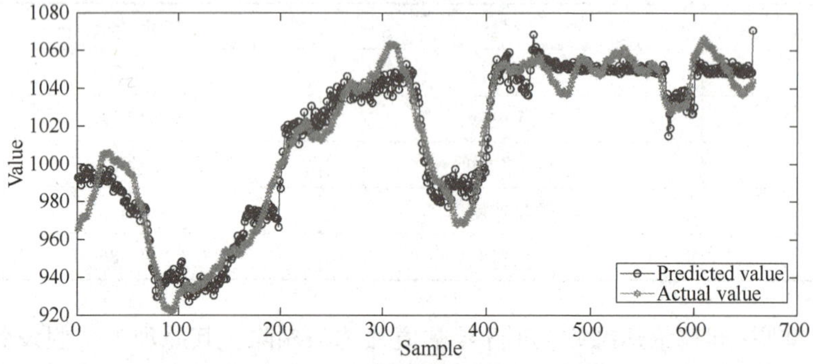

b) 验证集拟合曲线

图 10-10 彩图

图 10-10　基于 BP 神经网络的炉膛温度过程模型的拟合效果

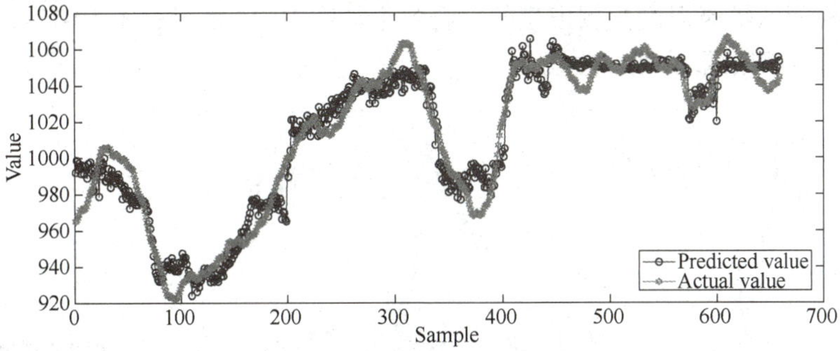

c) 测试集拟合曲线

图 10-10　基于 BP 神经网络的炉膛温度过程模型的拟合效果(续)

为了进一步验证 BP 神经网络过程模型对炉膛温度动态变化的拟合性能，本节采用均方根误差(Root Mean Square Error，RMSE)、平均绝对误差(Mean Absolute Error，MAE)和决定系数(R-squared，R^2)作为评价指标，进行拟合性能评估。

上述评价指标的定义分别为

$$\mathrm{RMSE}=\sqrt{\frac{1}{N_s}\sum_{n=1}^{N_s}(y_n-\hat{y}_n)^2} \tag{10-5}$$

$$\mathrm{MAE}=\frac{1}{N_s}\sum_{n=1}^{N_s}|y_n-\hat{y}_n| \tag{10-6}$$

$$R^2=1-\frac{\sum_n (y_n-\hat{y}_n)^2}{\sum_n (y_n-\bar{y})^2} \tag{10-7}$$

BP 神经网络过程模型对炉膛温度动态变化的拟合性能见表 10-4。

表 10-4　BP 神经网络过程模型性能指标

模型	数据集	RMSE	MAE	R^2
BP 神经网络	训练集	1.0081e+01	8.1081e+00	9.4001e-01
	验证集	1.0487e+01	8.4278e+00	9.3511e-01
	测试集	1.0618e+01	8.4585e+00	9.3349e-01

由图 10-10 和表 10-4 可知，BP 神经网络炉膛温度过程模型的 RMSE 和 MAE 均处于较低水平，且 R^2 接近 1。由此可知，该模型对炉膛温度动态变化的拟合精度较高。因此，本节提出的 BP 神经网络炉膛温度过程模型能够精确反映 MSWI 过程炉膛温度的动态特性。

3. 基于 LSTM 预测模型的建立

在本节中，建立炉膛温度预测模型所采用的数据集，是在建立被控对象数据集的基础上，将过去时刻的各工艺变量和炉膛温度作为特征变量。在众多数据驱动模型中，长短期记忆(Long Short-Term Memory，LSTM)网络可用内部存储单元上的门控机制来学习输入序列数据之间的长期依赖关系，对时间序列数据具有较好的预测性能。因此，在本实例中选取 LSTM 网络用于建立 MSWI 过程中炉膛温度的预测模型，具体结构如图 6-2 所示。

本节中，根据本书第 3 章给出的经验公式确定 LSTM 网络隐含层神经元个数为 15，采用基于误差的反向传播算法调整网络参数，设置迭代训练次数为 100，学习率为 0.05。本节提出的基于 LSTM 预测模型的炉膛温度预测模型的拟合效果如图 10-11 所示，图 10-11a、b 和 c 分别为训练集、验证集和测试集的拟合曲线。

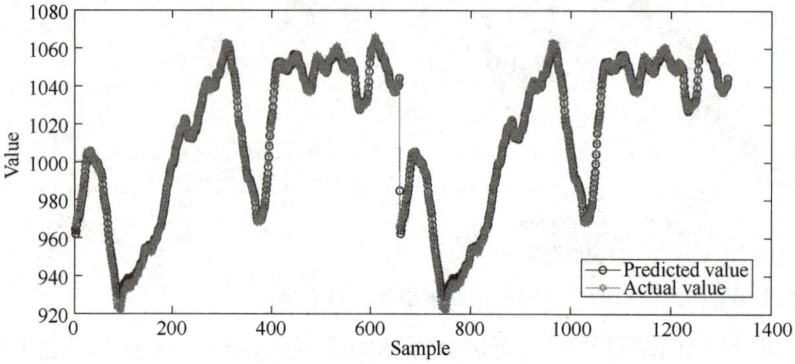

a) 训练集拟合曲线

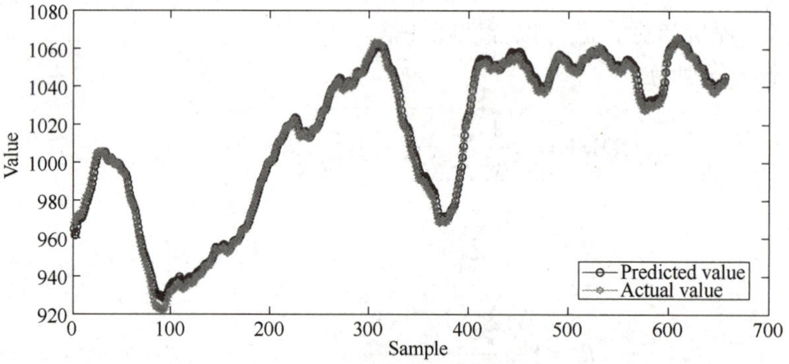

b) 验证集拟合曲线

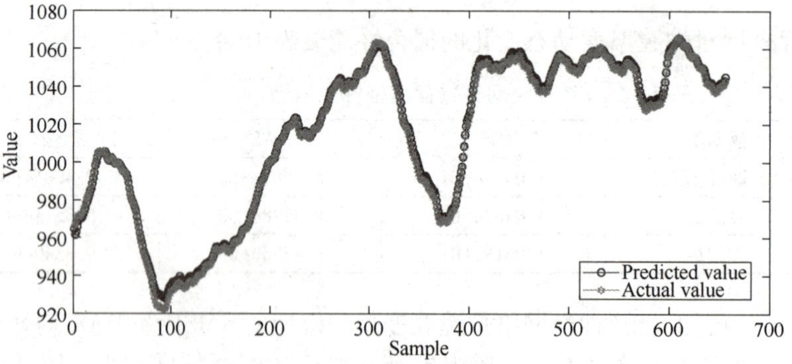

c) 测试集拟合曲线

图 10-11 彩图

图 10-11　基于 LSTM 预测模型的炉膛温度预测模型的拟合效果

此外，采用 RMSE、MAE 和 R^2 作为性能指标，对 LSTM 预测模型对炉膛温度的预测效果进行评估。LSTM 预测模型对炉膛温度变化趋势的预测性能见表 10-5。

表 10-5　LSTM 预测模型性能指标

模型	数据集	RMSE	MAE	R^2
LSTM	训练集	1. 7754e+01	1. 2278e+00	9. 9814e-01
	验证集	2. 5295e+01	1. 9877e+00	9. 9811e-01
	测试集	2. 1812e+01	1. 6079e+00	9. 9751e-01

由图 10-11 和表 10-5 可知，LSTM 预测模型的 RMSE 和 MAE 均处于较低水平，且 R^2 接近 1。由此可知，该模型对炉膛温度变化趋势的拟合精度较高，预测性能较强。因此，本节设计的 LSTM 预测模型能够精确反映 MSWI 过程炉膛温度的未来变化趋势。

10.2.4　控制律求解

基于 10.2.3 节所建立的 BP 神经网络过程模型和 LSTM 预测模型，DMPC 在每个控制瞬间在线求解非线性优化问题，获得最优控制序列，从而实现对炉膛温度的稳定高效控制。通过将炉膛温度设定值跟踪问题转化为最小化目标函数的优化问题，采用梯度下降法在线求解控制律。首先，定义以下目标函数

$$\hat{J}(t)=\rho_1[\boldsymbol{r}(t)-\boldsymbol{y}_p(t)]^{\mathrm{T}}[\boldsymbol{r}(t)-\boldsymbol{y}_p(t)]+\rho_2\Delta\boldsymbol{u}(t)^{\mathrm{T}}\Delta\boldsymbol{u}(t) \tag{10-8}$$

式中，$\boldsymbol{r}(t)$ 为炉膛温度参考输出；$\boldsymbol{y}_p(t)$ 为炉膛温度预测输出；ρ_1 和 ρ_2 为可调的目标函数控制权值因子。

采用梯度下降法求解控制律，令更新后的控制输入序列 $\boldsymbol{u}(t)$ 为

$$\boldsymbol{u}(t+1)=\boldsymbol{u}(t)+\Delta\boldsymbol{u}(t)=\boldsymbol{u}(t)-\eta_2\frac{\partial\hat{J}(t)}{\partial\boldsymbol{u}(t)} \tag{10-9}$$

因此，可以得到控制量增量的表达式为

$$\Delta\boldsymbol{u}(t)=-\eta_2\frac{\partial\hat{J}(t)}{\partial\boldsymbol{u}(t)} \tag{10-10}$$

其中

$$\frac{\partial\hat{J}(t)}{\partial\boldsymbol{u}(t)}=-2\rho_1\left(\frac{\partial\boldsymbol{y}_p(t)}{\partial\boldsymbol{u}(t)}\right)^{\mathrm{T}}(\boldsymbol{r}(t)-\boldsymbol{y}_p(t))+2\rho_2\Delta\boldsymbol{u}(t) \tag{10-11}$$

将式(10-11)代入式(10-10)，可得：

$$\Delta\boldsymbol{u}(t)=(1+2\eta_2\rho_2)^{-1}2\eta_2\rho_1\left(\left(\frac{\partial\boldsymbol{y}_p(t)}{\partial\boldsymbol{u}(t)}\right)^{\mathrm{T}}(\boldsymbol{r}(t)-\boldsymbol{y}_p(t))\right) \tag{10-12}$$

其中，$\dfrac{\partial\boldsymbol{y}_p(t)}{\partial\boldsymbol{u}(t)}$计算如下

$$\frac{\partial\boldsymbol{y}_p(t)}{\partial\boldsymbol{u}(t)}=\begin{bmatrix}\dfrac{\partial\boldsymbol{y}_p(t+1)}{\partial\boldsymbol{u}(t)} & 0 & \cdots & 0\\ \dfrac{\partial\boldsymbol{y}_p(t+2)}{\partial\boldsymbol{u}(t)} & \dfrac{\partial\boldsymbol{y}_p(t+2)}{\partial\boldsymbol{u}(t+1)} & \cdots & 0\\ \vdots & \vdots & & \vdots\\ \dfrac{\partial\boldsymbol{y}_p(t+H_p)}{\partial\boldsymbol{u}(t)} & \dfrac{\partial\boldsymbol{y}_p(t+H_p)}{\partial\boldsymbol{u}(t+1)} & \cdots & \dfrac{\partial\boldsymbol{y}_p(t+H_p)}{\partial\boldsymbol{u}(t+H_u-1)}\end{bmatrix}_{H_p\times H_u} \tag{10-13}$$

基于上节所建立的 BP 神经网络过程模型和 LSTM 预测模型，采用梯度下降法滚动优化目标函数，得到最优控制序列，并将控制序列中的第一个元素作用到系统中，从而实现炉膛温度的控制。本节中，根据选取的工艺变量和炉膛温度的 PCC 值，选择一次风量和一次风温作为控制变量，炉膛温度作为被控变量，将二次风量、给料器速度和炉排速度作为干扰变量。设置滚动优化学习率为 0.3，预测时域为 5，控制时域为 1，控制迭代次数为 3000。将炉温参考值设置为在 970~980℃间跳变(分别在第 1000 次和第 2000 次迭代跳变)，进行炉膛

温度变设定值跟踪控制实验。炉膛温度跟踪曲线和误差曲线如图 10-12 和图 10-13 所示。

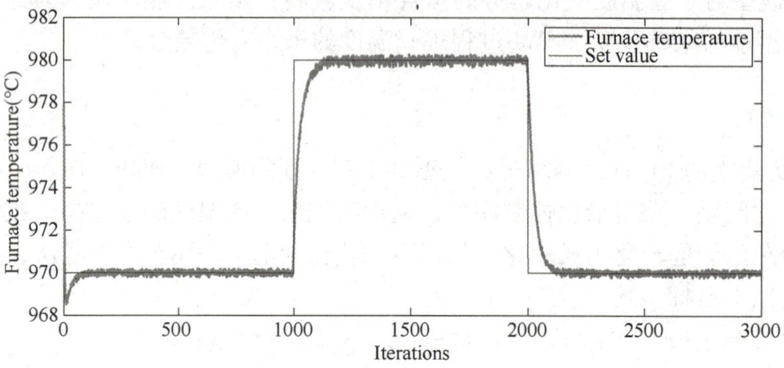

图 10-12 彩图

图 10-12　炉膛温度跟踪曲线

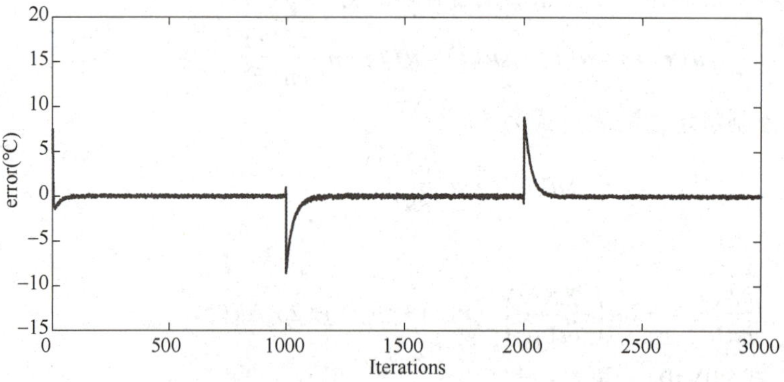

图 10-13 彩图

图 10-13　炉膛温度误差曲线

此外，采用平方误差积分(Integral of Squared Error，ISE)、绝对误差积分(Integral of Absolute Error，IAE)和最大偏差(Maximal Deviation from Setpoint，$\mathrm{Dev}^{\max}$)作为控制性能指标，其定义分别如下

$$\mathrm{ISE}=\frac{1}{t_f-t_0}\int_{t_0}^{t_f} e^2(t)\,\mathrm{d}t \tag{10-14}$$

$$\mathrm{IAE}=\frac{1}{t_f-t_0}\int_{t_0}^{t_f} |e(t)|\,\mathrm{d}t \tag{10-15}$$

$$\mathrm{Dev}^{\max}=\max\{|e(t)|\} \tag{10-16}$$

本节设计的 DMPC 对炉膛温度的控制性能指标见表 10-6。

表 10-6　DMPC 控制性能指标

控制器	ISE	IAE	$\mathrm{Dev}^{\max}$
DMPC	8.1520e-01	2.6910e-01	8.7076e+00

由图 10-12、图 10-13 和表 10-6 可知，本节所设计的 DMPC 在设定值突然变化和存在干扰的情况下也能迅速跟踪上炉膛温度设定值，且 ISE、IAE 和 $\mathrm{Dev}^{\max}$ 指标值较小，表明本节

所设计的 DMPC 能够实现对炉膛温度稳定、准确、快速的控制，能够满足实际工艺要求。

本实例结果表明，应用 BP 神经网络构建的炉膛温度过程模型能够精确反映 MSWI 过程炉膛温度的动态特性，应用 LSTM 神经网络构建的炉膛温度预测模型能够实现对 MSWI 过程炉膛温度变化趋势的精准实时预测，为后续 DMPC 方案的设计提供了精准的过程模型和预测模型，利用梯度下降法滚动优化目标函数，求解最优控制序列，从而实现对炉膛温度的稳定高效控制。

10.2.5　数据集

本节污染治理过程智能控制源代码请扫描二维码下载。

源代码 7

参考文献

[1] LIU D H F, LIPTÁK B G. Wastewater treatment[M]. Boca Raton: CRC Press, 2020.

[2] CHOTKOWSKI W, BRDYS M A, KONARCZAK K. Dissolved oxygen control for activated sludge processes[J]. International Journal of Systems Science, 2005, 36(12): 727-736.

[3] AHSAN S, RAHMAN M A, KANECO S, et al. Effect of temperature on wastewater treatment with natural and waste materials[J]. Clean Technologies and Environmental Policy, 2005, 7: 198-202.

[4] GUO R, LIU H, XIE G, et al. A self-interpretable soft sensor based on deep learning and multiple attention mechanism: from data selection to sensor modeling[J]. IEEE Transactions on Industrial Informatics, 2022, 19(5): 6859-6871.

[5] ZAGHLOUL M S, HAMZA R A, IORHEMEN O T, et al. Performance prediction of an aerobic granular SBR using modular multilayer artificial neural networks[J]. Science of the Total Environment, 2018, 645: 449-459.

[6] MENG X, ZHANG Y, QIAO J F. An adaptive task-oriented RBF network for key water quality parameters prediction in wastewater treatment process[J]. Neural Computing and Applications, 2021, 33(17): 11401-11414.

[7] LI W, DING C, QIAO J F. Robust neural network modeling with small-worldness for effluent total phosphorus prediction in wastewater treatment process[J]. IEEE Transactions on Reliability, 2024.

[8] LU J W, ZHANG S, HAI J, et al. Status and perspectives of municipal solid waste incineration in China: a comparison with developed regions[J]. Waste Management, 2017, 69: 170-186.

[9] NIU Y, WEN L, GUO X. Co-disposal and reutilization of municipal solid waste and its hazardous incineration fly ash[J]. Environment International, 2022, 166: 107346.

[10] ISTRATE I R, GALVEZ-MARTOS J L, VÁZQUEZ D, et al. Prospective analysis of the optimal capacity, economics and carbon footprint of energy recovery from municipal solid waste incineration[J]. Resources, Conservation and Recycling, 2023, 193: 106943.

[11] QIAO J F, SUN J, MENG X. Event-triggered adaptive model predictive control of oxygen content for municipal solid waste incineration process[J]. IEEE Transactions on Automation Science and Engineering, 2022, 21(1): 463-474.

[12] MORALES M, CHIMENOS J M, ESPIELL F, et al. The effect of temperature on mechanical properties of oxide scales formed on a carbon steel in a simulated municipal solid waste incineration environment[J]. Surface and Coatings Technology, 2014, 238: 51-57.

[13] DING H, TANG J, QIAO J F. MIMO modeling and multi-loop control based on neural network for municipal solid waste incineration[J]. Control Engineering Practice, 2022, 127: 105280.

[14] KARAMANAKOS P, LIEGMANN E, GEYER T, et al. Model predictive control of power electronic systems: methods, results, and challenges[J]. IEEE Open Journal of Industry Applications, 2020, 1: 95-114.

[15] SOLOPERTO R, MÜLLER M A, ALLGÜWER F. Guaranteed closed loop learning in model predictive control[J]. IEEE Transactions on Automatic Control, 2022, 68(2): 991-1006.

[16] SUN J, MENG X, QIAO J F. Data-driven optimal control for municipal solid waste incineration process[J]. IEEE Transactions on Industrial Informatics, 2023, 19(12): 11444-11454.

[17] ALITASB G K, SALAU A O. Multiple-input multiple-output radial basis function neural network modeling and model predictive control of a biomass boiler[J]. Energy Reports, 2024, 11: 442-451.